高等职业教育系列教材

数 控 机 床

主　编　杨　仙
副主编　张军翠　张晓娜
参　编　赵　玉
主　审　李一民

机械工业出版社

本书以各类数控机床的构造为主线，以项目式的工作任务为导向，将相关知识的讲解贯穿在工作任务的过程中，坚持与高职教学思想、岗位需求相结合的原则。通过具体的实施步骤完成预定的工作任务。本书分别介绍了初识机床、金属切削机床、数控系统、数控机床的典型结构、数控车床、数控铣床、数控加工中心、数控电火花加工机床、数控机床的应用共9个工作项目。本书将原来以课堂理论教学为主的课程设计思路，改革为以项目的工作任务为导向，有针对性的铺垫、够用为度的理论知识。本书结合机械制造业就业市场和生产实际需要的专业技能，采用项目教学的方法，使学生能对数控机床有一个总体的、全貌的了解。本书通俗易懂，章节连贯、由浅入深、简单实用。

本书可作为机械制造与自动化、数控技术、模具设计与制造、机电一体化等专业学生的教学用书，也可作为从事机械类工作的工程技术人员的自学参考书。

图书在版编目（CIP）数据

数控机床/杨仙主编. —北京：机械工业出版社，2012.4（2025.1重印）

高等职业教育系列教材

ISBN 978-7-111-37422-0

Ⅰ.①数…　Ⅱ.①杨…　Ⅲ.①数控机床-高等职业教育-教材　Ⅳ.①TG659

中国版本图书馆 CIP 数据核字（2012）第 020894 号

机械工业出版社（北京市百万庄大街 22 号　邮政编码 100037）
策划编辑：王海峰　责任编辑：王海峰　王丹凤
版式设计：刘　岚　责任校对：申春香
封面设计：鞠　杨　责任印制：邰　敏
中煤（北京）印务有限公司印刷
2025 年 1 月第 1 版第 11 次印刷
184mm×260mm · 14.5 印张 · 357 千字
标准书号：ISBN 978-7-111-37422-0
定价：43.80 元

电话服务　　　　　　　　　　网络服务
客服电话：010-88361066　　机 工 官 网：www.cmpbook.com
　　　　　010-88379833　　机 工 官 博：weibo.com/cmp1952
　　　　　010-68326294　　金 书 网：www.golden-book.com
封底无防伪标均为盗版　机工教育服务网：www.cmpedu.com

前　言

随着机械制造业及数控技术的迅速发展，数控机床的应用范围越来越广泛。为适应专业发展需求，我们根据教育部制定的数控技能型紧缺人才培养培训方案，结合多年的工程实践和教学经验，组织编写了本教材。在编写过程中，我们将项目教学法融入教材中，内容由浅入深，循序渐进、图文并茂、实例丰富、突出实用性。本教材既能适应高职院校教学需要，也可作为生产企业相关技术人员的参考用书。

本教材在内容组织和编写上都做了较大的改革和尝试，主要特点如下：

1. 深入企业生产第一线，对企业相关岗位和工作任务进行调研，分析企业典型的工作任务和工作项目，确定由浅入深的知识体系和由低到高的多层次职业能力，参照相关职业资格标准，针对不同的能力层次进行能力分解，设计规划本教材。

2. 以项目式的工作任务为导向，以学生完成工作任务为教学载体，以理论实践一体化教学模式为基础，为整个课程设计了9个工作项目，每一个工作项目包含若干个工作任务，每一个工作任务又包含一个或几个理论和实践技能的核心知识点。

3. 教学以学生为主体，教师为指导。体现工学结合，结合工作实际，满足机械类专业高技能人才实际操作能力的需求，增加学生在就业过程中的竞争力。

4. 采用国际单位，采用已颁布的最新国家标准和有关技术规范、数据和资料。

本教材主要内容有：初识机床、金属切屑机床、数控系统、数控机床的典型结构、数控车床、数控铣床、数控加工中心、数控电火花加工机床、数控机床的应用，共有9个工作项目。由河北工业职业技术学院杨仙担任主编并负责统稿，南京信息职业技术学院李一民担任主审，河北工业职业技术学院张军翠、张晓娜担任副主编，河北工业职业技术学院赵玉参加编写。其中项目1、2、9由杨仙编写，项目3由李一民编写，项目4由赵玉编写，项目5、6由张军翠编写，项目7、8由张晓娜编写。

由于编者水平有限，书中难免存在一些不足和缺憾疏漏之处，恳请专家、读者批评指正。

编　者

目　　录

项目1 初识机床

1.1 项目任务书

项目任务书见表 1-1。

表 1-1 项目任务书

任务	任务描述
项目名称	初识机床
项目描述	初识数控机床和金属切削机床
学习目标	1. 能够进行数控机床的分类，描述数控机床特点与应用范围 2. 能够叙述数控机床的工作过程及组成部件 3. 能够解释金属切削机床的分类，能够查阅相关资料说出机床型号的含义
学习内容	1. 数控机床的工作过程与组成 2. 数控机床的分类、特点与应用范围 3. 数控机床的有关规定 4. 金属切削机床的分类与型号编制 5. 机床的运动与传动
重点、难点	数控机床的分类、特点与应用范围，数控机床的工作过程与组成，金属切削机床的分类、型号编制及运动
教学组织	参观、讲授、讨论、项目教学
教学场所	多媒体教室、金工车间
教学资源	教科书、课程标准、电子课件、多媒体计算机 数控机床、金属切削机床
教学过程	1. 参观工厂或实训车间：学生观察数控机床和金属切削机床的运动、机床型号。师生共同探讨数控机床的工作过程与组成 2. 课堂讲授：分析数控机床的分类、特点与应用范围、机床的型号及运动 3. 小组活动：每小组 5～7 人，完成项目任务报告，最后小组汇报
项目任务报告	1. 分析数控机床的工作过程与组成 2. 描述数控机床特点与应用范围 3. 列举一种数控机床的坐标规定 4. 叙述一种机床的型号含义和运动

1.2 初识数控机床

1.2.1 数控机床的产生和发展

随着科技的日新月异与生产的发展，机械产品的形状、结构和材料不断地改进，精度不断地提高，更新换代日趋频繁，要求加工设备具有更高的精度和效率，特别是在航天航空、尖端军事、精密仪器等方面，传统的加工技术已很难满足市场对产品高精度、高效率、高复杂程度的要求。因此，一种新型的机床——数字程序控制机床（简称数控机床）应运而生。数控机床综合应用了自动控制、计算机、微电子、精密测量和机床结构等方面的最新成就，解决了单件、中小批量精密复杂零件的加工问题。

1. 数控机床的诞生

1948 年，美国飞机制造商帕森斯公司（Parsons）为了解决加工飞机螺旋桨叶片轮廓样板曲线的难题，提出了采用计算机来控制加工过程的设想，立即得到了美国空军的支持及麻省理工学院的响应。经过几年的努力，于 1952 年 3 月研制成功世界上第一台有信息存储和处理功能的新型机床。它是一台采用脉冲乘法器原理的插补三坐标连续控制立式铣床，这台数控铣床的数控装置体积比机床本体还要大，电路采用的是电子管器件。

国际信息联盟第五技术委员会对数控机床作了如下定义：数控机床是一个装有程序控制系统的机床，该系统能够逻辑地处理具有使用号码或其他符号编码指令所规定的程序。

2. 数控机床的发展

数控机床按照控制机的发展，已经历了 6 个发展阶段。

1952 年，第一台采用电子管的三坐标连续控制立式铣床的试制成功，标志第 1 代数控系统的诞生。

1959 年，由于在计算机行业中研制出晶体管元件，因而在数控系统中广泛采用晶体管和印制电路板，从而跨入了第 2 代。

1965 年，出现小规模集成电路，由于它体积小、功耗低，使数控系统的可靠性得以进一步提高。数控系统发展到第 3 代。

1970 年，随着计算技术的发展，小型计算机的价格急剧下降，采用小型计算机来取代专用控制计算机，这种数控系统，称为第 4 代小型计算机数控系统，即计算机数控（CNC）系统。

1974 年，美国英特尔（Intel）公司开发和使用了 4 位微处理器，把以微处理机技术为特征的数控（MNC）系统称为第 5 代系统。

20 世纪 90 年代以后，研制出第 6 代基于 PC 的通用型 CNC 系统。

前 3 代数控系统是 20 世纪 70 年代以前的早期数控系统，它们都是采用电子电路实现的硬接线数控系统，因此称为硬件式数控系统，也称为 NC 系统。后 3 代系统是 20 世纪 70 年代中期开始发展起来的软件式数控系统，称为计算机数字控制（Computer Numerical Control）或简称为 CNC 系统。

软件式数控系统是采用微处理器及大规模或超大规模集成电路组成的数控系统，它具有很强的程序存储能力和控制功能，这些控制功能是由一系列控制程序（驻留系统内）来实现的。软件式数控系统的通用性很强，几乎只需要改变软件，就可以适应不同类型机床的控制要求，具有很大的柔性。因而数控系统的性能大大提高，而价格却有了大幅度的下降。同时，可靠性和自动化程度有了大幅度的提高，数控机床也得到了飞速发展。目前 CNC 系统几乎完全取代了以往的 NC 系统。

近年来，随着微电子和计算机技术的飞速发展及数控机床的广泛应用，加工技术跨入一个新的阶段，并建立起一种全新的生产模式。在日本、美国、德国、意大利等发达国家已出现了以数控机床为基础的自动化生产系统，如计算机直接数控系统 DNC（Direct Numerical Control）、柔性制造单元 FMC（Flexible Manufacturing Cell）、柔性制造系统 FMS（Flexible Manufacturing System）和计算机集成制造系统 CIMS（Computer Integrated Manufacturing System）。

3. 我国数控机床发展概况

我国于 1958 年研制出了第一台数控机床，到 20 世纪 60 年代末至 70 年代初，简易的数控机床已在生产中广泛使用。它们以单板机作为控制核心，多以数码管作为显示器，用步进电动机作为执行元件。20 世纪 80 年代初，由于引进了国外先进的数控技术，我国的数控机床在质量和性能上都有了很大的提高。它们具有完备的手动操作面板和友好的人机界面，可以配直流或交流伺服驱动，实现半闭环或闭环的控制，能对 2～4 轴进行联动控制，具有刀库管理功能和丰富的逻辑控制功能。20 世纪 90 年代起，我国向高档数控机床方向发展。一些高档数控攻关项目通过国家鉴定并陆续在工程上得到应用。航天Ⅰ型、华中Ⅰ型、华中-2000 型等高性能数控系统，实现了高速、高精度和高效经济的加工效果，能完成高复杂程度的五坐标曲面实时插补控制，加工出高复杂度的整体叶轮及复杂刀具。

1.2.2 数控机床的加工过程与组成

1. 数控机床的加工过程

数控机床完成零件数控加工的过程如图 1-1 所示，主要有如下内容。

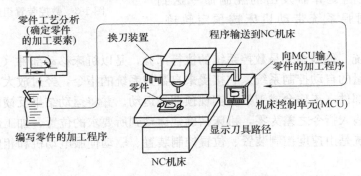

图 1-1　数控机床的加工过程

（1）工艺分析　根据零件加工图样进行工艺分析，确定加工工艺过程和工艺参数。

（2）刀具数据　根据零件加工工艺过程，确定走刀轨迹，计算刀位数据。

（3）编制程序　用规定的程序代码和格式编写零件加工程序单，或用自动编程软件直接生成零件的加工程序文件。

（4）程序的输入或传输　由手工编写的程序，可以通过数控机床的操作面板输入程序；由编程软件生成的程序，通过计算机的串行通信接口直接传输到数控机床的数控单元。

（5）程序试运行　将输入或传输到数控单元的加工程序，进行试运行、刀具路径模拟等。

（6）零件的加工　通过对机床的正确操作、运行程序，完成零件的加工。

2. 数控机床的组成

数控机床一般由程序输入设备、数控装置、伺服系统、辅助装置和机床本体组成，如图 1-2 所示。

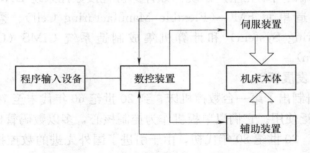

图 1-2　数控机床的组成

（1）程序输入设备　程序输入设备主要实现程序编制、程序和数据的输入以及显示、存储等。有些数控设备利用 CAD/CAM 软件在其他计算机上编程，然后通过计算机与数控系统通信，将程序和数据直接传给数控装置。

（2）数控装置　数控装置是数控机床的控制中心，数控装置由输入装置、运算控制器（CPU）和输出装置等构成，如图 1-3 所示。输入装置接受程序上的信息，经过识别与译码之后，送到控制运算器，经 CPU 的计算处理后再经输出装置将控制运算器发出的控制命令送到伺服系统。由伺服系统带动机床按预定轨迹、速度及方向运动。

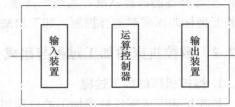

图 1-3　数控装置组成示意图

（3）伺服系统　伺服系统是数控系统的执行部分，是以机床移动部件（工作台）的位置和速度作为控制量的自动控制系统。它接受来自数控系统的指令，经过放大和转换，驱动数控机床上的移动部件（工作台或刀架）实现预期的运动。并将运动结果反馈回去与输入指令相比较，直至与输入指令之差为零，机床精确地运动到所要求的位置，加工出符合图样要求的零件。伺服系统是由速度控制装置、位置控制装置、驱动伺服电动机和相应的机械传动装置组成的。

（4）机床本体　机床本体是指用于完成各种切削加工的机械结构实体，包括床身、立柱、主轴、进给机构等。它与传统普通机床相比，精度及运动等方面的指标要求很高。数控机床在整体布局、外观造型、传动机构、工具系统及操作机构等方面都发生了很大变化。具有传递功率大，动、静刚度高，抗振性好及热变形小等优点。具有传动链短，结构简单，传动精度高等特点。伺服系统直接影响数控机床的速度、位置、加工精度、表面粗糙度等。当前数控机床的伺服系统，常用的位移执行机构有步进电动机、直流伺服电动机和交流伺服电动机。后两者都带有光电编码器等位置测量元件，可用来精确控制工作台的实际位移量和移动速度。

（5）辅助装置　辅助装置主要包括工件自动交换机构、工件夹紧机构、自动换刀装置、润滑装置、冷却装置、排屑装置、照明装置、液压控制系统、限位保护装置和过载保护装置等。

1.2.3 数控机床的分类

1. 按加工方式分类

（1）金属切削类数控机床　金属切削类数控机床指采用车、铣、刨、磨、钻、镗等各种切削工艺的数控机床，它可分为两类：

1）普通型数控机床。可分为数控车床（图1-4）、数控铣床（图1-5）、数控钻床、数控镗床、数控齿轮加工机床、数控磨床等。这类数控机床的工艺性能和普通机床相似，但生产率和自动化程度比普通机床高，适合加工单件小批量多品种和复杂形状的工件。

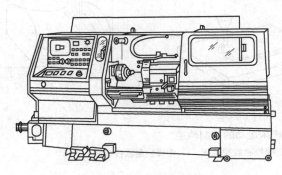
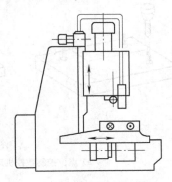

图1-4　数控车床　　　　　　　　　　图1-5　数控铣床

2）加工中心。加工中心是带有刀库和自动换刀装置的数控机床。常见的有数控车削中心、数控镗铣加工中心。在一次装夹后，可以对工件的大部分表面进行加工，而且具有两种或两种以上的切削功能。其主要特点是具有自动换刀机构的刀具库，工件经一次装夹后完成多道工序加工。通过自动更换各种刀具，在工件一次装夹后可对工件各加工面连续进行铣（车）、镗、铰、钻、攻螺纹等多种工序的加工。

（2）金属成形类数控机床　金属成形类数控机床指采用挤、冲、压、拉等成形工艺的数控机床。常用的有数控压力机、数控折弯机、数控弯管机、数控旋压机等。

（3）数控特种加工机床　特种加工类数控机床主要有数控电火花成形加工机床、数控电火花线切割机床、数控激光切割机床等。

（4）测量、绘图类数控机床　测量、绘图类数控机床主要有三坐标测量仪、数控对刀仪、数控绘图仪等。

2. 按机床运动的控制轨迹分类

（1）点位控制数控机床　此系统刀具从某一位置移到下一个位置的过程中，不考虑其运动轨迹，只要求刀具能最终准确到达目标位置，如图1-6a所示。

特点：运动过程中不切削。通常采用快速趋近，减速定位的方法。

典型机床：数控钻床、数控压力机、数控点焊机。

（2）直线控制数控机床　此系统不仅要保证点与点之间的准确定位，而且要控制两相关点之间的位移速度和路线，其路线一般是由平行于各坐标轴或与坐标轴成一定角度斜线组成，如图1-6b所示。

特点：运动过程中要切削，需具备刀具半径补偿功能和刀具长度补偿功能及主轴转速控制功能。

典型机床：简易数控车床、简易数控铣床。

（3）轮廓控制数控机床 数控系统能同时控制两个或两个以上的轴，对位置及速度进行严格的不间断控制。

特点：具有直线和圆弧插补功能、刀具补偿功能、机床轴向运动误差补偿、丝杠的螺距误差和齿轮的反向间隙误差补偿功能，如图1-6c所示。

典型机床：数控车床、数控铣床、加工中心。

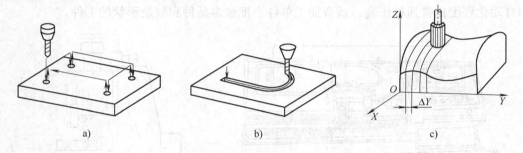

图 1-6 机床运动的控制轨迹

a）点位控制数控机床 b）直线控制数控机床 c）轮廓控制数控机床

3. 按伺服系统的控制原理分类

（1）开环控制数控机床 开环控制数控机床不带位置检测装置，也不将位移的实际值反馈回去与指令值进行比较修正，控制信号的流程是单向的，如图1-7所示。

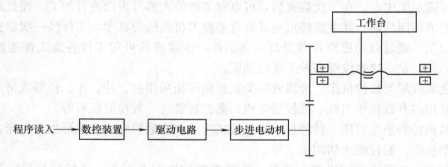

图 1-7 开环控制数控机床系统框图

开环控制数控机床使用功率步进电动机作为执行元件，数控装置每发出一个指令脉冲，经驱动电路功率放大后，将驱动步进电动机旋转一个角度，再由传动机构带动工作台移动。

特点：结构简单、成本较低，调试维修方便。

适用范围：对精度、速度要求不十分高的经济型、中小型数控系统。

（2）闭环控制数控机床 这种系统带有位置检测装置，是将位移的实际值反馈回去与指令值比较，用比较后的差值去控制，直至差值消除时才停止修正动作的系统，如图1-8所示。

安装在工作台上的位置检测装置把工作台的实际位移量转变为电量，反馈到控制器与指

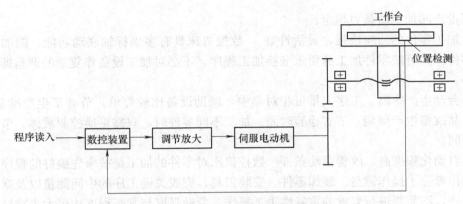

图 1-8　闭环控制数控机床系统框图

令信号相比较，得到的差值经过放大和变换，最后驱动工作台向减少误差的方向移动，直到差值为零，工作台才静止。

特点：系统较复杂，调试和维修较困难，对检测元件要求较高，且需有一定的保护措施、成本高。

适用范围：大型或比较精密的数控设备。

（3）半闭环控制数控机床　半闭环控制系统与闭环系统的不同之处仅在于将检测元件装在传动链的旋转部位，它所检测得到的不是工作台的实际位移量，而是与位移量有关的旋转轴的转角量，如图 1-9 所示。

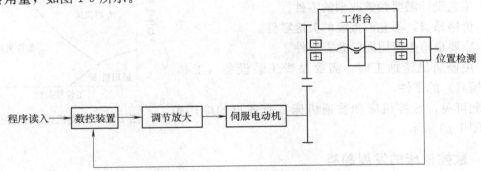

图 1-9　半闭环控制数控机床系统框图

特点：精度比闭环差，但系统结构简单，便于调整，检测元件价格低，系统稳定性能好。

适用范围：广泛应用于中小型数控机床。

1.2.4　数控机床的特点与应用范围

1. 数控机床的特点

（1）加工精度高，产品质量稳定　数控机床是高度综合的机电一体化产品，它由精度很高的机械和自动化控制系统组成。机床的传动系统与机床结构都有很高的刚度和热稳定性，在设计传动结构时采取了减少误差的措施。加工精度不受产品形状及其复杂程度的影响；自动化加工消除了人为误差，提高了同批次零件加工尺寸的一致性，提高了工件的精度和合格率，使同批产品加工质量更稳定。

（2）加工零件的适应性强，灵活性好　数控机床具有多坐标轴联动功能，能加工形状复杂的零件，并可按零件加工的要求变换加工程序，不必对加工设备作复杂的调整即可变更加工任务。

（3）劳动生产率高　工序安排可相对集中，辅助设备比较简单，节省了生产准备时间，可缩短产品改型生产周期。节省检验时间。加工不同零件时，只需更换控制载体，节省了设备调整时间。

（4）自动化程度高，改善劳动条件　数控机床对零件的加工是按事先编好的程序自动完成的，操作者除了操作键盘、装卸零件、安装刀具、完成关键工序的中间测量以及观察机床的运行之外，不需要进行繁重的重复性手工操作，劳动强度与紧张程度均可大为减轻，劳动条件也得到相应的改善。

（5）便于生产管理的现代化　用数控机床加工零件，能准确地计算零件的加工工时，并有效地简化了检验、工夹具和半成品的管理工作。这些特点都有利于使生产管理现代化，便于实现计算机辅助制造。

2. 数控机床适用范围

数控机床适用于品种变换频繁、批量较小，加工方法区别大且复杂程度较高的零件。

1）多品种、小批量零件或新产品试制中的零件。

2）结构较复杂、精度要求较高的零件。

3）工艺设计需要频繁改型的零件。

4）价格昂贵，不允许报废的关键零件。

5）需要最短生产周期的急需零件。

6）用普通机床加工时，需要昂贵工装设备（工具、夹具和模具）的零件。

由此可见，数控机床和普通机床都有各自的应用范围，如图 1-10 所示。

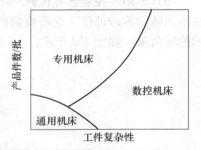

图 1-10　各类机床适用范围

1.2.5　数控机床的发展趋势

数控机床综合了当今世界上许多领域最新的技术成果，主要包括精密机械、自动控制及伺服驱动、计算机及信息处理、网络通信、精密检测及传感等技术。随着科学技术的发展，特别是微电子技术、计算机控制技术、通信技术的不断发展，世界先进制造技术的兴起和不断成熟，数控设备性能日趋完善，应用领域不断扩大，成为新一代设备发展的主流。

随着社会的多样化需求及其相关技术的不断进步，数控机床也向着更广的领域和更深的层次发展。当前，数控机床的发展主要呈现出如下趋势。

（1）高速度与高精度化　数控机床的速度和精度是两个重要指标，它直接关系到加工效率和产品质量。高速化首先要求计算机系统读入加工指令数据后，能高速处理并计算出伺服系统的移动量，并要求伺服系统能高速作出反应。为使在极短的空程内达到高速度和在高行程速度情况下保持高定位精度，必须具有高加（减）速度和高精度的位置检测系统和伺服系统。另外，必须使主轴转速、进给率、刀具交换、托盘交换等各种关键部分实现高速化，并需重新考虑设备的全部特征。

提高数控设备的加工精度，一般通过减少数控系统的控制误差和采用补偿技术来实现。

（2）高柔性化　柔性是指机床适应加工对象变化的能力。即当加工对象变化时，只需要通过修改而无需更换或只作极少量快速调整即可满足加工要求的能力。数控机床对满足加工对象的变换有很强的适应能力，并在提高单机柔性化的同时，朝着单元柔性化和系统柔性化方向发展。

（3）复合化　复合化包含工序复合化和功能复合化。数控机床复合化发展的趋势是尽可能将零件加工过程中所有工序集中在一台机床上，通过自动换刀等各种措施，来完成多种工序和表面的加工。实现全部加工之后，该零件入库或直接送到装配工段，而不需要再转到其他机床上进行加工。这不仅省去了运输和等待时间，使零件的加工周期最短，而且在加工过程中，不需要多次定位与装夹，有利于提高零件的精度。在一台数控设备上能完成多工序切削加工的加工中心，可替代多台机床的加工能力，减少半成品库存量，又能保证和提高形位精度，从而打破了传统的工序界限和分开加工的工序规程。

（4）智能化　智能化的内容包括在数控系统中的各个方面：为追求加工效率和加工质量方面的智能化；为提高驱动性能及使用连接方便等方面的智能化；简化编程、简化操作方面的智能化；还有如智能化的自动编程、智能化的人机界面等，以及智能诊断、智能监控等方面的内容，方便系统的诊断及维修。

（5）小型化　蓬勃发展的机电一体化技术对 CNC 装置提出了小型化的要求，以便将机、电装置融合为一体。

（6）开放式体系结构　新一代的数控系统体系结构向开放式系统方向发展。很多数控系统开发厂家瞄准通用个人计算机所具有的开发性、低成本、高可靠性、软硬件资源丰富等特点，开发出基于 PC 的 CNC。目前开放式数控系统的体系结构规范、通信规范、配置规范、运行平台、数控系统功能库以及数控系统功能软件开发工具等是当前研究的核心。网络化数控装备是近年的一个新的焦点。数控装备的网络化将极大地满足生产线、制造系统、制造企业对信息集成的需求，也是实现新的制造模式如敏捷制造、虚拟企业、全球制造的基础单元。

1.2.6　数控机床的有关规定

1. 数控机床程序编制的有关规定

数控加工的程序编制是从外部输入数控装置的，它是用来描述机床加工过程的。为了使机床能够接收编制的程序，必须有相应的规定。

数控加工的程序是由程序段组成，每个程序段是由若干个代码和数字组成。所谓程序段，就是指为了完成某一动作要求所需的功能"字"的组合。不同的数控机床根据功能的多少、数控装置的复杂程度、编程是否简便直观等不同要求而规定了不同的程序段格式。一般数控加工程序段的格式如图 1-11 所示。

当在具体机床上使用代码时，一定要认真阅读机床的说明书。在编制数控机床程序时，首先要根据机床的脉冲当量确定坐标值，然后根据其程序段格式编制数控程序。一般数控程序有若干个程序段组成，每个程序段以 N 开头，用"；"结尾。程序中每个程序段表示一个完整的加工工步或动作，每个代码都有确定的含义。

$$N - G - X - Y - Z - F - S - T - M - LF$$

| 程序段序号 | 准备功能 | 坐标功能 | 进给功能 | 主轴速度功能 | 刀具功能 | 辅助功能 | 程序段结束 |

图 1-11 一般数控加工程序段的格式

（1）准备功能字（G 代码）　准备功能字以地址符 G 为首，后跟两位数字（G00～G99）。这些准备功能包括：坐标移动或定位方法的指定；插补方式的指定；平面的选择；攻螺纹、固定循环等加工的指定；对主轴或进给速度的说明；刀具补偿或刀具偏置的指定等。

（2）坐标功能字（X、Y、Z）　坐标功能字一般使用 X、Y、Z、U、V、W、P、Q、R、A、B、C、D、E 等地址符为首，在地址符后紧跟着"＋"（正）或"－"（负）及一串数字，该数字一般以系统脉冲当量为单位，不使用小数点。坐标功能字又称为尺寸字，用来设定机床各坐标之位移量。

（3）进给功能字（F 代码）　进给功能字以地址符"F"为首，其后跟一串数字代码，用来指定刀具相对工件运动的速度。其单位一般为 mm/min。例如，F200 表示进给速度为 200mm/min。

（4）主轴速度功能字（S 代码）　主轴速度功能字以地址符 S 为首，后跟一串数字，用来指定主轴速度，单位为 r/min。例如，S2000 表示主轴转速为 2000r/min。

（5）刀具功能字（T 代码）　刀具功能字以地址符 T 为首，其后一般跟二位数字，代表刀具的编号。当系统具有换刀功能时，刀具功能字用以选择替换的刀具。例如，T0101 分别代表所选编号为 01 的刀具及 01 的刀具补偿代号。

（6）辅助功能字（M 代码）　辅助功能字以地址符 M 为首，其后跟二位数字（M00～M99）。这些辅助功能包括：指定主轴的转向与起停；指定系统切削液的开与停；指定机械的夹紧与松开；指定工作台等的固定直线与角位移；说明程序停止或纸带结束等。例如，主轴正、反转分别为 M03、M04。标准中一些不指定的辅助功能可选作特殊用途。

2. 数控机床的坐标轴和运动方向的规定

在数控机床中，机床直线运动的坐标轴 X、Y、Z 按照 ISO 标准和我国的 GB/T 19660—2005 标准，规定成右手直角笛卡儿坐标系。三个回转运动 A、B、C 相应地表示其轴线平行于 X、Y、Z 的旋转运动，如图 1-12 所示。

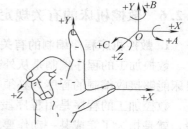

X、Y、Z 的正向是使工件尺寸增加的方向，即增大工件和刀具距离的方向。通常以传递切削动力的主轴的轴线为 Z 坐标，而 X 方向是水平的，并且平行于工件装夹面，

图 1-12　右手直角笛卡儿坐标系

最后 Y 坐标就可按右手笛卡儿坐标系来确定。旋转运动 A、B、C 的正向，相应地为在 X、Y、Z 坐标正方向上按照右旋螺纹前进的方向。

上述规定是工件固定、刀具移动的情况。反之，若工件移动，则其正向分别用 X'、Y'、Z' 表示。通常是以刀具移动时的坐标正方向作为编程的正向。图 1-13 所示为数控车床、数控铣床和数控镗铣床的坐标轴及其方向。

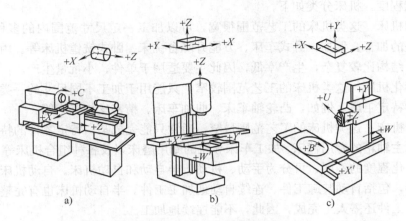

图 1-13　数控机床的坐标
a）数控车床　b）数控铣床　c）数控镗铣床

1.3　初识金属切削机床

1.3.1　金属切削机床的定义

制造机器零件可以有多种方法，如铸造、锻造、焊接、冲压、挤压、切削加工等，其中切削加工是将金属毛坯用切除多余材料的方法加工成具有一定尺寸、形状和精度零件的主要加工方法。金属切削机床是加工机器零件的主要设备。它的先进程度直接影响到机器制造工业的产品质量和劳动生产率。

金属切削机床通常是指用切削、特种加工等方法将金属毛坯加工成机器零件的一种机器。它是制造机器的机器，称为"工作母机"和"工具机"，在我国人们习惯上简称为"机床"。

经济的成功在很大程度上得益于先进的制造技术，而机床是机械制造技术重要的载体，它标志着一个国家的生产能力和技术水平。机床工业是国民经济的一个重要先行部门，担负着为国民经济各部门提供现代化技术装备的任务。

1.3.2　金属切削机床的分类与机床型号的编制

1. 金属切削机床的分类

为了适应不同的加工要求和加工对象，需要种类繁多的金属切削机床，为了便于区别、使用和管理机床，需要对其进行分类和型号编制。传统的分类方法主要是按照采用的刀具和加工性质进行的。根据国家制定的机床型号编制方法，机床共分为 11 类：车床、铣床、刨插床、磨床、钻床、镗床、齿轮加工机床、螺纹加工机床、拉床、锯床及其他机床等。在每一类机床中，又按工艺特点、布局形式、结构性能等不同，分为若干组，每组又细分为若干系（系列）。

除了上述基本分类方法外，还有其他分类方法。

按照万能程度，机床分类如下。

（1）通用机床　这类机床的工艺范围很宽，可以加工一定尺寸范围内的多种类型零件，完成多种工序的加工。例如，卧式车床、万能升降台铣床、卧式铣镗机床等。由于通用机床的功能较多，结构比较复杂，生产率低，因此主要适用于单件、小批量生产。

（2）专门化机床　这类机床的工艺范围较窄，只能用于加工不同尺寸的一类或几类零件的一种或几种特定工序。例如，凸轮轴车床、曲轴车床、精密丝杠车床等。

（3）专用机床　这类机床的工艺范围最窄，通常只能完成某一特定零件的特定工序。例如，加工机床主轴箱的专用镗床、加工车床导轨的专用磨床以及各种组合机床等。

按照自动化程度的不同，可分为手动、机动、半自动和自动机床。自动机床具有完整的自动工作循环，包括自动装卸工件、连续自动地加工工件。半自动机床也有完整的自动工作循环，但装卸工件还需人工完成，因此，不能连续地加工。

按照机床的质量和尺寸不同，可分为仪表机床、中型机床、大型机床（质量达到10t）、重型机床（质量在30t以上）、超重型机床（质量在100t以上）。

按照加工精度不同，在同一种机床中可分为普通机床、精密机床和高精度机床。

按机床刀具的数目，可分为单刀、多刀机床等。

通常，机床还可以根据加工性质及某些辅助特征来进行分类，如多刀半自动车床、多刀自动车床等。

2. 机床型号的编制方法

机床型号是机床产品的代号，用以简明地表示机床的类型、主要技术参数、性能和结构特点等。我国的机床型号是按 GB/T 15375—2008《金属切削机床型号编制方法》编制的。标准中规定：机床型号由汉语拼音字母和数字按一定的规律组合而成，它适用于新设计的各类通用机床、专用机床和回转体加工自动线（不包括组合机床、特种加工机床）。这里只介绍各类通用机床型号的编制方法。

（1）型号表示方法　通用机床的型号由基本部分和辅助部分组成。基本部分统一管理；辅助部分纳入与否由生产厂家自定。型号的表示方法如图 1-14 所示。

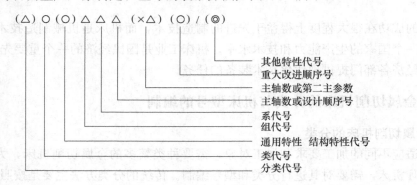

图 1-14　型号的表示方法

注：1. 有"（　）"的代号或数字，当无内容时，则不表示，若有内容则不带括号。

2. 有"○"符号者，为大写的汉语拼音字母。

3. 有"△"符号者，为阿拉伯数字。

4. 有"◎"符号者，为大写的汉语拼音字母，或阿拉伯数字，或两者兼有之。

（2）机床类、组、系的划分及其代号　机床的类代号，用大写的汉语拼音字母表示。必要时，每类可分为若干分类，分类代号由阿拉伯数字代表，作为型号的首位。例如，磨床分为 M、2M、3M 三个分类。普通机床类别代号见表 1-2。

表 1-2　普通机床类别代号

类别	车床	铣床	刨插床	磨床			钻床	镗床	齿轮加工机床	螺纹加工机床	拉床	锯床	其他机床
代号	C	X	B	M	2M	3M	Z	T	Y	S	L	G	Q
读音	车	铣	刨	磨	二磨	三磨	钻	镗	牙	丝	拉	割	其他

每类机床划分为 10 个组，每个组又划分为 10 个系（系列）。在同类机床中，主要布局和使用范围基本相同的机床，即为同一组。机床的组由一位阿拉伯数字表示，位于类代号和通用特性代号、结构特性代号之后。在同一组机床中，其主参数相同，主要结构及布局形式相同的机床为同一系。机床的系，用一位阿拉伯数字表示。

（3）机床的通用特性代号和结构特性代号　这两种特性代号，用大写的汉语拼音字母表示，位于类代号之后，通用特性代号有统一的固定含义，它在各类机床型号中表示的意义相同。当在一个型号中需同时使用两至三个通用特性代号时，一般按重要程度排列顺序。通用特性代号见表 1-3。

表 1-3　通用特性代号

通用特性	高精度	精密	自动	半自动	数控	加工中心（自动换刀）	仿形	轻型	加重型	柔性加工单元	数显	高速
代号	G	M	Z	B	K	H	F	Q	C	R	X	S
读音	高	密	自	半	控	换	仿	轻	重	柔	显	速

主参数值相同而结构、性能不同的机床，在型号中加结构特性代号予以区分。根据各类机床的具体情况，对某些结构特性代号，可以赋予一定含义。但结构特性代号与通用特性代号不同，它在型号中没有统一的含义，只在同类机床中起区分机床结构、性能不同的作用。当型号中有通用特性代号时，结构特性代号应排在通用特性代号之后。

（4）机床主参数和设计顺序号　机床主参数代表机床规格的大小，用折算值（主参数乘以折算系数）表示，位于系代号之后。对于某些通用机床，当无法用一个主参数表时，则在型号中用设计顺序号表示。

（5）主轴数和第二主参数的表示方法　多轴车床、多轴钻床、排式钻床等机床，其主轴数应以实际数值列入型号，置于主参数之后，用"×"分开，第二主参数（多轴机床的主轴数除外）一般不予表示。如有特殊情况等在型号中表示，在型号中表示的第二主参数，指最大模数、最大跨距、最大工件长度等，一般折算成两位数为宜。

（6）机床的重大改进顺序号　当对机床的结构、性能有更高的要求，并需按新产品重新设计、试制和鉴定时，才按改进的先后顺序选用 A、B、C…汉语拼音字母（但 I、O 两个字母不得选用），加在型号基本部分的尾部，以区别原机床型号。

（7）其他特性代号及其表示方法　其他特性代号置于辅助部分之首。其中同一型号机床的变型代号，一般应放在其他特性代号之首。

其他特性代号主要用以反映各类机床的特性，如数控机床可用来反映不同的控制系统等；加工中心可用来反映控制系统、自动交换主轴头、自动交换工作台等；柔性加工单元可用以反映自动交换主轴箱；一机多能机床可用以补充表示某些功能；一般机床可以反映同一型号机床的变型等。

其他特性代号，可用汉语拼音字母表示；也可用阿拉伯数字表示；还可用阿拉伯数字和汉语拼音字母组合表示。

1.3.3 机床的运动

金属切削加工是用切削工具把坯料或工件上多余的材料层切去成为切屑，使工件获得相应的几何形状、尺寸和表面质量的加工方法。在金属切削加工过程中刀具和工件之间的相对运动，称为切削运动。

机床是实现切削加工的机器，机床的运动要能够完成切削运动，根据切削运动在切削加工过程中的作用不同，可分为主运动、进给运动及辅助运动。

（1）机床的主运动 主运动是最基本的运动，是切除工件上的被切削层，使之转变为切屑的主要运动。主运动的速度最高，消耗的功率最大。主运动可以是旋转运动，也可以是直线运动；可以由工件完成，也可以由刀具完成。例如，车床工件的旋转运动，牛头刨床刨刀的直线往复运动，铣床铣刀的旋转，钻床钻头的旋转和磨床砂轮的旋转等都是切削加工时的主运动。任何种机床必定有，且通常只有一个主运动。

（2）机床的进给运动 进给运动是依次或连续不断地把被切削层投入切削，以逐渐加工出整个工件表面的运动。进给运动的速度一般较低，消耗的动力也较少。进给运动可由刀具完成，也可由工件完成；可以是连续的，也可是间歇的；进给运动可以是一个或几个，也可以没有进给运动，如拉床的拉削加工只有一个主运动而没有进给运动，切削层投入切削完全是靠拉刀径向尺寸的变化来实现的。

机床的主运动和进给运动也可以统称为表面成形运动，其意义是保证得到工件要求的表面形状的运动。

（3）机床的辅助运动 为切削加工创造条件的运动称为辅助运动。辅助运动虽然不直接参与表面成形过程，但对机床整个加工过程却是不可缺少的，同时还对机床的生产率、加工精度和表面质量有较大的影响。辅助运动主要有以下几种。

1）切入运动。刀具相对工件切入一定深度，用于实现使工件表面逐步达到所需尺寸的运动。

2）分度运动。加工若干个完全相同的、均匀分布的表面时，为使表面成形运动得以周期性地继续进行的运动称为分度运动。例如，多工位工作台和刀架等的周期性转位或移位，以便依次加工工件上的各有关表面，或依次使用不同刀具对工件进行顺序加工。分度运动可以是手动、机动和自动。

3）操纵和控制运动。操纵和控制运动包括起动、停止、变速、换向、部件与工件的夹紧、松开、转位以及自动换刀、自动检测等。

4）调位运动。加工开始前机床有关部件的移动，以调整刀具与工件之间的正确相对位置。

5）各种空行程运动。空行程运动是指进给前、后刀具的快速运动。

此外，还有装卸工件的运动，消除传动误差的校正运动以及修整砂轮、排除切屑等。

1.4 拓展知识——机床的传动系统

1.4.1 机床传动系统的组成

1. 机床传动的组成

为了实现加工过程中必需的各种运动，机床应具备三个基本部分。

（1）运动源 它是为执行件提供运动和动力的装置，如交流异步电动机、直流或交流调速电动机和伺服电动机以及液压马达和伺服驱动系统等，是机床运动的主要来源。可以几个运动共用一个运动源，也可以每个运动有单独的运动源。

（2）传动装置 它是传递运动和动力的装置，通过它把执行件和运动源或有关的执行件之间联系起来，构成传动联系，使执行件获得一定速度和方向的运动，并使有关执行件之间保持某种确定的相对运动关系。机床的传动装置有机械、液压、电气、气压等多种形式。传动装置还有完成变换运动的性质、方向、速度的作用。

（3）执行件 它是执行机床运动的部件，如主轴、工作台、刀架等。其任务是带动工件或刀具，直接完成一定形式的运动（旋转或直线运动），并保证其运动轨迹的准确性。

2. 机床的传动链和传动联系

在机床上，为了得到所需的运动，需要通过一系列的传动件把执行件和动力源，或者把执行件和执行件连接起来，这种连接称为传动联系。构成一个传动联系的一系列传动件，称为传动链。传动链中通常包含两类传动机构：一类是传动比和传动方向固定不变的传动机构，如定比齿轮副、蜗杆蜗轮副、丝杠和螺母副，称为定比传动机构；另一类是根据加工要求可以变化传动比和传动方向的传动机构，如交换齿轮变速机构、滑移齿轮变速机构、离合器变速机构等，统称为换置机构。传动链（运动链）还可分为内、外联系两种。

（1）外联系传动链 外联系传动链是联系动力源和机床执行件之间的传动链。它使执行件得到预定速度的运动，并传递一定的动力。外联系传动链传动比的变化，只影响生产率或表面粗糙度，不影响工件表面形状的形成。

（2）内联系传动链 为了将两个或两个以上的单元运动组成复合成形运动，执行件与执行件之间的传动联系称为内联系。构成内联系的一系列传动件称为内联系传动链。内联系传动链联系的执行件之间的相对速度（及相对位移量）应有严格的要求，否则无法保证切削时需要的正确运动轨迹。由此可知，在内联系传动链中各传动副的传动比必须准确，不应有摩擦传动和瞬时传动比变化的传动件。在卧式车床上用螺纹车刀车螺纹时，联系主轴和刀架之间的螺纹传动链，就是一条传动比有严格要求的内联系传动链，它能保证得到螺纹需要的螺距。

3. 传动原理图

机床所有传动链和它们之间的相互联系，组成了机床的传动系统。传动原理图中规定用一些简明的标准符号来表示传动链的各传动件和执行件等，并且只表示与表面成形直接有关的运动和传动联系。图1-15所示为传动原理图常用的一些符号。

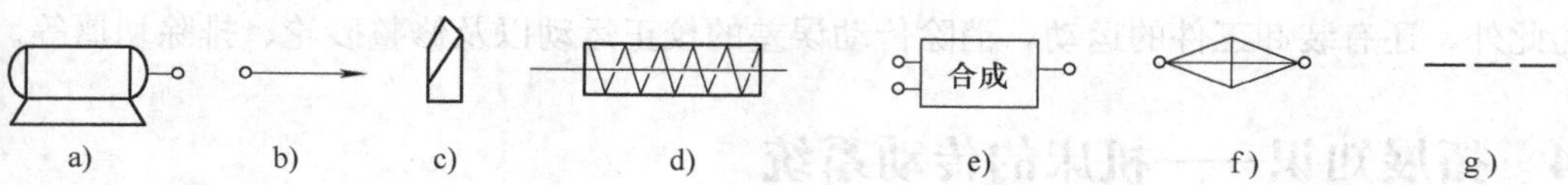

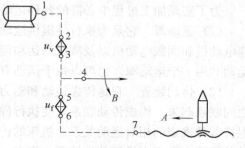

图 1-15　传动原理图常用示意符号

a) 电动机　b) 车床主轴　c) 车刀　d) 滚刀　e) 合成机构

f) 传动比可变的换置机构　g) 传动比不变的换置机构

图 1-16 所示为卧式车床车螺纹时的传动原理图。在电动机至主轴之间的外联系中：1-2 和 3-4 传动比是固定的；2-3 间为传动比可调整的换置机构，变换传动比值为 u_v，可改变主轴转速。在主轴至刀架之间的内联系中，4-5、6-7 的传动比是固定不变的；5-6 是一个传动比可以调整的换置机构，它的传动比值 u_f 满足车削螺纹导程的要求，其主轴每转一转，均匀地移动一个被加工螺纹导程 Ph 的距离。

图 1-16　卧式车床车螺纹传动原理图

1.4.2　机床的传动系统图

机床的传动系统图是表示机床全部运动传动关系的示意图，如图 1-17 所示。在图中用简单的规定符号代表各种传动元件。在传动系统中各传动元件是按照运动传递的先后顺序，以展开图的形式画出来的。要把一个立体的传动结构展开并绘制在一个平面图中，有时不得不把其中某一根轴绘成折断线或弯曲成一定夹角的折线；有时对于展开后失去联系的传动副，要用大括号或虚线连接起来以表示它们的传动关系。传动系统图中通常还需注明齿轮的齿数（有时也注明其编号和模数）、带轮直径、丝杠的导程和线数、电动机的转速和功率、传动轴的编号等。传动轴编号通常是从电动机开始，按运动传递顺序，依次地用罗马数字Ⅰ、Ⅱ、Ⅲ、Ⅳ…表示。

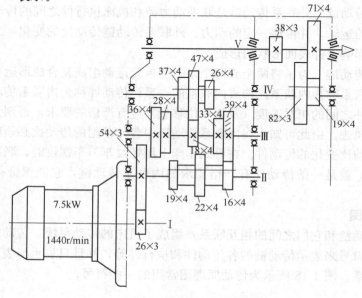

图 1-17　万能升降台铣床的传动系统图

思 考 题

1. 根据数控机床工作过程与组成，比较普通机床与数控机床的不同点和相同点。
2. 简述数控机床的分类。
3. 数控机床的特点与应用范围有哪些？
4. 简述金属切削机床的分类。
5. 举例说明何谓外联系传动链，何谓内联系传动链，其本质区别是什么。
6. 举例说明通用机床、专门化机床和专用机床的主要区别。
7. 说出下列机床的型号的含义，并说明它们各具有何种通用或结构特性。
   M6132、CK6136、XK5040、T6112、Z3040、X62W、THM6350
8. 举例说明哪些是机床的主运动、进给运动和辅助运动。
9. 简述机床传动的组成。

项目 2　金属切削机床

2.1　项目任务书

项目任务书见表 2-1。

表 2-1　项目任务书

任务	任务描述
项目名称	金属切削机床
项目描述	学习卧式车床、万能外圆磨床、镗床和其他机床
学习目标	1. 会分析 CA6140 卧式车床的组成、工艺范围与运动 2. 能够分析车床的传动系统和主要部件的结构；会计算主轴最高及最低转速 3. 能够描述万能外圆磨床、滚齿机的传动系统和主要结构 4. 了解其他机床
学习内容	1. CA6140 卧式车床的组成、工艺范围与运动 2. 车床的传动系统和主要部件的结构，主轴最高及最低转速 3. 万能外圆磨床的传动系统和主要结构 4. 滚齿机的传动系统和主要结构 5. 其他机床
重点、难点	卧式车床的组成，工艺范围与运动，CA6140 车床的传动系统的主运动传动链，主轴箱和溜板箱的主要结构，磨床功用及其他机床运动、种类和工艺范围
教学组织	参观、讲授、讨论、项目教学
教学场所	多媒体教室、金工车间
教学资源	教科书、课程标准、电子课件、多媒体计算机、车床、铣床、滚齿机、钻床
教学过程	1. 参观工厂或实训车间：学生观察车床、铣床、滚齿机、其他机床的运动和机床型号。师生共同探讨金属切削机床的工作过程与结构 2. 课堂讲授：分析车床、磨床、滚齿机的主传动系统和结构。计算主轴的最高及最低转速，介绍其他机床的运动和用途 3. 小组活动：每小组 5～7 人，完成项目任务报告，最后小组汇报
项目任务报告	1. 列举一种机床的用途、运动和分类 2. 描述 CA6140 卧式车床主轴箱或溜板箱中一至两种主要部件的结构 3. 分析一种机床的主传动系统并计算主轴的最高及最低转速

2.2　卧式车床

　　车床主要用于加工各种回转体表面（内外圆柱面、圆锥面、回转体成形面等）、回转体端面和孔，还能加工外螺纹和内螺纹。在机械制造厂中，车床的用途极为广泛，在金属切削机床中所占的比例最大。

车床加工使用的刀具主要是车刀，很多车床还可以使用钻头、扩孔钻、铰刀，丝锥、板牙等孔加工刀具和螺纹刀具进行加工。加工时的主运动一般为工件的旋转运动，进给运动则由刀具直线移动来完成。

车床的种类很多，按其结构和用途不同，主要分为卧式车床、立式车床、落地车床、转塔车床、单轴和多轴自动车床、半自动车床、仿形及多刀车床、回轮车床、数控车床和车削中心等。此外，还有各种专门化车床，如曲轴车床、凸轮轴车床及铲齿车床等。在大批大量生产中还使用各种专用车床，其中尤以卧式车床使用最为普遍。以下仅介绍卧式车床。

2.2.1 卧式车床的工艺范围与运动

卧式车床的工艺范围很广，能车削内外圆柱面、圆锥面、成形回转面和环形槽，车削端面和米制、寸制、模数、径节螺纹，还可以进行钻孔、扩孔、铰孔、攻螺纹、套螺纹和滚花等（图 2-1）。可以看出，为完成各种加工工序，车床必须具备下列运动：工件的旋转运动——主运动；刀具的直线移动——进给运动。在普通车削时，工件的旋转运动和刀具的移动，为两个相互独立的简单成形运动，而在加工螺纹时，由于工件旋转和刀具移动之间必须保持严格的运动关系，因此它们组合成一个复合成形运动——螺旋轨迹运动，这是一条内联系传动链，习惯上称为螺纹进给运动传动链。

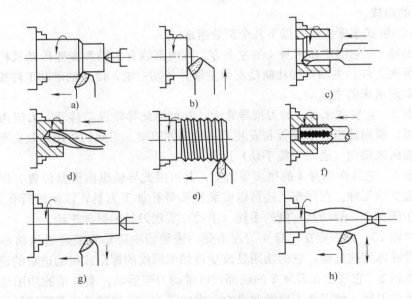

图 2-1　卧式车床工艺范围

）车削外圆　b）车削端面　c）车削内孔　d）钻孔　e）车削外螺纹　f）攻螺纹　g）车削外圆锥　h）车削曲面

2.2.2　CA6140 型卧式车床的组成与技术参数

CA6140 型是中、小型卧式车床的代表产品，其外观如图 2-2 所示。

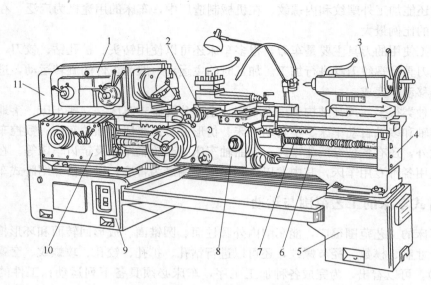

图 2-2 CA6140 型卧式车床外观图

1—主轴箱 2—刀架 3—尾座 4—床身 5—右床腿 6—光杠 7—丝杠
8—溜板箱 9—左床腿 10—进给箱 11—交换齿轮变速机构

CA6140 型卧式车床的特点是：自动化程度低，辅助运动由操作者完成，辅助时间较多，生产率低，适用于单件、小批量生产及机修模具车间。

1. 机床的组成

CA6140 型卧式车床主要有以下几个部分组成。

（1）主轴箱 1 它固定在床身 4 的左上方，其内部装有主轴和变速传动机构。主轴通过卡盘等夹具装夹工件。主轴箱的功能是支承主轴并传动主轴，使主轴带动工件按照规定的转速旋转，以实现机床的主运动。

（2）刀架 2 它装在床身 4 的刀架导轨上，并可沿此导轨纵向移动。刀架由几层部件组成：纵向溜板、横向溜板、小溜板和安装刀具的四方刀架。刀架的作用是装夹车刀，并使车刀作纵向、横向或斜向（通常只能手动）运动。

（3）尾座 3 它装在床身 4 的尾座导轨上，并可沿此导轨纵向调整位置。尾座的主要作用是用后顶尖支承工件。在尾座上还可以安装钻头等孔加工刀具，以便进行孔加工。此时，尾座应固定在床身上，摇动其右侧的手轮（手动）实现刀具的纵向进给。

（4）进给箱 10 它固定在床身 4 的左前侧。进给箱主要是安装进给运动传动链中的传动比变速装置或称变速机构，它的功用是改变被加工螺纹的螺距或机动进给的进给量。

（5）溜板箱 8 它固定在刀架 2 的底部，可带动刀架运动。溜板箱的功用是把进给箱传来的运动传递给刀架，使刀架实现纵向进给、横向进给、快速移动或车螺纹运动。

（6）床身 4 床身固定在左床腿 9 和右床腿 5 上。床身是车床的基本支承件，在床身上安装着车床的各个主要部件。床身的作用是支承其他各主要部件并使它们在工作时保持准确的相对位置。

2. CA6140 型卧式车床的主要技术参数（表 2-2）

表 2-2　CA6140 型卧式车床的主要技术参数

参数		单位	规格
床身上最大工件回转直径		mm	400
刀架上最大工件回转直径		mm	210
最大工件长度（有 4 种规格可选用）		mm	750；1000；1500；2000
最大车削长度（相对应的长度）		mm	650；900；1400；1900
主轴中心高		mm	205
主轴孔直径		mm	48
主轴孔前端锥度		—	莫氏锥度 6 号
主轴转速	正转（24 级）	r/min	10～1400
	反转（12 级）	r/min	14～1580
车削螺纹范围	米制螺纹（44 种）	mm	1～192
	寸制螺纹（20 种）	牙/in	2～24
	模数螺纹（39 种）	mm	0.25～48
	径节螺纹（37 种）	牙/in	1～96
进给量	纵向进给量（64 级）	mm/r	0.028～6.33
	横向进给量（64 级）	mm/r	0.014～3.16
纵向快移速度		m/min	4
横向快移速度		m/min	2
刀架行程	最大纵向行程（相应 4 种）	mm	650；900；1400；1900
	最大横向行程	mm	260；295
	四方刀架最大行程	mm	139；165
尾座套筒最大行程		mm	150
尾座套筒锥孔		—	莫氏锥度 5 号
主电动机			7.5kW，1440r/min
溜板快速移动电动机			0.25kW，2800r/min

2.2.3　CA6140 型卧式车床的传动系统

CA6140 型卧式车床的传动系统如图 2-3 所示。整个传动系统由主运动传动链、螺纹进给传动链、纵向进给传动链、横向进给传动链及快速移动传动链组成。下面对主要传动链进行分析和计算。

22

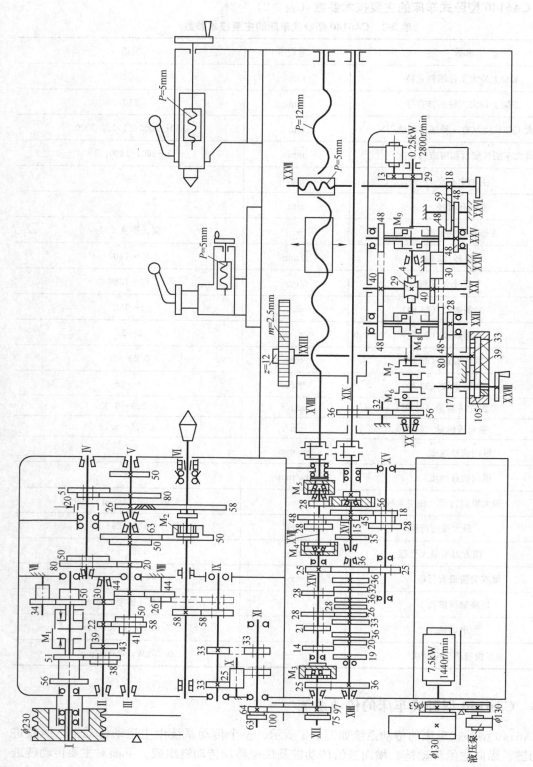

图 2-3 CA6140 型卧式车床的传动系统图

1. 主运动传动链

（1）传动路线　CA6140 型卧式车床的主运动传动链可使主轴获得 24 级正转转速（10～1400r/min）及 12 级反转转速（14～1580r/min）。其传动路线是，运动由主电动机（7.5kW，1440r/min）经 V 带传动副 φ130mm/φ230mm 输入到主轴箱中的轴 Ⅰ，轴 Ⅰ上装有一个双向多片离合器 M_1，用以控制主轴的起动、停止和换向。离合器 M_1 向左接合时，主轴正转，向右接合时，主轴反转；左、右都不接合时，主轴停转（电动机仍然空转）。轴 Ⅰ的运动经离合器 M_1、轴 Ⅰ—Ⅱ和轴 Ⅱ—Ⅲ间变速齿轮传至轴Ⅲ，然后分两路传给主轴。当主轴Ⅵ上的滑移齿轮 50 处于左边位置时（图 2-3 图示位置），运动经齿轮副 63/50 直接传给主轴，使主轴得到 6 级高转速，当主轴上的滑移齿轮 50 处于右边位置，使内齿轮式离合器 M_2 接合时，则运动经轴Ⅲ—Ⅳ间的齿轮副 20/80 或 50/50 传至轴Ⅳ，再经轴Ⅳ—Ⅴ间的齿轮副 20/80 或 51/50 传至轴Ⅴ，后经齿轮副 26/58 和内齿轮式离合器 M_2 传给主轴Ⅵ，使主轴获得中、低转速。主运动传动链的传动路线表达式为：

（2）主轴的转速级数与转速计算　根据传动系统图和传动路线表达式，主轴似可获得 30 级转速，但由于轴Ⅲ—Ⅳ—Ⅴ间的四种传动比为

$$u_1 = \left(\frac{50}{50}\right) \times \left(\frac{51}{50}\right) \approx 1 \qquad u_2 = \left(\frac{50}{50}\right) \times \left(\frac{20}{80}\right) = \frac{1}{4}$$

$$u_3 = \left(\frac{20}{80}\right) \times \left(\frac{51}{50}\right) \approx \frac{1}{4} \qquad u_4 = \left(\frac{20}{80}\right) \times \left(\frac{20}{80}\right) = \frac{1}{16}$$

其中 u_2 和 u_3 近似相等，所以运动经Ⅲ—Ⅳ—Ⅴ间的齿轮副这条路线传动时，主轴实际上只能得到 2×3（2×2-1）=18 级不同的转速，加上经齿轮副 63/50 直接传动时的 6 级转速，主轴实际上只能获得 24 级不同转速。

同理，主轴反转时也只能获得 3+3（2×2-1）=12 级不同转速。

主轴的转速可按下列运动平衡式计算，即

$$n_主 = 1440 \times (130/230) \times (1-t) u_{Ⅰ-Ⅱ} u_{Ⅱ-Ⅲ} u_{Ⅲ-Ⅵ}$$

式中　　　　$n_主$——主轴转速（r/min）；

t——V 带传动的滑动系数，$t=0.02$；

$u_{Ⅰ-Ⅱ}$、$u_{Ⅱ-Ⅲ}$、$u_{Ⅲ-Ⅵ}$——分别为轴Ⅰ—Ⅱ、Ⅱ—Ⅲ、Ⅲ—Ⅵ间的可变传动比。

主轴反转时，轴Ⅰ—Ⅱ间的传动比大于正转时的传动比，所以反转转速高于正转转速。主轴反转主要用于车螺纹时，在不断开主轴和刀架间内联系传动的情况下，使刀架以较高的转速退至起始位置，节省辅助时间。

2. 螺纹进给传动链

CA6140 型卧式车床的螺纹进给传动链可车削米制、模数制、寸制和径节制四种标准螺纹，此外，还可车削大导程、非标准和较精密螺纹，这些螺纹可以是右旋的，也可以是左旋的。各种螺纹传动路线表达式为

(2-1)

根据上述传动路线表达式，可以列出每种螺纹的运动平衡式，并进行分析和计算。

在车螺纹时必须保证主轴每转 1 转，刀具准确地移动被加工螺纹一个导程 Ph 的距离，也就是说，两端件——主轴、刀架之间必须保持严格的运动关系，车螺纹传动链运动平衡式为

$$1_{主轴}uPh_{丝} = Ph$$

式中　　u——主轴至丝杠间全部传动机构的总传动比；

　　$Ph_{丝}$——机床丝杠的导程，CA6140 型车床的丝杠导程 $Ph_{丝}=12\text{mm}$；

　　Ph——工件螺纹的导程（mm）。

（1）车米制螺纹　米制螺纹是我国应用最广泛的一种螺纹。在 CA6140 车床上可加工国家标准中规定的标准螺纹导程值：1mm、1.25mm、1.5mm、1.75mm、2mm、2.25mm、2.5mm、3mm、3.5mm、4mm、4.5mm、5mm、5.5mm、6mm、7mm、8mm、9mm、

10mm、11mm 和 12mm 共 4 组 20 种基本螺纹导程，也可加工分别比基本导程大 4 倍或 16 倍的螺纹导程。

车米制基本（正常）导程螺纹时，进给箱中离合器 M_3、M_4 脱开，M_5 结合。运动由主轴Ⅵ经齿轮副 58/58，轴Ⅸ—Ⅺ间换向机构（经齿轮副 33/33 加工右旋螺纹，经齿轮副 33/25×25/33 加工左旋螺纹），交换齿轮组 63/100×100/75，然后再经齿轮副 25/36，轴 XIII—XIV 间滑移齿轮变速机构（8 种传动比，称为基本组），齿轮副 25/36×36/25，轴 XV—XVII 间的滑移齿轮变速机构（4 种传动比，称为增倍组）及离合器 M_5，传动丝杠 XVIII。丝杠通过开合螺母将运动传至溜板箱，带动刀架纵向进给。车制米制（右旋）螺纹进给运动的传动路线表达式见式（2-1），其运动平衡式为

$$Ph = kP = 1_{主轴} \times (58/58) \times (33/33) \times (63/100) \times (100/75) \times$$
$$(25/36) \times u_{基} \times (25/36) \times (36/25) \times u_{倍} \times 12$$

式中　Ph——螺纹导程（mm）；

P——螺纹螺距（mm）；

k——螺纹线数；

$u_{基}$——轴 XIII—XIV 间的基本组的可换传动比；

$u_{倍}$——轴 XV—XVII 间的增倍组的可换传动比。

整理后可得

$$Ph = kP = 7u_{基} u_{倍}$$

如果取上式中 $u_{倍} = 1$，则机床可通过滑移齿轮机构的不同传动比，加工出导程分别为（6.5）mm、7mm、8mm、9mm、（9.5）mm、10mm、11mm、12mm 的螺纹。可见，该变速机构是获得各种螺纹导程的基本变速机构，通常称为基本螺距机构，或简称为基本组，其传动比以 $u_{基}$ 表示。

而 $u_{倍}$ 的传动比，其值按倍数排列，用来配合基本组，扩大车削螺纹的螺距值大小，故称该变速机构为增倍机构或增倍组。增倍组有 4 种传动比，分别为 1、1/2、1/4 和 1/8。选择 $u_{基}$ 和 $u_{倍}$ 的值，就可得到各种标准米制螺纹的导程。

当需要车削大导程螺纹时，如加工多线螺纹、油槽等，可通过扩大主轴Ⅵ—Ⅸ之间传动比倍数来进行加工。具体为将轴Ⅵ右端的滑移齿轮 50 右移，M_2 结合，使Ⅵ轴齿轮 58 与轴Ⅷ上的齿轮 26 啮合。此时，主轴Ⅵ—Ⅸ之间的传动比有两种：$u_{扩1} = 4$ 和 $u_{扩2} = 16$。与车削正常螺纹时，主轴至轴Ⅸ之间的传动比相比，传动比分别扩大了 4 倍和 16 倍，即可使被加工螺纹导程扩大 4 倍或 16 倍。所以该变速机构为螺距扩大机构，简称扩大组。另外，加工大导程螺纹时主轴Ⅵ—Ⅲ间传动联系为主传动链及车螺纹传动链共有，此时主轴只能以较低速度旋转。具体说，当 $u_{扩2} = 16$ 时，主轴转速为 10～32r/min（最低 6 级转速）；当 $u_{扩1} = 4$ 时，主轴转速为 40～125r/min（较低 6 级转速）。主轴转速高于 125r/min 时，则不能加工大导程螺纹，但这对实际加工并无影响。这是因为从加工工艺性、切削性能和切削效果等看，只能在主轴低速旋转时，才能加工大导程螺纹。

（2）车模数螺纹　模数螺纹的螺距参数为模数 m，螺纹螺距 $P = \pi m$，螺纹导程值 $Ph = kP$，k 是为螺纹线数，主要用于车削米制蜗杆与模数制特殊丝杠。模数螺纹的模数值已由国家标准规定。因模数螺纹导程中含有特殊因子 π，为此，车削模数螺纹时，交换齿轮需换为 64/100×100/97。其余部分的传动路线与车削米制螺纹时完全相同。其运动平衡式为

$$Ph = kP = 1_{主轴} \times (58/58) \times (33/33) \times (64/100) \times (100/97) \times (25/36) \times$$
$$u_{基} \times (25/36) \times (36/25) \times u_{倍} \times 12$$

式中　Ph——螺纹导程（mm）；

　　　P——螺纹螺距（mm）。

整理后可得

$$Ph = kP = k\pi m = (7\pi/4)u_{基} u_{倍}$$

于是有

$$m = (7/4 k)u_{基} u_{倍}$$

因此，只要改变 $u_{基}$ 和 $u_{倍}$，就可车削出各种标准的模数螺纹。如应用扩大螺纹导程机构，也可以车削出大导程的模数螺纹。

（3）车寸制螺纹　寸制螺纹的螺距参数为螺纹每英寸长度上的牙（扣）数 a，标准的 a 值是按分段等差数列规律排列的。寸制螺纹的导程折算成米制为 $Ph = 25.4/a$ mm。可见标准寸制螺纹螺距值的特点是：分母按分段等差数列排列，且螺距值中含有 25.4 特殊因子。因此，车削寸制螺纹传动路线与车米制螺纹传动路线相比，应有两处不同：

1）基本组中主、从动传动关系应与车米制螺纹时相反，即运动应由轴 XIV 传至轴 XIII。这样基本组的传动比，形成了分母成近似等差数列排列，从而适应寸制螺纹螺距值的排列规律。

2）改变传动链中部分传动副的传动比，以引入特殊因子 25.4。车制寸制螺纹时，交换齿轮采用进给箱中轴 XII 滑移齿轮 25 右移，使 M_3 结合，轴 XV 上滑移齿轮 25 左移与轴 XIII 上固定齿轮 36 啮合。此时，离合器 M_4 脱开，M_5 结合。运动由交换齿轮组传至轴 XII 后，经离合器 M_3 先传到轴 XIV，然后传至轴 XIII，再经齿轮副 36/25 传至轴 XV。其余部分的传动路线与车削米制螺纹时相同。车寸制螺纹的运动平衡式为

$$Ph = 25.4k/a = 1_{主轴} \times (58/58) \times (33/33) \times (63/100) \times$$
$$(100/75) \times (1/u_{基}) \times (36/25) \times u_{倍} \times 12$$

式中　Ph——螺纹导程（mm）。

整理后可得

$$Ph = 25.4k/a = (4/7) \times 25.4 u_{倍} /u_{基}$$

于是有

$$a = 7ku_{基}/4u_{倍} \quad （牙/in）$$

（4）车径节螺纹　径节螺纹用于车寸制蜗杆，其螺距参数以径节 DP（牙/in）来表示，径节 $DP = Z/D$（Z 为蜗轮齿数；D 为分度圆直径，单位为 in），即蜗轮或齿轮折算到每一英寸分度圆直径上的齿数。寸制蜗杆的轴向齿距即径节螺纹的导程为 $Ph = \pi/DP$（in）$\approx$ $25.4\pi/DP$（mm）。标准径节 DP 的数列也是分段等差数列。可见径节螺纹的导程值与寸制螺纹相似，即分母是分段等差数列，且螺距值中含有特殊因子 25.4，不同的是径节螺纹的螺距值中还具有因子 π。

由此可知，车径节螺纹可采用车寸制螺纹传动路线，但交换齿轮组应与加工模数螺纹时相同，为 $64/100 \times 100/97$。车径节螺纹的运动平衡式为

$$Ph \approx 25.4k\pi/DP = 1_{主轴} \times (58/58) \times (33/33) \times (64/100) \times (100/97) \times$$
$$(1/u_{基}) \times (36/25) \times u_{倍} \times 12$$

式中　Ph——螺纹导程（mm）。

整理后可得

$$Ph = 25.4k\pi/DP = (25.4\pi/7) \times u_倍/u_基$$

于是有

$$DP = 7ku_基/u_倍（牙/in）$$

（5）车非标准及较精密螺纹　车非标准螺纹或较精密的螺纹时，可将离合器 M_3、M_4 和 M_5 全部结合，使轴 XII、轴 XIV、轴 XVII 和丝杠 XVIII 联成一体，要求的螺纹导程值可通过选配交换齿轮架齿轮齿数来得到。由于主轴至丝杠的传动路线大为缩短，从而减少传动累积误差，就可以加工出具有较高精度的螺纹。

3. 纵向与横向进给传动链

为了减少丝杠的磨损和便于操纵，机动进给是由光杠 XIX 经溜板箱传动的。从主轴 VI 至进给箱轴 XVII 的传动路线与车削螺纹时的传动路线相同。这时将进给箱中的离合器 M_5 脱开，从而切断进给箱与丝杠的联系，并使轴 XVII 的齿轮 28 与轴 XIX 左端的齿轮 56 相啮合，运动由进给箱传至光杠 XIX，再经溜板箱中的齿轮副 $36/32 \times 32/56$、超越离合器 M_6 及安全离合器 M_7、轴 XX、蜗杆蜗轮副 $4/29$ 传至轴 XXI。运动又由轴 XXI 经齿轮副 $40/48$ 或 $(40/30)$ $\times (30/48)$、双向离合器 M_8、轴 XXII、齿轮副 $28/80$、轴 XXIII 传至小齿轮 $z12$。小齿轮 $z12$ 再与固定在床身上的齿条相啮合。当小齿轮转动时，就使溜板箱带着刀架作纵向机动进给。若运动由轴 XXI 经齿轮副 $40/48$ 或 $40/30 \times 30/48$、双向离合器 M_9、轴 XXV 及齿轮副 $(48/48) \times (59/18)$ 传至横向进给丝杠 XXVII，就使横向刀架作横向机动进给。实现纵、横向机动进给量各 64 种。横向进给量为纵向进给量的一半。纵向与横向进给运动传动链的传动路线表达式见式（2-2）。

$$
\text{主轴（VI）}
\begin{bmatrix}
\text{米制螺纹传动路线} \\
\text{寸制螺纹传动路线}
\end{bmatrix}
\text{—XVII—} \frac{28}{56} \text{—XIX（光杠）—} \frac{36}{32} \times \frac{32}{56}
$$

$$
\text{—} M_6\text{（超越离合器）—} M_7\text{（安全离合器）—XX—} \frac{4}{29} \text{—XXI—}
\begin{bmatrix}
\begin{bmatrix}
\frac{40}{48} - M_8 \uparrow \\
\frac{40}{30} \times \frac{30}{48} - M_8 \downarrow
\end{bmatrix} \\
\begin{bmatrix}
\frac{40}{48} - M_9 \uparrow \\
\frac{40}{30} \times \frac{30}{48} - M_9 \downarrow
\end{bmatrix}
\end{bmatrix}
\tag{2-2}
$$

$$
\text{—XXV—} \frac{48}{48} \times \frac{59}{18} \text{—XXVII（丝杠）—刀架（横向进给）}
$$

$$
\text{—XXII—} \frac{28}{80} \text{—XXIII—} z12 \text{—齿条—刀架（纵向进给）}
$$

4. 刀架的快速移动传动链

为了减轻工人劳动强度和缩短辅助时间，刀架可以实现纵向和横向机动快速移动。按下快速移动按钮，快速电动机（0.25kW，2800r/min）经齿轮副 13/29 使轴 XX 高速转动，再经蜗杆副 4/29 及溜板箱内与机动进给相同的传动路线传至刀架，使刀架实现纵向或横向的快速移动。当快速电动机使传动轴 XX 快速旋转时，依靠齿轮 56 与轴 XX 间的单向超越离合

器 M_6，可避免与进给箱传来的慢速工作进给运动发生矛盾。

单向超越离合器 M_6 的结构原理如图 2-4 所示。它由外环齿轮 1（即溜板箱中的齿轮 56）、星轮 2、滚子 3、销 4 和弹簧 5 组成。当进给运动由外环齿轮 1 传入并逆时针旋转时，带动滚子 3 挤向楔缝，使星轮 2 随同外环齿轮 1 一起转动，再经安全合器 M_7 带动轴 XX 转动，这是机动工作进给的情况。当快速电动机起动，星轮 2 由轴 XX 带动逆时针方向快速旋转时，由于星轮 2 超越外环齿轮 1 转动，滚子 3 退出楔缝，使星轮 2 和外环齿轮 1 自动脱开，因而由进给箱传给外环齿轮 1 的慢速转动虽照常进行，却不能传给轴 XX，此时，轴 XX 由快速电动机传动作快速转动，使刀架实现快速运动。一旦快速电动机停止转动，超越离合器自动接合，刀架立即恢复正常的工作进给运动。应该注意的是离合器 M_6 正常工作的条件是外环齿轮 1 和星轮 2 只准作逆时针的转动。

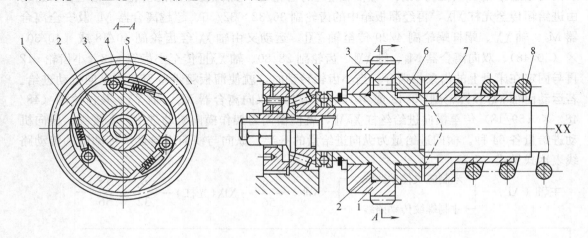

图 2-4　超越离合器

1—外环齿轮　2—星轮　3—滚子　4—销　5、8—弹簧　6、7—安全离合器

2.2.4　CA6140 型卧式车床传动系统的主要结构

1. 主轴箱

主轴箱的功用是支承主轴并使其实现起动、停止、旋转、变速和换向等功能。因此，主轴箱中通常包含有主轴及其轴承，传动机构，开停和换向装置，制动装置，操纵机构和润滑装置等。

（1）主轴及其轴承　主轴及其轴承是主轴箱中最重要的部分。主轴前端可装卡盘，用于夹持工件并由其带动旋转。主轴的旋转精度、刚度、抗振性和热变形等对工件的加工精度和表面粗糙度有直接影响，因此，对主轴及其轴承要求较高。

卧式车床的主轴支承大多采用滚动轴承，一般为前后两点支承。例如，CA6140 型卧式车床的主轴及轴承如图 2-5 所示，前支承装有一个双列短圆柱滚子轴承 3，后支承装有角接触球轴承 8 和一个推力球轴承 7。主轴背向力由双列短圆柱滚子轴承 3 和角接触球轴承 8 承受。向左的进给力，由推力球轴承 7 承受；向右的进给力，由角接触球轴承 8 承受。前面的双列短圆柱滚子轴承 3 的间隙，可由锁紧螺母 2 通过套筒 4 进行调整，调好后，由锁紧螺母 2 固定其轴向位置。后面的角接触球轴承 8 及推力球轴承 7 的间隙由锁紧螺母 9 来调整。主轴的轴承由液压泵供给润滑油进行充分的润滑，为防止润滑油外漏，前、后支承处都有油沟式密封装置。在锁紧螺母 2 和 9 的外圆上有锯齿形环槽，主轴旋转时，依靠离心力的作用，把经过轴承向外流出的润滑油甩到前、后轴承端盖的接油槽里，然后经回油孔 a_2、b_2 流回主轴箱。卧式车床的主轴是空心阶梯轴。其内孔用于通过长棒料以及气动、液压等夹紧驱动装置的传动杆，也用于穿入钢棒卸下顶尖，主轴前端有精密的莫氏锥孔，供安装顶尖或心轴之用。主轴前端安装卡盘、拨盘或其他夹具。CA6140 型卧式车床主轴前端为短锥法兰式结构，它以短锥和轴肩端面作定位面。卡盘、拨盘等夹具通过卡盘座 12，用四个螺栓 13 固定在主轴 1 上，由装在主轴轴肩端面上的端面键 11 传递转矩。安装卡盘时，只需将预先拧紧在卡盘座 12 上的螺栓 13 连同螺母 14 一起，从主轴轴肩和锁紧盘 10 上的孔中穿过，然后将锁紧盘 10 转过一个角度，使螺栓 13 进入锁紧盘 10 上宽度较窄的圆弧槽内，把螺母 14 卡住（如图 2-5 中所示位置）；接着再把螺母 14 拧紧，就可把卡盘等夹具紧固在主轴上。这种主轴轴端结构的定心精度高，联接刚度好，卡盘悬伸长度小，装卸卡盘也比较方便。

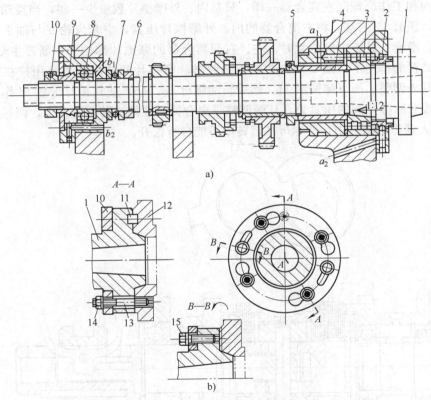

图 2-5　CA6140 型卧式车床主轴及轴承

a) 主轴结构　b) 主轴前端结构

1—主轴　2、9—锁紧螺母　3—双列短圆柱滚子轴承　4、6—套筒　5、10—锁紧盘　7—推力球轴承

8—角接触球轴承　11—端面键　12—卡盘座　13—螺栓　14—螺母　15—螺钉

（2）开停和换向装置　开停装置用于控制主轴的起动和停止。中型车床多用机械式摩擦离合器实现，少数机床也有采用电磁离合器或液压离合器的。尺寸较小的车床，由于电动机

功率较小，为简化结构，常直接由电动机开停来实现。

换向装置用于改变主轴旋转方向。若主轴的开停由电动机直接控制，则主轴换向通常采用改变电动机转向来实现。若开停采用摩擦离合器，则换向装置由同一离合器（双向的）和圆柱齿轮组成，大部分中型卧式车床都采用这种换向装置。图 2-6 所示为 CA6140 型卧式车床采用的控制主轴开停和换向的双向多片离合器结构。它由结构相同的左、右两部分组成，左离合器接合时主轴正转，右离合器接合时主轴反转。下面以左离合器为例说明其结构原理。多个内摩擦片 3 和外摩擦片 2 相间安装，内摩擦片 3 以花键与轴 I 相联接，外摩擦片 2 以其四个凸齿与空套双联齿轮 1 相联接。内、外摩擦片未被压紧时，彼此互不联系，轴 I 不能带动空套双联齿轮 1 转动。当用操纵机构拨动滑套 6 至右边位置时，滑套 6 将羊角形摆块 8 的右角压下，使它绕销轴 7 顺时针摆动，其下端凸起部分推动拉杆 5 向左，通过固定在拉杆 5 左端的圆销 10，带动压套 12 和螺母 4a，将左离合器内、外摩擦片压紧在止推片 14 和 13 上，通过摩擦片间的摩擦力，使轴 I 和空套双联齿轮 1 联接，于是主轴沿正向旋转。右离合器的结构和工作原理同左离合器一样，只是内、外摩擦片数量少一些，当拨动滑套 6 至左边位置时，压套 12 右移，将右离合器的内、外摩擦片压紧，空套齿轮 9 与轴 I 联接，主轴反向旋转。滑套 6 处于中间位置时，左、右两离合器的摩擦片都松开，断开主轴的传动，同时在制动装置的作用下（图 2-7），主轴迅速停转。摩擦片间的压紧力可用拧在压套上的螺母 4a 和 4b 来调整。压下弹簧销 11，然后转动螺母 4a、4b，使其相对压套 12 作小量轴向位移，即可改变摩擦片间的压紧力，从而调整了离合器所能传递转矩的大小，调好后弹簧销 11 复位，插入螺母的槽口中，使螺母在运转中不能自行松开。

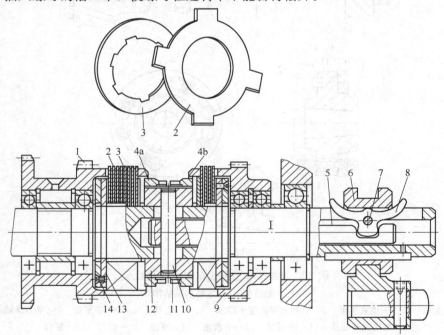

图 2-6　双向多片离合器结构（CA6140）

1—空套双联齿轮　2—外摩擦片　3—内摩擦片　4a、4b—螺母　5—拉杆　6—滑套　7—销轴
8—羊角形摆块　9—空套齿轮　10—圆销　11—弹簧销　12—压套　13、14—止推片

（3）制动装置　制动装置的功用是在车床停车过程中克服主轴箱中各运动件的惯性，使主轴迅速停止转动，以缩短辅助时间。卧式车床主轴箱中常用的制动装置有闸带式制动器和片式制动器。当直接由电动机控制主轴开停时，也可以采用电动机制动方式，如反接制动、能耗制动等。

图 2-7 所示为 CA6140 型卧式车床上采用的闸带式制动器，它由制动轮 7、制动带 6 和杠杆 4 等组成。制动轮 7 是一个钢制圆盘，与传动轴 8（Ⅳ轴）用花键联接。制动带 6 为一钢带，其内侧固定着一层铜丝石棉，以增加摩擦面的摩擦因数。制动带 6 绕在制动轮 7 上，它的一端通过调节螺钉 5 与主轴箱体 1 联接，另一端固定在杠杆 4 的上端。杠杆 4 可绕杠杆支承轴 3 摆动，当它的下端与齿条轴 2 上的圆弧形凹部 a 或 c 接触时，制动带 6 处于放松状态，制动器不起作用；移动齿条轴 2，其上凸起部分 b 与杠杆 4 下端接触时，杠杆 4 绕杠杆支承轴 3 逆时针摆动，使制动带 6 包紧制动轮 7，产生摩擦制动力矩，轴 8（Ⅳ轴）通过传动齿轮使主轴迅速停止转动。制动时制动带 6 的拉紧程度，可用调节螺钉 5 进行调整。在调整合适的情况下，应是停车时主轴能迅速停转，而开车时制动带能完全松开。

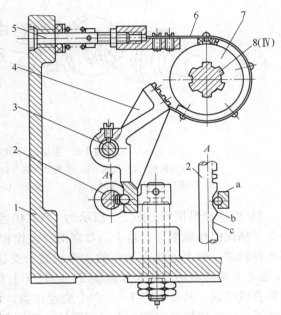

图 2-7　闸带式制动器

1—主轴箱体　2—齿条轴　3—杠杆支承轴　4—杠杆
5—调节螺钉　6—制动带　7—制动轮　8—传动轴

片式制动器分为多片式和单片式两种。多片式制动器的结构与摩擦离合器类似，只是其中的外摩擦片与机床静止部分联接。

（4）操纵机构　主轴箱中的操纵机构用于控制主轴起动、停止、制动、变速、换向以及变换左、右螺纹等。为使操纵方便，常采用集中操纵方式，即用一个手柄操纵几个传动件（滑移齿轮、离合器等），以控制几个动作。

1）主轴开停和制动操纵机构。图 2-8 所示为 CA6140 型卧式车床上控制主轴开停、换向和制动的操纵机构。

为了便于操作，在操纵杆 8 上装有两个手柄，一个在进给箱右侧，如图 2-8 中手柄 7，另一个在溜板箱右侧（见图 2-2）。向上扳动手柄 7 时，通过由曲柄 9、拉杆 10 和曲柄 11 组成的杠杆机构，使轴 12 和齿扇 13 顺时针转动，传动齿条轴 14 及固定在其左端的拨叉 15 右移，拨叉 15 又带动滑套 4 右移，使双向多片离合器的左离合器接合，主轴起动正转。当手柄 7 扳至下面时，双向多片离合器的右离合器接合，主轴起动反转。手柄扳至中间位置时，齿条轴 14 和滑套 4 也都处于中间位置，双向多片离合器的左、右两组摩擦片都松开；主传动链与动力源断开。此时，齿条轴 14 的凸起部分压着制动器杠杆 5 的下端，将制动带 6 拉紧，导致主轴制动。当齿条轴 14 移向左端或右端位置时，离合器接合，主轴起动旋转。此时齿条轴 14 上圆弧形凹入部分与杠杆 5 接触，制动带松开，主轴不受制动。

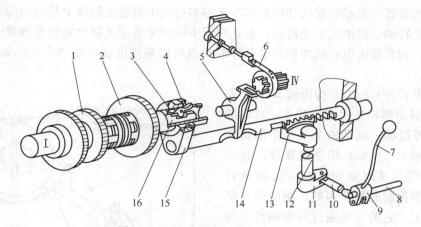

图 2-8 主轴开停和制动的操纵机构

1—双联齿轮 2—齿轮 3—羊角形摆块 4—滑套 5—杠杆 6—制动带 7—手柄
8—操纵杆 9、11—曲柄 10、16—拉杆 12—轴 13—齿扇 14—齿条轴 15—拨叉

2）变速操纵机构。图 2-9 所示为 CA6140 型卧式车床主轴箱中的变速操纵机构。它用一个手柄同时操纵轴Ⅱ、Ⅲ上的双联滑移齿轮和三联滑移齿轮，变速手柄每转一转，变换全部六种转速，故手柄共有均布的六个位置。变速手柄装在主轴箱的前壁上，通过链传动轴4。轴 4 上装有盘形凸轮 3 和曲柄 2。凸轮 3 上有一条封闭的曲线槽，由两段不同半径的圆弧和直线组成。凸轮上有 1～6 六个变速位置，如图 2-9 所示。位置 1、2、3 使杠杆 5 上端的滚子处于凸轮槽曲线的大半径圆弧处。杠杆 5 经拨叉 6 将轴Ⅱ上的双联滑移齿轮移向左端位置。位置 4、5、6 则将双联滑移齿轮移向右端位置。曲柄 2 随轴 4 移动，带动拨叉，拨动轴Ⅲ上的三联齿轮，使它位于左、中、右三个位置。顺次转动手柄，就可使两个滑移齿轮的位置实现六种组合，使轴Ⅲ得到六种转速。滑移齿轮到位后应定位。

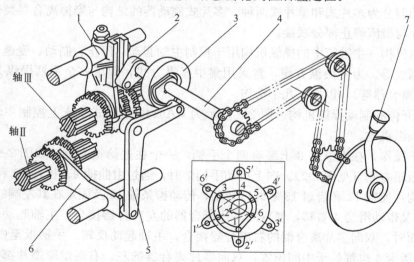

图 2-9 变速操纵机构

1—拨叉 2—曲柄 3—凸轮 4—轴 5—杠杆 6—拨叉 7—手柄

2. 溜板箱

溜板箱的功用是将丝杠或光杠传来的旋转运动转变为溜板箱的直线运动，并带动刀架进给，控制刀架运动的换向、接通和断开。

（1）纵向、横向机动进给及快速移动的操纵机构　CA6140 型卧式车床纵向、横向机动进给及快速移动是由手柄集中操纵的（图 2-10）。当需要纵向移动刀架时，就要向相应方向（向左或向右）扳动操纵手柄 1。由于轴 14 用台阶及卡环轴向固定在箱体上，操纵手柄 1 就可以绕销 A 摆动，于是手柄 1 下部的开口槽就拨动轴 3 轴向移动。轴 3 通过拉杆 7 及推杆 8 使凸轮 9 转动，凸轮 9 的曲线槽使拨叉 10 移动，于是便操纵轴 XXⅡ（图 2-3）上的牙嵌离合器 M_8 向相应方向啮合，这时如光杠转动，就可使刀架作纵向机动进给，如按下手柄 1 上端的快速移动按钮，快速电动机起动，刀架就可向相应方向快速移动，直到松开快速按钮时为止。如向前或向后扳动手柄 1，手柄 1 通过轴 14 使凸轮 13 转动，凸轮 13 上的曲线槽使拉杆 12 摆动，拉杆 12 又使拨叉 11 移动，于是拨叉 11 便拨动牙嵌离合器 M_9 向相应方向啮合。这时如接通光杠或快速电动机，就可使横刀架实现向前或向后的横向机动进给或快速移动。手柄 1 处于中间位置时，离合器 M_8 及 M_9 均脱开，这时断开机动进给及快速移动。盖 2 上开有十字形槽，使操纵手柄不能同时接合纵向和横向运动。

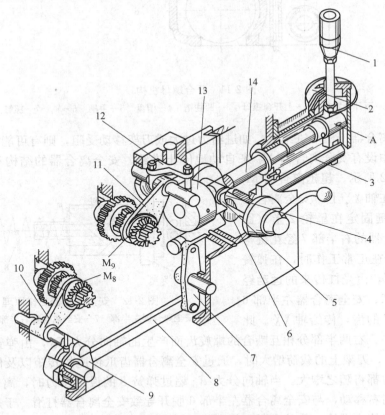

图 2-10　溜板箱操纵机构立体图

1—手柄　2—盖　3、14—轴　4—手柄轴　5、6—销子　7、12—拉杆　8—推杆　9—凸轮　10、11—拨叉　13—凸轮

（2）开合螺母机构　开合螺母机构如图 2-11 所示。CA6140 型卧式车床车螺纹时，进给箱将运动传递给丝杠，合上开合螺母就可带动溜板箱和刀架。开合螺母机构由下开合螺母 1 和上开合螺母 2 组成，它们都可以沿溜板箱中垂直的燕尾形导轨上下移动。每个半螺母上装有一个圆柱销 3，它们分别插进槽盘 4 的两条曲线槽 d 中。车削螺纹时，转动手柄 5，使槽盘 4 转动。两个圆柱销带动上、下螺母互相靠拢，于是，开合螺母就与丝杠啮合。槽盘 4 上的偏心圆弧槽 d 接近盘中心部分的倾斜角比较小，使开合螺母闭合后能自锁。限位螺钉 7 用以调节丝杠与螺母的间隙。

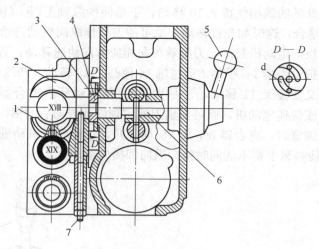

图 2-11　开合螺母机构

1—下开合螺母　2—上开合螺母　3—圆柱销　4—槽盘　5—手柄　6—轴　7—螺钉

（3）安全离合器　机动进给时，如进给力过大或刀架移动受阻，则有可能损坏机件。为此，在进给链中设有安全离合器 M_7 来自动地停止进给。安全离合器的结构和工作原理如图 2-4 和图 2-12 所示。超越离合器 M_6 的星轮 2 空套在轴 XX 上。安全离合器的左半部 6 用键固定在星轮 2 上（图 2-4）。安全离合器的右半部 7 经花键与轴 XX 相联接。在正常工作时，在弹簧 8 的压力作用下，由光杠传来的运动经齿轮 56、星轮 2、安全离合器左半部 6 的齿、右半部 7 的齿，传给轴 XX。此

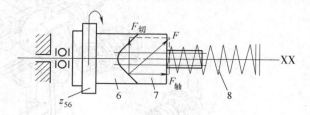

图 2-12　安全离合器工作原理

6—安全离合器左半部　7—安全离合器右半部　8—弹簧

时安全离合器左、右两半部分相互啮合的螺旋齿面产生的轴向分力 $F_{轴}$，由弹簧 8 的压力来平衡（图 2-12）。刀架上的载荷增大时，通过安全离合器齿爪传递的转矩以及作用在螺旋齿面上的轴向分力都将随之增大。当轴向分力 $F_{轴}$ 超过弹簧 8 的设定压力时，离合器右半部 7 将压缩弹簧而向右移动，与安全离合器左半部 6 脱开导致安全离合器打滑。于是机动进给传动链断开，刀架停止进给。传动中断，保证了传动机构的安全。过载现象消除后，弹簧 8 使安全离合器重新自动接合，恢复正常工作。

2.3 万能外圆磨床

用磨料磨具如砂轮、砂带、油石、研磨剂等为工具进行切削加工的机床，统称为磨床类机床。它主要用于精加工各种零件（特别是淬硬零件和高精度特殊材料零件）。磨床之所以作为精加工机床，是它较容易获得较高的加工精度和较低的表面粗糙度。随着磨料磨具的不断发展，机床结构性能的不断改进，高速磨削、强力磨削等高效磨削工艺的采用，磨床已逐步扩大到用于粗加工领域。

磨床的主运动一般是砂轮的高速旋转运动。进给运动则取决于加工工件表面的形状以及采用的磨削方法。它可以由工件或砂轮来完成，也可以由两者共同来完成。

磨床的种类很多，按用途和采用的工艺方法不同，大致可分为外圆磨床、内圆磨床、平面磨床、工具和刀具磨床、专门化磨床等。

万能外圆磨床的工艺范围较宽，除了能磨削外圆柱面和外圆锥面外，还可磨削台肩端面和内孔等。

2.3.1 M1432A 型万能外圆磨床的组成、运动与主要技术参数

1. M1432A 型万能外圆磨床的组成

M1432A 型万能外圆磨床的外观如图 2-13 所示。机床主要由以下部件组成。

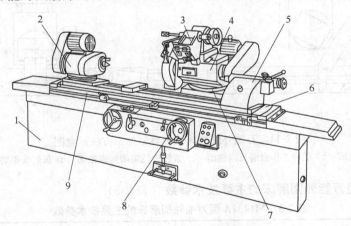

图 2-13 M1432A 型万能外圆磨床外观图

1—床身 2—头架 3—内圆磨具 4—砂轮架 5—尾座 6—床身垫板 7—床鞍 8—手轮 9—工作台

（1）床身 床身 1 是磨床的基本支承件，在床身上安装磨床的各主要部件，工作时床身使它们保持准确的相对位置，床身内还装有液压油。

（2）头架 头架 2 用以安装和支承工件，并带动工件旋转。

（3）内圆磨具 内圆磨具 3 用于支承磨削内孔的砂轮主轴。内圆磨具主轴由专门的电动机通过传动带来驱动。

（4）砂轮架 砂轮架 4 用于支承并传动高速旋转的砂轮主轴。砂轮架安装在床鞍 7 上，当需要磨削短圆锥面时，砂轮架可沿垂直轴在 ±30°范围内调整至一定角度。转动横向进给

手轮 8，可使横进给机构带动滑板及砂轮作横向移动。利用液压装置又可使床鞍作周期性自动切入运动。

（5）工作台　工作台 9 的台面上装有尾座 5 和头架 2，它们随工作台一起沿床身导轨作纵向往复运动。工作台由上、下两部分组成，上工作台可绕下工作台的心轴在水平面内作小角度调整，用以磨削锥度较小的长圆锥面。

2. M1432A 型万能外圆磨床的运动

图 2-14 所示为万能外圆磨床几种典型加工方法的示意图。可以看出，机床必须具备以下运动：外磨或内磨的旋转主运动 n_t，工件圆周进给运动 n_w，工件（工作台）往复纵向进给运动 f_a，砂轮周期或连续横向进给运动 f_r，此外，机床还有砂轮架快速进退和尾座套筒缩回两个辅助运动。

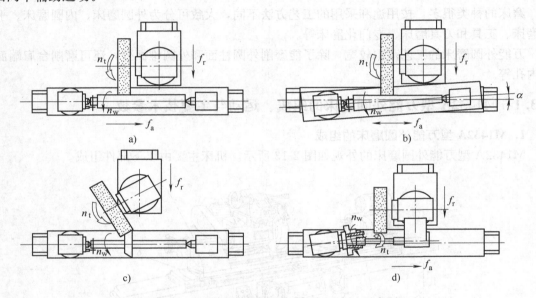

图 2-14　万能外圆磨床几种典型加工方法示意图

a）磨外圆柱面　b）扳转工作台磨长圆锥面　c）扳转砂轮架磨短圆锥面　d）扳转头架磨内圆锥面

3. M1432A 型万能外圆磨床的主要技术参数（表 2-3）

表 2-3　M1432A 型万能外圆磨床的主要技术参数

参数	单位	规格
工件的最大直径	mm	320
磨削内孔直径	mm	30～60
外圆最大磨削长度	mm	1000/1500/2000
内孔最大磨削长度	mm	125
外圆磨削砂轮主轴转速	r/min	1670
内圆磨削砂轮主轴转速	r/min	10000/20000
头架主轴转速级数	—	6
工作台纵向移动速度（液压无级调速）	m/min	0.05～4

2.3.2　M1432A 型万能外圆磨床的传动系统

M1432A 型万能外圆磨床，除工作台的纵向往复移动、砂轮架的快速进退及尾座顶尖套筒的缩回为液压传动外，其余运动都是由机械传动的，图 2-15 所示为 M1432A 型万能外圆磨床的传动系统图。

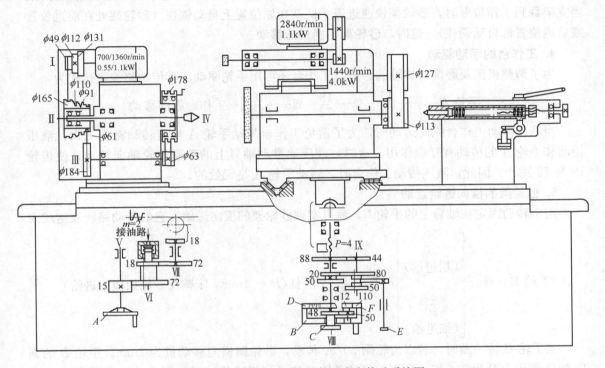

图 2-15　M1432A 型万能外圆磨床传动系统图

1. 头架（带动工件）的传动

此传动链由双速电动机传动三级 V 带，把运动传给头架上的拨盘，拨动工件作圆周进给运动，用于实现工件的圆周进给。其传动路线表达式为

$$
\text{头架电动机} - \text{I} -
\begin{bmatrix}
\dfrac{\phi 49}{\phi 165} \\[4pt]
\dfrac{\phi 112}{\phi 110} \\[4pt]
\dfrac{\phi 131}{\phi 91}
\end{bmatrix}
- \text{II} - \dfrac{\phi 61}{\phi 184} - \text{III} - \dfrac{\phi 63}{\phi 178} - \text{拨盘（工件转动）}
$$

0.55/1.1kW
700/1360r/min

由于驱动电动机是双速的（0.55/1.1kW，700/1360r/min），并且在轴 I 与轴 II 之间经三级 V 带塔轮变速传动，因此，工件可获得六种转速。

2. 外圆砂轮的传动

砂轮主轴的运动由砂轮架电动机（4.0kW，1440r/min）经四根 V 带直接传动。

3. 内圆磨具的传动

内圆砂轮主轴由内圆砂轮电动机（1.1kW，2840r/min，）经平带直接传动。更换带轮，内圆砂轮主轴可得到两种转速。

内圆磨具装在内圆磨具支架上，为了保证工作安全，内圆砂轮电动机的起动和内圆磨具支架的位置有互锁作用，即只有支架翻到磨削内圆的工作位置时，电动机才能起动。另外，当支架翻到工作位置时，砂轮架快速进退手柄就在原位置上自动锁住（砂轮架处在前进位置或后退位置都自动锁住），这时，砂轮架不能快速移动。

4. 工作台的手动驱动

为了调整机床及磨削阶梯轴的台阶，工作台还可用手轮驱动。其传动路线表达式为

$$手轮 A—V—\frac{15}{72}—VI—\frac{18}{72}—VII—\frac{18}{齿条}—工作台纵向移动$$

当液压传动工作台纵向运动时，为了避免工作台带动手轮 A 快速转动碰伤工人，液压传动和手轮 A 的传动有互锁作用。这时，液压油推动轴VI上的双联齿轮轴向移动，使齿轮18 与 72 脱开。因此，液压传动工作台时，转动手轮 A 是无效的。

5. 砂轮架的横向进给运动

用手转动固定在轴VIII上的手轮 B，就可实现砂轮架的横向进给。它的传动路线表达式为

$$手轮 B—VIII—\left[\begin{array}{c}\frac{50}{50}\\(粗进给)\\\frac{20}{80}\\(细进给)\end{array}\right]—IX—\frac{44}{88}—丝杠(P = 4mm，床鞍及砂轮架横向进给)$$

当手轮 B 转一圈时，若以齿轮副 50/50 传动，砂轮架横向移动量为 2mm。手轮 B 的刻度盘 D 圆周上分为 200 格，所以，经这条路线传动（粗进给）时，刻度盘 D 每格的进给量为 0.01mm。若经齿轮副 20/80 传动（细进给）时，手轮 B 每转一圈，砂轮架横向移动量为 0.5mm。所以，这时刻度盘 D 每格的进给量为 0.0025mm。

2.3.3　M1432A 型万能外圆磨床的主要结构

1. 砂轮架

砂轮架中的砂轮主轴及其支承应具有高的回转精度、刚度、抗振性和耐磨性，因为它直接影响加工零件的精度和表面粗糙度，是砂轮架部件的关键部分（图 2-16）。

砂轮架主轴的前、后径向支承均采用"短三瓦"式液体动压轴承。砂轮主轴的轴向定位如图 2-16A—A 剖面所示。砂轮主轴以右端轴肩 2 靠在推力轴承环 3 上，在止推环的另一方，六根弹簧 5 推动六根小圆柱 4 顶紧推力轴承，使轴肩 2 紧靠在推力轴承环 3 上。当推力轴承环磨损后，由于弹簧 5 的弹力，能自动消除间隙。

润滑油装在砂轮架壳体内，油面高度在圆油窗 1 观察。在砂轮主轴轴承的两端用橡胶油封实现密封，防止油的渗漏。

装在砂轮主轴上的零件如带轮、砂轮压紧盘、砂轮都应仔细平衡，四根 V 带的长度也应一致，否则，易引起砂轮主轴的振动，直接影响磨削表面的粗糙度。

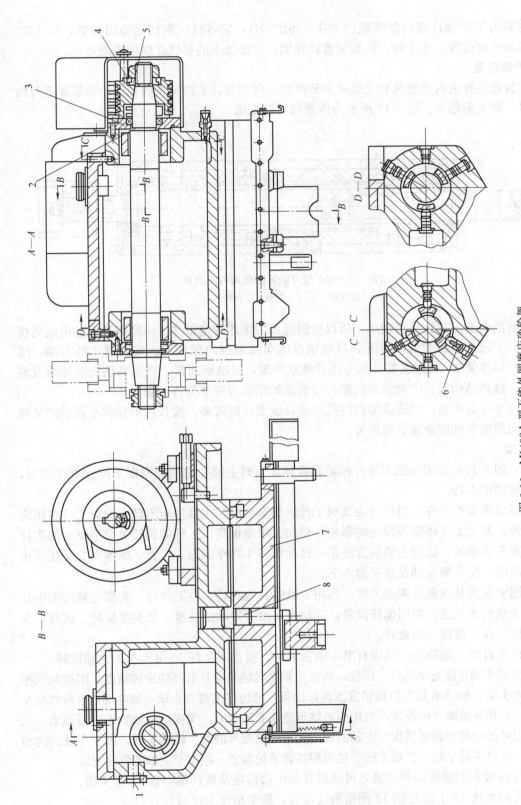

图 2-16 M1432A 型万能外圆磨床砂轮架

1—圆油窗 2—轴肩 3—推力轴承环 4—小圆柱 5—弹簧 6—螺钉 7—床鞍 8—圆柱销

砂轮架用 T 形螺钉紧固在床鞍上（图 2-16B—B），它可绕床鞍的定心圆柱销，在 ±30° 范围内调整角度位置。加工时，床鞍带着砂轮架，沿垫板上的导轨作横向进给运动。

2. 内圆装置

内圆装置主要由内圆磨具和支架两部分组成。内圆磨具装在支架的孔中，当需要进行内圆磨削时，将支架翻下。图 2-17 所示为内圆磨具装配图。

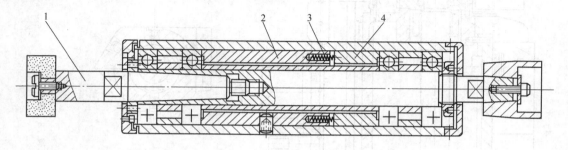

图 2-17　M1432A 型万能外圆磨床内圆磨具
1—接长杆　2、4—套筒　3—弹簧

因为磨削内圆的砂轮直径较小，所以内圆磨具主轴的转速很高。内圆磨具主轴由电动机经带传动。主轴前、后支承各用两个 D 级精度的角接触推力球轴承。在套筒 2 的右端，周向均布有八根弹簧 3，通过套筒 2 和 4 压紧轴承外圈，使轴承预紧。当主轴热变形伸缩或轴承磨损后，这种结构能消除轴承的间隙，使轴承的预紧力基本保持不变。

接长杆 1 可以更换，以适应磨削内孔表面长度变化的需要。接长杆轴径较小而悬伸又较长，是内圆磨削中刚度最薄弱的环节。

3. 头架

头架（图 2-18）用于安装工件并传动其旋转。头架主轴和前顶尖根据不同的加工情况，可以转动或固定不转。

（1）用顶尖支承工件　当用顶尖支承工件进行磨削时，主轴固定不转。此时工件在固定顶尖上旋转，避免了主轴旋转误差的影响，使加工精度提高。工件的旋转是靠拨盘 8 的拨杆拨动工件夹头带动的。固定主轴的方法是：转动螺杆 1 将摩擦圈 2 顶紧，摩擦圈 2 又压紧头架主轴的后端，使头架主轴及顶尖固定不转。

（2）用卡盘或其他夹具装夹工件　当用卡盘或其他夹具装夹工件时，头架主轴前端锥孔安装固定卡盘的法兰盘，并用螺杆拉紧，运动由拨盘 8 带动法兰盘 6 及卡盘旋转。这时，头架主轴由法兰盘 6 带动一起旋转。

（3）机床自磨主轴顶尖　机床自磨主轴顶尖时，拨盘通过杆 10 带动头架主轴旋转。

由于头架主轴直接支承工件，因此，头架主轴及其轴承应具有高的旋转精度、刚度和抗振性。此机床头架主轴轴承采用 D 级精度深沟球轴承，通过仔细修磨头架主轴前端的台阶厚度及隔套 5、4、9 和补偿圈 3 的厚度，当用前后轴承盖压紧轴承时，实现对主轴轴承进行预紧，以提高主轴组件的刚度和旋转精度。主轴的轴向定位由前支承的两个轴承实现。由于主轴的运动用带传动，所以传动平稳。主轴上的带轮采用卸载带轮装置，减少了主轴的弯曲变形。

更换传动带和调整传动带张紧力可通过移动电动机座及转动偏心套 11 来实现。

头架可绕底座 13 上圆柱销 12 调整角度位置，调整角度为逆时针方向 0°～90°。

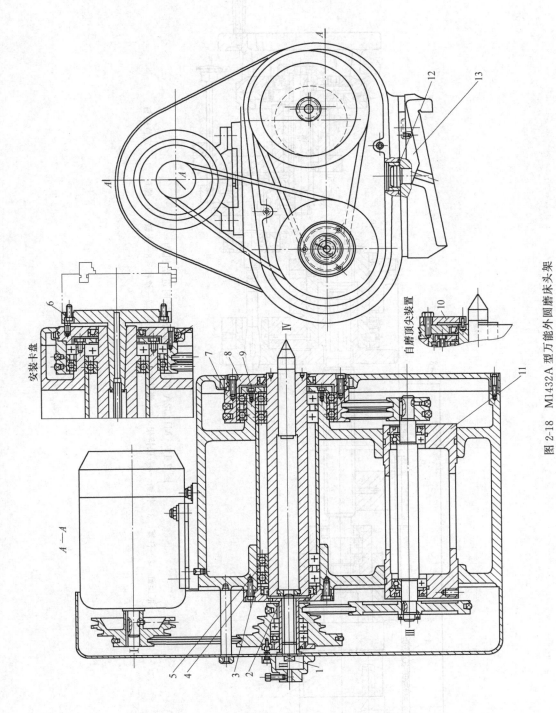

图 2-18　M1432A 型万能外圆磨床头架

1—螺杆　2—摩擦圈　3—补偿圈　4、5、9—隔套　6—法兰盘　7—带轮　8—拨盘　10—杆　11—偏心套　12—圆柱销　13—底座

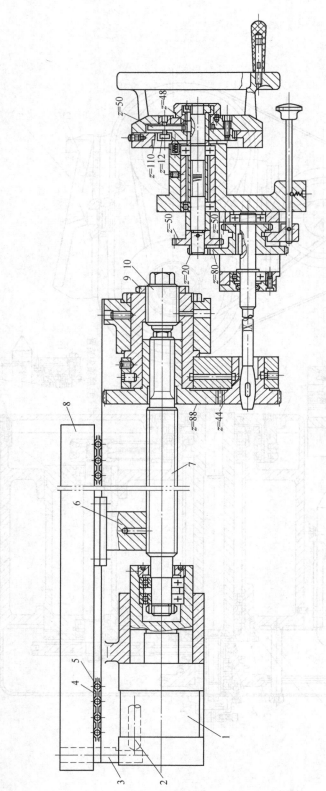

图 2-19 M1432A 型万能外圆磨床横向进给机构

1—液压缸 2—柱塞 3—挡销 4—保持架 5—滚动体 6—半螺母 7—丝杠 8—床鞍 9—螺母 10—定位螺钉

4. 横向进给机构

图 2-19 所示为砂轮架横向快速进、退机构。横向进给机构用于实现砂轮架的周期或连续横向工作进给和快速进、退以及调整位移终点，以确定砂轮和工件的相对位置，控制被磨削工件的直径尺寸。因此，对它的基本要求是保证砂轮架有高的定位精度和进给精度，特别是微量进给时，要避免产生"爬行现象"。

横向进给机构的工作进给有手动的，也有自动的。调整位移一般为手动，而定距离的快速进退则采用液压传动。砂轮架的快速进、退由液压缸 1 来实现，当液压缸 1 左腔进压力油时，推动活塞向右移动，带动丝杠 7、半螺母 6 及砂轮架向前快速横进；当液压缸 1 右腔进压力油时，则砂轮架向后快退。

快进到终点位置的准确定位由刚性定位螺钉 10 来保证。砂轮架快进到终点时，丝杠 7 的前端碰到刚性定位螺钉 10，使丝杠和砂轮架准确定位。当砂轮磨损或修整后，工件直径将变大，这时，必须重新调整砂轮架的行程终点位置。定位螺钉 10 的位置可以调整，调整后用螺母 9 锁紧。

为了克服"爬行现象"，提高进给精度，横进给导轨采用 V 形和平面组合的滚动导轨。

2.4　镗床

镗床类机床用于加工精度要求较高且尺寸较大的孔，机床加工时的运动与钻床类似，但进给运动则根据机床类型和加工条件不同，或者由刀具完成，或者由工件完成。镗床除了镗孔，还可进行钻孔、铣平面和车削等工作。

镗床的主要工作是用镗刀镗削工件上铸出或已粗钻出的孔。尤其是分布在不同表面上、孔距和位置精度（垂直度、平行度及同轴度等）要求较严格的孔系，如各种箱体和汽车发动机缸体等零件上的孔系加工。镗床可分为卧式镗床、坐标镗床以及精镗床。此外，还有落地镗床、立式镗床和深孔镗床等。

2.4.1　卧式镗床的组成与应用范围

1. 卧式镗床的组成

卧式镗床外形如图 2-20 所示。机床主要由以下部件组成。

（1）床身　床身 10 是镗床的支承部件，在床身上安装后立柱 2、工作台 3、前立柱 7、主轴箱 8 等主要部件，工作时床身使它们保持准确的相对位置。

（2）前立柱　前立柱 7 用以安装主轴箱 8，并带动刀具和平旋盘 5 旋转。

（3）工作台　工件安装在工作台 3 上，可与工作台 3 一起随下滑座 11 或上滑座 12 作纵向或横向移动。工作台 3 还可绕上滑座 12 的圆导轨在水平面内转位，以便加工相互成一定角度的孔和平面。

（4）主轴箱　主轴箱 8 可沿前立柱 7 的导轨上下移动。以便实现垂直进给运动或调整镗轴在垂直方向的位置。主轴箱 8 中装有镗轴 4、平旋盘 5、主运动和进给运动变速传动机构和操纵机构。根据加工情况，刀具可以装在镗轴 4 或平旋盘 5 上。镗轴 4 可以作旋转主运动，也可以沿轴向移动作进给运动。

（5）后立柱　后立柱 2 可沿床身 10 的导轨移动，调整其纵向位置，以便适应主轴 4 的不同程度悬伸。

（6）后支架　后支架 1 装在后立柱 2 上，用于支承悬伸长度较大的主轴 4 的悬伸端，以增加刚度（图 2-21b）。后支架 1 可沿后立柱 2 上的导轨上下移动，以便于与主轴箱 8 同步升降，从而保持后支架支承孔与主轴 4 在同一轴线上。

（7）平旋盘　平旋盘 5 装在径向刀具溜板 6 上时，径向刀具溜板 6 可带着平旋盘 5 上的刀具作径向进给，以便车削端面（图 2-21f）；平旋盘 5 只能作旋转主运动。

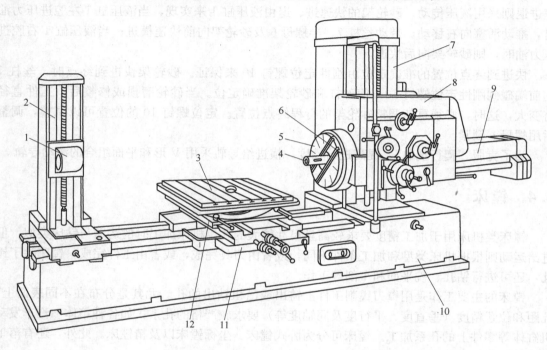

图 2-20　卧式镗床外形图

1—后支架　2—后立柱　3—工作台　4—镗轴　5—平旋盘　6—径向刀具溜板
7—前立柱　8—主轴箱　9—后尾筒　10—床身　11—下滑座　12—上滑座

2. 卧式镗床的应用范围

卧式镗床的工艺范围十分广泛，因而得到普遍应用。卧式镗床除镗孔外，还可车端面，铣平面，车外圆，车内、外螺纹及钻、扩、铰孔等。零件可在一次安装中完成大量的加工工序。卧式镗床尤其适合加工大型、复杂的具有相互位置精度要求孔系的箱体、机架和床身等零件。由于机床的万能性较大，所以又称为万能镗床。

卧式镗床的主要加工方法如图 2-21 所示。图 2-21a 所示为用装在镗轴上的悬伸刀杆镗孔，图 2-21b 所示为利用长刀杆镗削同一轴线上的两孔，图 2-21c 所示为用装在平旋盘上的悬伸刀杆镗削大直径的孔，图 2-21d 所示为用装在镗轴上的面铣刀铣削平面，图 2-21e 和 f 所示为用装在平旋盘刀具溜板上的车刀车削内沟槽和端面。

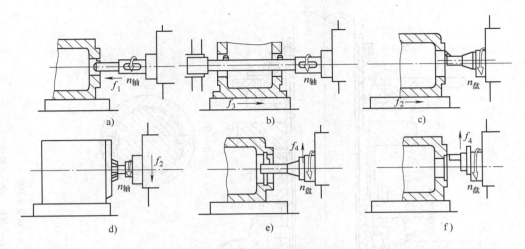

图 2-21 卧式镗床的主要加工方法

a）用镗轴镗孔　b）用后支架支承镗轴镗孔　c）用平旋盘镗孔　d）用镗轴铣削端面
e）用平旋盘车削内沟槽　f）用平旋盘车削端面

2.4.2 卧式镗床的运动

卧式镗床具有下列运动。

1. 主运动

镗轴的旋转主运动，平旋盘的旋转主运动。

2. 进给运动

镗轴的轴向进给运动，主轴箱的垂直进给运动，工作台的横向进给，工作台的纵向进给运动，平旋盘刀具溜板的径向进给运动。

3. 辅助运动

工作台的转位运动，后立柱的纵向调位运动，后支架在垂直方向的调位运动，镗轴的轴向快速调位运动，主轴箱沿垂直方向的快速调位运动，工作台沿纵、横方向的快速调位运动。这些辅助运动可以手动，也可由快速电动机传动。

2.4.3 卧式镗床的主轴结构

卧式铣镗床主轴部件的结构形式较多，图 2-22 所示为 TP619 型卧式镗床的主轴部件结构。它是镗轴带固定式平旋盘的主轴部件，主要由镗轴 2、镗轴套筒 3 和平旋盘 7 组成。镗轴 2 和平旋盘 7 用来安装刀具并带动其旋转，两者可同时同速转动，也可以不同转速同时转动。镗轴套筒 3 作为镗轴 2 的导向和支承，并带动其旋转。在镗轴套筒 3 的内孔中，装有 3 个淬硬的精密衬套 8、9 和 12，用以支承镗轴 2。镗轴 2 用 38CrMoAIA 钢经氮化处理制成，具有很高的表面硬度，它和衬套的配合间隙很小，而前后衬套间的距离较大，使主轴部件有较高的刚度，以便保证主轴具有较高的旋转精度和平稳的轴向进给运动。镗轴套筒 3 采用三支承结构，前支承采用 D3182126 型双列圆柱滚子轴承，中间和后支承采用 D2007126 型圆锥滚子轴承，三支承都安装在箱体轴承座孔中，后轴承间隙可用调整螺母 13 调整。

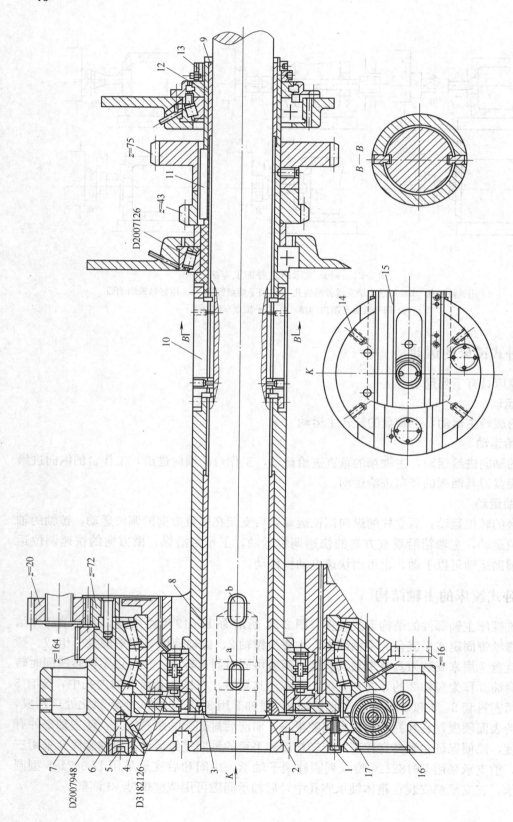

图 2-22　TP619 型卧式镗床主轴部件结构

1—刀具溜板　2—镗轴　3—镗轴套筒　4—法兰盘　5—螺盘　6—螺塞　7—平旋盘　8—前支承衬套
10—导键　11—平键　9,12—后支承衬套　13—调整螺母　14—径向丝杠　15—径向T形槽　16—丝杠　17—半螺母镗轴套筒 3 由后端齿轮 $z=43$ 或 $z=75$ 通过平键 11 使其旋转，再经镗轴套筒上 2 个对称分布的导键 10 传动，使镗轴 2 旋转。导键 10 固定在镗轴套筒 3 上，其突出部分嵌在镗轴 2 的 2 条长键槽内，使镗轴 2 既能由镗轴套筒 3 带动旋转，又可在衬套中沿轴向移动，见图 2-22 中 *B—B* 视图。

镗轴 2 的前端有一个精密的 1：20 锥孔，用来安装刀杆和刀具。镗轴 2 前端还有两个腰形孔 a、b，其中孔 a 用于拉镗孔或铣端面时插入楔块，以便防止镗杆被拉出，孔 b 用于拆卸刀具。镗轴 2 的后端通过推力球轴承和圆锥滚子轴承与支承座连接，支承座装在后尾筒的水平导轨上。镗轴 2 可由丝杠 16 经半螺母 17 传动，带动其作轴向进给运动。镗轴 2 不作轴向进给运动时（例如铣平面或由工作台进给镗孔时），利用支承座中的推力球轴承和圆锥滚子轴承使镗轴 2 实现轴向定位。其中圆锥滚子轴承还可以作为镗轴 2 的径向附加支承，以免镗轴后部的悬伸端下垂。

平旋盘 7 由 $z=72$ 齿轮传动，该齿轮用定位销和螺钉固定在平旋盘 7 上。空套在平旋盘 7 外圆柱面上的 $z=164$ 大齿轮，带动刀具溜板 1 在平旋盘 7 的燕尾导轨上作径向进给运动。燕尾导轨的间隙可用镶条进行调整。当加工过程中刀具溜板 1 不需要作径向进给运动时（如镗大直径孔或车外圆柱面时），可拧紧螺塞 5，通过销钉 6 将刀具溜板 1 锁紧在平旋盘 7 上。平旋盘 7 的端面上铣有四条径向 T 形槽 14，可以用来紧固刀具或刀盘；在平旋盘 7 的燕尾导轨上，装有径向刀具溜板 1，刀具溜板 1 的左侧面上铣有两条 T 形槽 15（向视图 *K*），可用来紧固刀具或刀盘。通过 D2007948 型双列圆锥滚子轴承将平旋盘 7 支承在固定于箱体上的法兰盘 4 上。

2.4.4 坐标镗床

坐标镗床是一种高精度机床，其特征是具有工作台、主轴箱等移动部件的精密坐标位置测量装置，能实现工件和刀具的精确定位。为了保证高精度，这种机床的主要零部件的制造和装配精度都很高，并在结构上采取措施使机床具有较好的刚度和抗振性。它主要用来镗削精密孔（IT5 级或更高）和位置精度要求很高的孔系（定位精度可达 0.002～0.01mm），如镗削钻模和镗模上的精密孔。

坐标镗床的工艺范围很广，除镗孔、钻孔、扩孔、铰孔、锪端面以及精铣平面和沟槽外，还可以进行精密刻线和划线，以及进行孔距和直线尺寸的精密测量工作。

坐标镗床主要用于工具车间加工工具、模具和量具等，也可用于生产车间成批地加工精密孔系，如在飞机、汽车、拖拉机、内燃机和机床等行业中加工某些箱体零件的孔系。

坐标镗床的主要类型按其布局形式有立式单柱、立式双柱和卧式等主要类型。

1. 立式单柱坐标镗床

立式单柱坐标镗床如图 2-23 所示。这类坐标镗床只有一个立柱 4，工件固定在工作台 1 上，镗孔的坐标位置由床鞍 5 沿床身 6 导轨的横向移动（*Y* 向）和工作台 1 沿床鞍 5 导轨的纵向移动（*X* 向）来实现。装有主轴组件的主轴箱 3 可以在立柱 4 的垂直导轨上调整上下位置，以适应加工不同高度的工件。主轴箱 3 内装有主电动机和变速、进给及其操纵机构。主轴 2 由精密轴承支承在主轴套筒中。当进行镗孔、钻孔、扩孔和铰孔等工作时，主轴 2 由主轴套筒带动，在垂直方向作机动或手动进给运动。当进行铣削时，则由工作台在纵、横方向完成进给运动。

由于这种类型机床工作台的三个侧面都是敞开的，所以操作比较方便，但主轴箱悬臂安装，机床尺寸大时，就会影响机床刚度和加工精度。因此，立式单柱坐标镗床多为中、小型机床。

2. 立式双柱坐标镗床

立式双柱坐标镗床如图 2-24 所示。该机床的两侧有两个立柱 3 和 6、顶梁 4 及床身 8 构成龙门框架式结构。主轴箱 5 装在可沿立柱导轨上下调整位置的横梁 2 上，工作台 1 则直接支承在床身 8 的导轨上。镗孔的坐标位置由主轴箱 5 沿横梁 2 的导轨作横向移动（Y 向）和工作台 1 沿床身 8 的导轨作纵向移动（X 向）来实现。横梁 2 沿立柱 3 和 6 的垂直导轨作上下运动调整高低位置，以便适应不同高度的工件。

立式双柱坐标镗床主轴箱悬伸长度小，且装在龙门框架上，刚性好；工作台和床身的层次少，承载能力较强。因此，大、中型坐标镗床常采用立式双柱布局形式。

3. 卧式坐标镗床

卧式坐标镗床如图 2-25 所示。该机床的主轴呈水平布置，与工作台台面平行。安装工件的工作台由下滑座 7、上滑座 1 以及回转工作台 2 三层组成。镗孔的坐标位置由主轴箱 5 沿立柱 4 的导轨垂直移动和下滑座 7 沿床身 6 的导轨纵向移动来确定。镗孔时的进给运动，可由主轴 3 轴向移动完成，也可由上滑座 1 横向移动完成。回转工作台 2 可进行圆周方向的精密分度，扩大了机床的加工范围，提高了生产效率。

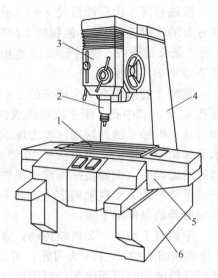

图 2-23　立式单柱坐标镗床
1—工作台　2—主轴　3—主轴箱
4—立柱　5—床鞍　6—床身

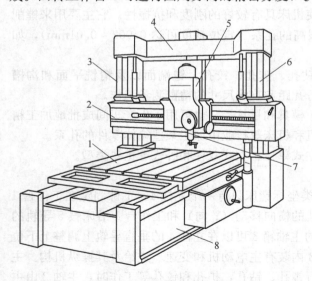

图 2-24　立式双柱坐标镗床
1—工作台　2—横梁　3、6—立柱　4—顶梁
5—主轴箱　7—主轴　8—床身

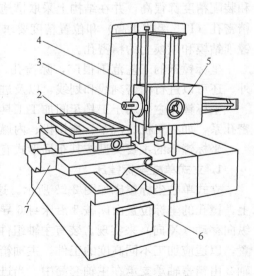

图 2-25　卧式坐标镗床
1—上滑座　2—回转工作台　3—主轴　4—立柱
5—主轴箱　6—床身　7—下滑座

2.5 拓展知识——其他机床

2.5.1 滚齿机

在机械设备中，最常见的机械零件之一就是齿轮。由于齿轮传动具有效率高，传动力大、传动比准确、结构紧凑和可靠耐用等优点，因此应用非常广泛。

齿轮加工机床是加工齿轮轮齿的基本设备，其种类很多。圆柱齿轮加工机床有滚齿机、插齿机等；锥齿轮加工机床有直齿锥齿轮刨齿机、铣齿机、拉齿机和弧齿锥齿轮铣齿机、拉齿机等；用来精加工齿轮的机床有剃齿机、珩齿机和磨齿机等。

滚齿机是齿轮加工机床中应用最广泛的一种。它多数是立式布置的，用于加工直齿和斜齿外啮合圆柱齿轮及蜗轮；也有卧式布置的，用于仪表工业中加工小模数齿轮和在一般机械制造业中加工轴齿轮、链轮和花键轴等。

1. 滚齿原理

滚齿过程如图 2-26 所示。滚齿加工是由一对交错轴斜齿轮副啮合传动原理演变而来的。在齿轮加工中，刀具与工件模拟一对齿轮（或齿轮与齿条）作啮合运动（展成运动）。在运动过程中，刀具齿形的运动轨迹逐步包络出工件的齿形。将这对啮合传动副中的一个齿轮的齿数减少到几个或一个，螺旋角增大到很大近似于 $90°$（即螺纹升角很小），因而可把它视为一个蜗杆（称为滚刀的基本蜗杆）。用刀具材料来制造这蜗杆，再将蜗杆开槽并铲背、淬火、刃磨，使其具有一定的切削性能，并使它形成必要的几何角度和切削刃，就构成一把齿轮滚刀。

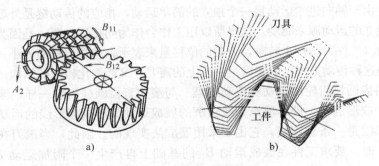

图 2-26 齿轮的滚齿加工
a) 滚齿运动　b) 齿廓展成过程

从机床运动的角度出发，工件渐开线齿面系由一个复合成形运动（由两个单元运动 B_{11} 和 B_{12} 组成）和一个简单成形运动 A_2 的组合形成。B_{11} 和 B_{12} 之间应该有严格的速比关系，即当滚刀转过 1 转时，工件相应地转过 K/Z 转（K 为滚刀的头数，Z 为工件齿数）。从切削加工的角度考虑，滚刀的回转 B_{11} 为主运动；工件的回转 B_{12} 为圆周进给运动，即展成运动；滚刀的直线移动 A_2 是为了沿齿宽方向切出完整的齿槽，称为轴向进给运动。当滚刀与工件按图 2-26 所示，完成规定的连续的相对运动，即可依次切出齿坯上全部齿槽。

（1）加工直齿圆柱齿轮的运动和传动原理　根据表面成形原理，用滚刀加工直齿圆柱齿轮必须具备以下两个运动：形成渐开线齿廓（母线）的展成运动和形成直线齿长（导线）的运动。图 2-27 所示为滚切直齿圆柱齿轮的传动原理图，它具有以下三条传动链。

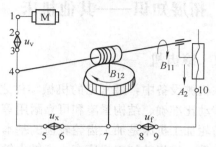

图 2-27　滚切直齿圆柱齿轮的传动原理图

1）主运动传动链。每一个表面成形运动都必须有一个外联系传动链与动力源相联系。主运动的外联系传动链为：电动机（M）—1—2—u_v—3—4—滚刀（B_{11}）。这条传动链产生切削运动。该传动链中的换置机构 u_v 用于调整渐开线齿廓的成形速度，应当根据滚刀材料、直径、工件材料、硬度以及加工质量要求来确定滚刀转速及调整其传动比。

2）展成运动传动链。渐开线齿廓是由展成法形成的，由滚刀的旋转运动 B_{11} 和工件的旋转运动 B_{12} 组成复合运动。因此，联系滚刀主轴和工作台的传动链：滚刀（B_{11}）—4—5—u_x—6—7—工作台（B_{12}）是一条内联系传动链，由它保证工件和刀具之间严格的运动关系。其中换置机构 u_x 用来适应工件齿数和滚刀头数的变化，不仅要求传动比准确，而且要求滚刀和工件两者旋转方向必须符合一对交错轴螺旋齿轮啮合时的相对运动方向。当滚刀旋转方向一定时，工件的旋转方向由滚刀的螺旋方向确定。故在这个传动链中，还设有工作台变向机构。

3）轴向进给运动传动链。滚刀的轴向进给运动是由滚刀刀架沿立柱导轨移动实现的。工作台（B_{12}）—7—8—u_f—9—10—刀架（A_2）将工作台和刀架联系起来，从而实现直线形齿长的运动。其中，换置机构为 u_f 用于调整轴向进给量的大小和进给方向，以适应不同加工表面粗糙度的要求。由于轴向进给运动是一个独立的简单运动，相应的传动链是外联系传动链，因此它可以使用独立的运动源来驱动，这里所以用工作台作为间接运动源，是因为滚齿时的进给量通常以工作台（工件）每转 1 转时，刀架的位移量来表示轴向进给量的大小。并且刀架运动速度较低，采用这种传动方案，既能满足工艺上的需要，又能简化机床的结构。

（2）加工斜齿圆柱齿轮的运动和传动原理　与滚切直齿圆柱齿轮一样，滚切斜齿圆柱齿轮同样需要两个成形运动，即形成渐开线齿廓的展成运动和形成齿形线的运动。但是，斜齿圆柱齿轮的齿形线是一条螺旋线，它也是采用展成法实现的。因此，当滚刀在沿工件轴线移动（轴向进给）时，要求工件在展成运动 B_{12} 的基础上再产生一个附加运动 B_{22}，以形成螺旋齿形线。

图 2-28b 所示为滚切斜齿圆柱齿轮的传动原理图。其中主运动传动链、展成运动传动链、轴向进给运动传动链均与直齿圆柱齿轮的传动原理相同，只是在刀架与工件之间增加了一条附加运动传动链：刀架（滚刀移动 A_{21}）—12—13—u_y—14—15—合成—6—7—u_x—8—9—工作台（工件附加转动 B_{22}），以保证刀架沿工作台轴线方向移动一个螺旋线导程 Ph 时，工件应准确地附加转过 ±1 转，形成螺旋齿形线。显然，这是一条内联系传动链。传动链中的换置机构为 u_y，用于适应不同的工件螺旋线导程 Ph，传动链中也设有换向机构以适应不同的螺旋方向。图 2-28a 形象地说明了这个问题。设工件的螺旋线为右旋，当滚刀沿工件轴向进给 f（单位为 mm），滚刀由 a 点到 b 点，这时工件除了作展成运动 B_{12} 以外，还要再附加转动 $b'b$，才能形成螺旋齿形线。同理，当滚刀移动至 c 点时，工件应附加转动 $c'c$。以此

类推，当滚刀移动至 p 点（经过了一个工件螺旋线导程 Ph），工件附加转动为 $p'p$，正好转 1 转。附加运动 B_{22} 的旋转方向与工件展成运动 B_{12} 的旋转方向是否相同，取决于工件的螺旋方向及滚刀的进给方向。如果 B_{12} 和 B_{22} 同向，计算时附加运动取 +1 转，反之取 -1 转。由于在滚切斜齿圆柱齿轮时，工件的旋转运动 B_{12} 是由展成运动传动链传递的；而工件附加旋转运动 B_{22} 是由附加运动传动链传给工件的。所以，在普通滚齿机上，为使 B_{12} 和 B_{22} 这两个运动同时传给工件又不发生干涉，需要在传动系统中配置运动合成机构，将这两个运动合成之后，再传给工件。也就是说，工件的旋转运动是由齿廓展成运动 B_{12} 和螺旋齿形线的附加运动 B_{22} 合成的。

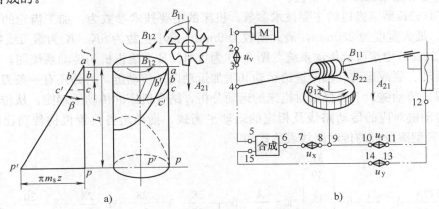

图 2-28　滚切斜齿圆柱齿轮的传动原理图
a) 滚齿运动　b) 传动原理图

2. Y3150E 型滚齿机

（1）Y3150E 型滚齿机的用途与组成　Y3150E 型滚齿机主要用于加工直齿和斜齿圆柱齿轮。此外，使用蜗轮滚刀时，还可用手动径向切入法加工蜗轮，也可以用于加工链轮及花键轴等。

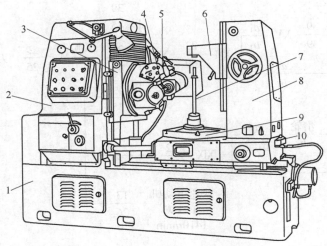

图 2-29　Y3150E 型滚齿机

1—床身　2—立柱　3—刀架溜板　4—刀杆　5—滚刀架　6—支架　7—心轴　8—后立柱　9—工作台　10—床鞍

图 2-29 所示为 Y3150E 型滚齿机，机床由床身 1、立柱 2、刀架溜板 3 和滚刀架 5、后立柱 8 和工作台 9 等主要部件组成。立柱 2 固定在床身 1 上。刀架溜板 3 带动滚刀架 5 可沿立柱导轨作垂直进给运动或快速移动。机床的主运动是滚刀的旋转，滚刀安装在刀杆 4 上，由滚刀架的主轴带动它旋转。滚刀架 5 可绕自己的水平轴线转动，以调整滚刀的安装角度。工件安装在工作台 9 的心轴 7 上或直接安装在工作台 9 上，随同工作台 9 一起作旋转运动。工作台 9 和后立柱 8 装在同一床鞍 10 上，可沿床身的水平导轨移动，以调整工件的径向位置或作手动径向进给运动。后立柱 8 上的支架 6 可通过轴套或顶尖支承心轴 7 的上端，以提高心轴的刚度和滚切加工的平稳性。

（2）Y3150E 型滚齿机的主要技术参数。机床的主要技术参数为：加工齿轮的最大直径为 500mm，最大宽度为 250mm，最大模数为 8mm，最小齿数为 5K（K 为滚刀线数）。

（3）Y3150E 型滚齿机传动系统 图 2-30 为 Y3150E 型滚齿机的传动系统图。该传动系统中有主运动、展成运动、轴向进给运动和附加运动四条传动链，另外还有一条刀架快速移动（空行程）传动链。下面根据对机床的运动分析，结合机床的传动原理图，从传动系统图中找出各传动链对应的传动路线及相应的运动平衡式，推导出各换置机构传动比的计算公式。Y3150E 型滚齿机的传动路线表达式如下。

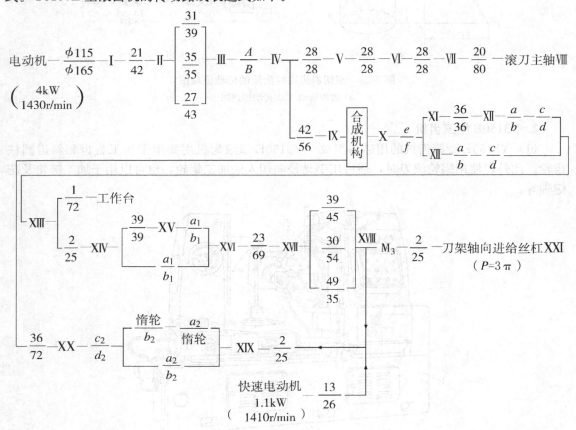

1）主运动传动链。由图 2-28 传动原理图中得主运动传动链为

电动机（M）—1—2—u_v—3—4—滚刀（B_{11}）

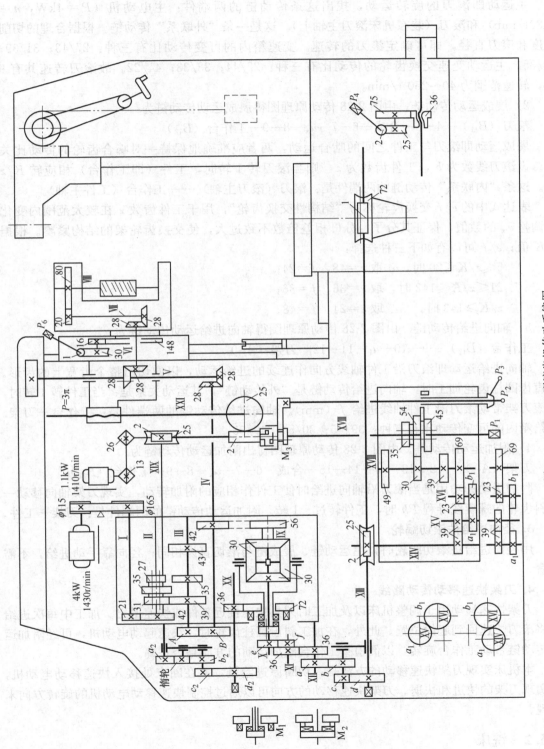

图 2-30 Y3150E 型滚齿机传动系统图

主运动即滚刀的旋转运动，找出这条传动链的两端件：主电动机（$P=4\text{kW}$，$n=1430\text{r/min}$）和滚刀（装在机床滚刀主轴上）。这是一条"外联系"传动链。根据合理的切削速度和滚刀直径，即可确定滚刀的转速。变速箱内的可变传动比有三种：$27/43$；$31/39$；$35/35$。主运动变速交换齿轮的传动比有三种：$22/44$；$33/33$；$44/22$。故滚刀转速共有 9 级，转速范围为 $40\sim250\ \text{r/min}$。

2）展成运动传动链。由图 2-28 传动原理图得展成运动传动链为

滚刀（B_{11}）—4—5—合成—6—7—u_x—8—9—工作台（B_{12}）

展成运动即滚刀与工件之间的啮合运动，两者应准确地保持一对啮合齿轮的传动比关系。设滚刀线数为 K，工件齿数为 z，则当滚刀转 1 转时，工件（即工作台）相应转 K/z 转。这条"内联系"传动链的两端件是：滚刀（滚刀主轴）——工作台（工件主轴）。

表达式中的 e/f 交换齿轮称为"结构性交换齿轮"，用于工件齿数 z 在较大范围内变化时调整 u_x 的数值，保证其分子、分母相差倍数不致过大，使交换齿轮架的结构紧凑。根据 z/K 值；e/f 可以有如下三种选择：

$5\leqslant z/K\leqslant20$ 时，取 $e=48$，$f=24$；

$21\leqslant z/K\leqslant142$ 时，取 $e=36$，$f=36$；

$z/K\geqslant143$ 时，取 $e=24$，$f=48$。

3）轴向进给传动链。由图 2-28 传动原理图得轴向进给运动传动链为

工作台（B_{12}）—9—10—u_f—11—12—刀架（A_{21}）

轴向进给运动即滚刀沿工件轴线方向作连续的进给运动，以便切出整个齿宽上的齿形。在直齿圆柱齿轮加工时，轴向进给传动链是"外传动链"，其运动关系是：当工件转 1 转时，由滚刀架带动滚刀沿工件轴线进给 f（mm）。轴向进给传动链的两端件是：工作台—刀架。进给箱内的可变传动比有三种：$39/45$；$30/54$；$49/35$。

4）附加运动传动链。由图 2-28 传动原理图得出附加运动传动链为

刀架（A_{21}）—12—13—u_y—14—15—合成—6—7—u_x—8—9—工作台（B_{22}）

附加运动的功用是当滚刀沿轴向进给时使工件作相应的附加转动，实现刀架轴向移动一个斜齿轮的螺旋线导程 Ph 时，工件转过 ±1 转。附加运动传动链的两端件是：刀架—工件。

3. 径向进给法滚切蜗轮

用径向进给法滚切蜗轮时，主运动链、展成链与滚切直齿相同；径向靠手动进给，不需换置。

4. 刀架快速移动传动路线

刀架快速移动用于调整机床以及加工时刀具快速接近工件或快速退出。加工中每次进给后将滚刀快速回到起始位置。此外，在加工斜齿圆柱齿轮时，快速起动电动机，可经附加运动传动链带动工作台旋转，以便检查工作台附加运动的方向是否正确。

本机床实现刀架快速移动的方法是：切断原进给链，并在断点处接入快速移动电动机，以实现刀架的快进和快退。刀架快速移动的方向可以通过控制快速移动电动机的旋转方向来实现。

2.5.2 铣床

铣床是使用多齿刀具进行切削加工的机床。机床的主运动是铣刀的旋转运动，小型铣床

的进给运动一般由工件三个方向的垂直运动来实现。中型铣床的进给运动由铣刀在一个方向的运动和工件两个方向的垂直运动来实现。而在大型铣床上，工件只作纵向移动，其他两个垂直方向的运动由铣刀来完成。

铣床的主要类型有：升降台式铣床，圆台铣床、龙门铣床、仿形铣床、工具铣床和各种专门化铣床等。铣床可以加工沟槽（键槽、T 形槽、燕尾槽等）、平面（水平面、垂直面等）、分齿零件（链轮、齿轮、棘轮、花键轴等）、螺旋形表面（螺纹和螺旋槽）、各种曲面及钻孔等，如图 2-31 所示。因此，铣床是机械制造行业中应用十分广泛的一种机床。由于铣刀是多齿刀具，切削过程又是断续切削，所以表面质量较差、加工精度较低，一般多用于粗加工或半精加工。

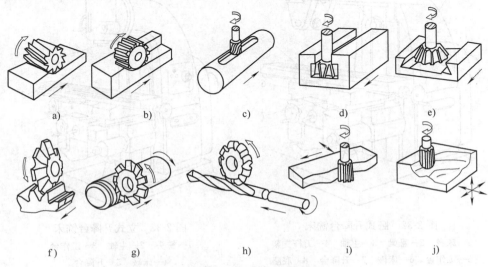

图 2-31　铣床加工的典型表面

1. 升降台式铣床

升降台式铣床是铣床类机床中应用最普遍的一种机型。升降台式铣床的结构特征是：主轴带动铣刀旋转实现主运动，其轴线位置通常固定不动，工作台可在相互垂直的三个方向上调整位置，并可带动工件在其中任一方向上实现进给运动。升降台式铣床可分为卧式、万能卧式和立式三种。

（1）卧式升降台铣床　卧式升降台铣床的主轴水平布置，如图 2-32 所示。床身 1 固定在底座 8 上，用于安装和支承机床各部件，床身内装有主轴部件、主运动变速传动机构及其操纵机构等。床身 1 顶部的燕尾型导轨上装有悬梁 2，可沿主轴轴线方向调整其前后位置，悬梁上的刀杆支架 4 用于支承刀杆的悬伸端。升降台 7 装在床身 1 的垂直导轨上，可以上下（垂直）移动，升降台内装有进给电动机，进给运动变速传动机构及其操纵机构等。升降台的水平导轨上装有床鞍 6，可沿平行于主轴轴线的方向（横向）移动。工作台 5 装在床鞍 6 的导轨上，可沿垂直于主轴轴线的方向（纵向）移动。卧式升降台铣床配置立铣头后，还可作立式铣床使用。

（2）万能卧式升降台铣床　万能卧式升降台铣床的结构与卧式升降台铣床基本相同，但在工作台 5 和床鞍 6 之间增加了一个转盘。转盘相对于床鞍在水平面内可绕垂直轴线在

±45°范围内转动，使工作台能沿调整后的方向进给，以便铣削螺旋槽。

（3）立式升降台铣床　立式升降台铣床如图 2-33 所示，其工作台 3、床鞍 4 及升降台 5 的结构与卧式升降台铣床相同。铣头 1 可根据加工要求在垂直平面内调整角度（≤45°），使主轴与工作台面倾斜成所需角度，以便扩大立铣的加工范围。主轴 2 可沿其轴线进给或调整位置。立式升降台铣床与卧式升降台铣床的主要区别在于，其主轴是垂直布置的，可用面铣刀或立铣刀加工平面、斜面、台阶、沟槽、齿轮、凸轮等表面。

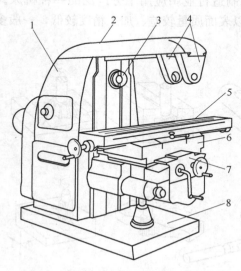

图 2-32　卧式升降台铣床

1—床身　2—悬梁　3—主轴　4—刀杆支架
5—工作台　6—床鞍　7—升降台　8—底座

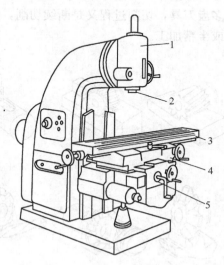

图 2-33　立式升降台铣床

1—铣头　2—主轴　3—工作台
4—床鞍　5—升降台

2. 龙门铣床

龙门铣床是一种大型高效能的铣床，该机床由顶梁、立柱和床身组成龙门框架结构而得名。主要用于加工各类大型工件上的平面和沟槽，而且借助于附件，它还可加工内孔和斜面等。

图 2-34 所示为具有四个铣头的中型龙门铣床。每个铣头都是一个独立部件，其中包括单独的驱动电动机、主轴部件、变速传动机构及其操纵机构等。横梁 3 上的两个垂直铣头 4 和 8，可沿横梁的水平方向（横向）调整位置。横梁 3 本身及立柱 5、7 上的两个水平铣头 2 和 9 可沿立柱导轨调整其垂直方向的位置。各铣刀的切削深度均由主轴套筒带动铣刀主轴沿轴向移动来实现。加工时，主轴带动铣刀旋转实现主运动，工作台 1 带动工件作

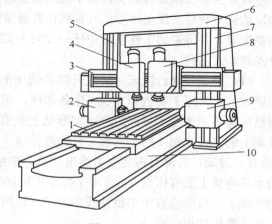

图 2-34　龙门铣床

1—工作台　2、9—水平铣头　3—横梁　4、8—垂直铣头
5、7—立柱　6—顶梁　10—床身

纵向进给运动。龙门铣床可用多把铣刀同时加工几个表面，所以生产率较高。它在成批和大量生产中得到广泛应用。

3. 圆台铣床

圆台铣床分为单轴和双轴两种型式。双轴圆台铣床如图 2-35 所示。圆台铣床的工作台是圆形的，并且可以绕自身轴线转动。主轴箱 5 的两个主轴上分别安装粗铣和半精铣的面铣刀，用于粗铣和半精铣平面。滑座 2 可沿床身 1 的导轨横向移动，以调整圆形工作台 3 与主轴间的横向位置。主轴箱 5 可以沿立柱 4 的导轨升降，主轴还可以在主轴箱中调整其轴向位置，以使刀具与工件的相对位置准确。加工时，可在圆形工作台 3 上装夹多个工件，圆形工作台 3 作连续转动，由两把铣刀分别完成粗、精加工。由于装卸工件的辅助时间与切削时间重合，所以生产效率较高。这种铣床的尺寸规格介于升降台铣床与龙门铣床之间，适于成批大量生产中加工中小型零件的平面。

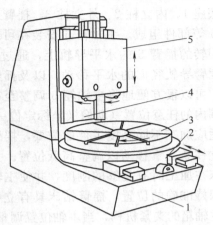

图 2-35　双轴圆台铣床
1—床身　2—滑座　3—圆形工作台
4—立柱　5—主轴箱

2.5.3　钻床

钻床是一种用途广泛的孔加工机床，主要用钻头加工外形复杂、没有对称回转轴线的工件上的单个或一系列圆柱孔，如杠杆、盖板、箱体、机架等零件上的各种用途的孔。普通钻床一般用于加工尺寸不大、精度要求不太高的孔，如各种零件上的联接螺钉孔等。可以通过钻孔—扩孔—铰孔的工艺手段加工精度要求较高的孔，还可以利用夹具加工有一定位置要求的孔，而且主要是用钻头在实心材料上钻孔，此外还可在原有孔的基础上进行扩孔、铰孔、锪平面、攻螺纹、锪孔口端面等加工。在钻床上加工时，工件固定不动，而刀具一边作旋转的主运动，一边沿其轴线移动，完成进给运动。钻床的加工方法如图 2-36 所示。

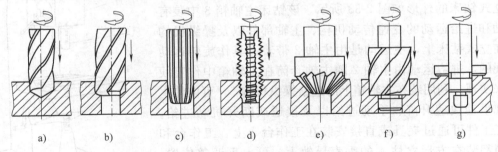

图 2-36　钻床的加工方法
a) 钻孔　b) 扩孔　c) 铰孔　d) 攻螺纹　e) 锪埋头孔　f)、g) 锪端面

钻床根据结构和用途不同，其主要类型有摇臂钻床、立式钻床、台式钻床、深孔钻床、专门化钻床等。

1. 摇臂钻床

加工大而重工件时，移动工件消耗功率较大，找正比较困难。这时希望将工件固定，主轴能任意调整坐标位置，使主轴中心对准被加工孔的中心，因此产生了摇臂钻床。图 2-37 所示为生产中应用最普遍的一种摇臂钻床。它由底座 1、内立柱 2、外立柱 3、摇臂 5 和主轴箱 6 等部件组成。主轴箱 6 安装在可绕垂直轴线回转的摇臂 5 的水平导轨上，通过主轴箱 6 在摇臂导轨径向的水平移动，以及摇臂 5 的回转，可以很方便地将主轴箱 6 调整至机床尺寸范围内的任意位置（就像极坐标定位一样）。为了适应加工不同高度工件的需要，摇臂还可沿外立柱 3 上下移动以调整高低位置。为了保证机床在加工时有足够的刚度，并使主轴在钻孔时保持准确的位置，摇臂钻床具有立柱、摇臂及主轴箱的夹紧机构，当主轴位置调整完毕后，可以迅速地将它们夹紧。底座 1 上的工作台 8 可用于安装尺寸不大的工件，如果工件尺寸很大，可将其直接安装在底座 1 上，或者就放在地面上进行加工。摇臂钻床适用于单件和中、小批量生产中加工大、中型零件。

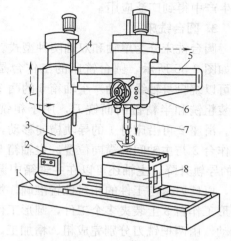

图 2-37　Z3040 型摇臂钻床外观图
1—底座　2—内立柱　3—外立柱　4—摇臂升降丝杠
5—摇臂　6—主轴箱　7—主轴　8—工作台

由上述可知，摇臂钻床具有下列运动：主轴的旋转主运动及轴向进给运动；主轴箱沿摇臂的水平移动；摇臂的升降运动和回转运动。其中前两个运动为工作运动，其余三个运动为辅助运动。

2. 立式钻床

立式钻床应用比较广泛，其特点是：主轴轴线垂直布置，并且位置固定。加工孔时，为使刀具中心线与工件的孔中心线重合，必须移动工件。因此，立式钻床只适用于加工中、小型工件上的孔。

立式钻床的外形如图 2-38 所示。该钻床主轴箱 3 中装有主运动和进给运动的变速传动机构、主轴部件以及操纵机构等。在立式钻床上，主运动是由主轴 2 带着刀具作旋转运动来实现的，进给运动由主轴 2 随主轴套筒在主轴箱中作直线移动来实现。利用装在主轴箱上的进给操纵机构 5，可以使主轴实现手动快速升降、手动进给以及接通或断开机动进给。被加工工件可通过夹具或直接安装在工作台 1 上。工作台和主轴箱都装在方形立柱 4 的垂直导轨上，可上下调整位置，以便加工不同高度的工件。

3. 台式钻床

台式钻床简称台钻，它实质上是一种加工小孔的立式钻床。台式钻床的外形如图 2-39 所示。其主轴轴线为垂直布置，并且位置固定。台钻的钻孔直径一般在 16mm 以下。主要用于小型零件上各种小孔的加工。工件固定不动，而刀具作旋转的主运动，采用手动进给使刀

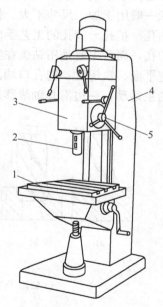

图 2-38　立式钻床
1—工作台　2—主轴　3—主轴箱
4—立柱　5—进给操纵机构

具沿其轴线移动。台式钻床的自动化程度较低，但其结构简单，小巧灵活，使用方便，应用广泛。

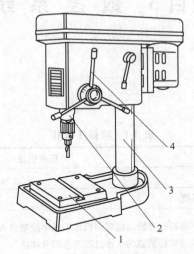

图 2-39 台式钻床

1—工作台 2—主轴 3—立柱 4—进给操纵手柄

思 考 题

1. 卧式车床由哪些部件组成？

2. 卧式车床的工艺范围与运动有哪些？

3. CA6140 车床的传动系统由哪些传动链组成？

4. 螺纹进给传动链有哪些？四个公式如何表示？

5. 米制与模数、米制与寸制、寸制与径节螺纹传动路线有何区别？

6. 简述开停和换向装置的动作过程。

7. 简述制动装置的动作过程。

8. 简述变速操纵机构的动作过程。

9. 简述纵向、横向机动进给及快速移动的操纵机构的动作过程。

10. 磨床的功用、种类和工艺范围有哪些？

11. M1432A 型万能外圆磨床的组成和运动有哪些？

12. 写出头架主轴的传动路线表达式，头架主轴的最高、最低转速以及外圆砂轮主轴的转速。

13. 加工直齿圆柱齿轮的传动链有哪些？加工斜齿圆柱齿轮的传动链有哪些？

14. 简述滚齿机加工直齿、斜齿圆柱齿轮的传动原理图。

15. 铣床的用途、主要类型、加工范围有哪些？

16. 铣床的主运动、进给运动有哪些？

17. 钻床的用途、主要类型、加工范围有哪些？

18. 卧式镗床的主运动、进给运动、辅助运动有哪些？

项目 3 数 控 系 统

3.1 项目任务书

项目任务书见表 3-1。

表 3-1 项目任务书

任务	任务描述
项目名称	数控系统
项目描述	认识数控系统
学习目标	1. 能够讲解数控系统的组成与机床的基本控制要求 2. 能够描述数控装置的工作过程及各部分功能 3. 能够叙述数控装置的软硬件结构、CNC 装置软件的特点 4. 能够解释逐点比较法的基本原理 5. 了解 CNC 装置误差补偿原理和可编程序控制器（PLC）
学习内容	1. 数控系统的组成与机床的基本控制要求 2. 数控装置的工作过程及各部分功能 3. 数控装置的软硬件结构、CNC 装置软件的特点 4. 插补算法的种类和逐点比较法的基本原理 5. CNC 装置误差补偿原理 6. 可编程序控制器（PLC）
重点、难点	数控系统的组成、数控装置的工作过程及各部分功能、数控装置的软硬件结构、CNC 装置软件的特点、逐点比较法的基本原理
教学组织	参观、讲授、讨论、项目教学
教学场所	多媒体教室、金工车间
教学资源	教科书、课程标准、电子课件、多媒体计算机 数控机床、金属切削机床
教学过程	1. 参观工厂或实训车间：学生观察数控系统的组成、工作过程。师生共同探讨 CNC 装置软件的特点及逐点比较法的基本原理 2. 课堂讲授：分析数控装置的软硬件结构、数控装置的工作过程及各部分功能 3. 小组活动：每小组 5～7 人，完成项目任务报告，最后小组汇报
项目任务报告	1. 分析数控系统的组成、工作过程 2. 描述数控装置的功能，区分核心功能和可选功能 3. 叙述数控装置的软硬件结构 4. 列举逐点比较法的四个节拍

3.2 数控系统的总体结构与各部分功能

数控系统（Numerical Control System）是指利用数字控制技术实现自动控制的系统。计算机数控系统主要由硬件和软件两部分组成，通过系统控制软件与硬件的合理配合，进行数据的输入、处理和管理，数据的插补运算和信息输出，同时控制执行部件，对数控机床的运动进行实时控制。

3.2.1 数控系统的组成与机床的基本控制要求

1. 数控系统的组成

计算机数控系统（CNC 系统）由程序、输入/输出（I/O）设备、CNC 装置、可编程序控制器（PLC）、主轴驱动装置和进给驱动装置等组成，CNC 系统的组成框图如图 3-1 所示。

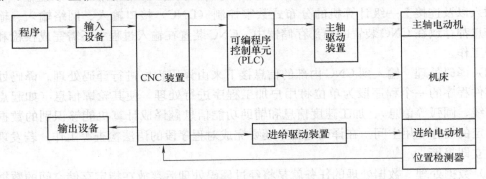

图 3-1　CNC 系统的组成框图

数控系统是严格按照数控程序对工件进行自动加工的。在此系统中，采用存储程序的专用计算机来实现部分或全部基本数控功能。

2. 数控机床的基本控制要求

通常对机床的电气控制主要有运动控制和逻辑控制两种基本形式。其中运动控制有位移、速度、加速度三要素及其组合控制。如机床各伺服轴的插补运动控制，主轴速度、主轴定位控制及主轴和各轴的插补控制等。另一种控制形式即逻辑控制又分为简单逻辑输入、输出控制和组合逻辑控制。如对主轴电动机的正反转、停止控制，冷却泵电动机的起动、停止控制，机械原点限位开关信号的检测等，它们都可通过控制系统的逻辑编程来实现，属于简单逻辑控制；而定时润滑、刀库控制、主轴管理等，需要用 PLC 来实现，属于组合逻辑的输入、输出控制。此外，根据各机床功能要求不同，对运动控制、联动轴数、逻辑控制的点数及复杂程度都有所不同。

在数控机床的工作过程中，由于刀具磨损、工件装夹等原因，需对机床各轴的位置进行调整，从而使机床的调试时间占有相当的比例。为了缩短机床调试时间，提高有效加工时间，提供一套良好的机床调试手段具有相当重要的意义。目前比较常用的调试功能有：

1）手动功能，即点动、定长、手摇脉冲发生器进给功能。

2）回零、回机械原点功能。

3）实时速度倍率调整功能。

4）刀具半径磨损、刀长磨损补偿功能。

5）对平行度、找矩形中心线及中心点功能。

6）找圆心功能。

7）自动对刀、换刀和刀具补偿功能等。

3.2.2 数控装置的工作过程

CNC 装置的工作过程是在硬件环境的支持下，执行软件的控制逻辑的全过程。其工作过程主要是对输入、译码处理、数据处理、插补运算、位置控制、I/O 处理、显示和诊断等方面进行控制。

（1）输入 数控装置首先接受输入数控系统的数据和指令。通常输入 CNC 装置的有零件程序、控制参数和补偿量等数据。输入的方式有阅读机输入、键盘输入、软盘输入、通信接口输入以及连接上一级计算机的分布式数字控制（DNC）接口输入、网络输入。输入的全部信息都存放在 CNC 装置的内部存储器中。CNC 装置在输入过程中还需完成校检和代码转换等工作。

（2）译码处理 输入到 CNC 内部的信息接下来由译码程序进行译码处理。译码处理程序以零件程序的一个程序段为单位将用户加工程序进行处理。使其轮廓信息（如起点、终点、直线、圆弧等信息）、加工速度信息和辅助功能信息翻译成计算机能够识别的数据，存放在指定的内存专用空间。在译码过程中还要完成对程序段的语法检查等工作。若发现语法错误便立即报警。

（3）数据处理 数据处理的任务就是将经过译码处理后存放在指定存储空间的数据进行处理。数据处理程序一般包括刀具补偿、进给速度处理等。刀具补偿包括刀具长度补偿和刀具半径补偿。

（4）插补运算 插补运算就是根据输入的基本数据（如直线终点坐标值、圆弧起点、圆心、终点坐标值、进给速度等）进行实时运算与控制。插补程序在每个插补周期运行一次，在每个插补周期中，根据指令进给速度计算出一个微小的直线数据段。通常经过若干次插补周期加工完成一个程序段，即从数据段的起点走到终点。

CNC 装置一边插补，一边加工，使刀具和零件作精确的符合各段程序的相对运动，从而加工出需要的零件。

（5）位置控制 由于插补运算的结果是产生一个采样周期内的位置增量，因此位置控制的主要任务是在每个采样周期内，将理论位置与实际反馈位置相比较，用其差值去控制电动机，进而控制数控机床工作台（或刀具）的位移。在位置控制中，通常还要完成位置回路的增益调整、各坐标方向的螺距误差补偿和反向间隙补偿，以提高数控机床的定位精度。

（6）I/O 处理 I/O 处理主要是处理 CNC 装置与机床之间来往信息的输入、输出和控制。

（7）显示 CNC 装置的显示主要为操作者提供方便。通常应有零件程序显示、参数显示、刀具位置显示、机床状态显示、刀具加工轨迹动态模拟图像显示（经济型机床一般没有该显示功能）、报警显示等。

（8）诊断 CNC 装置利用内部自诊断程序进行故障诊断。及时对数控加工程序的语法错误、逻辑等进行集中检查，并加以提示。现代 CNC 装置中都有联机诊断和脱机诊断功能。联机诊断指 CNC 装置中的自诊断程序随时检查不正常的事件；脱机诊断是指系统空运转条件诊断。一般 CNC 装置配备有脱机诊断程序纸带，用以检查存储器、外围设备和 I/O 接口等。脱机诊断还可以采用远程通信方式进行诊断，把使用的 CNC 通过电话线与远程诊断中心的计算机相连，由诊断中心的计算机对用户的 CNC 系统进行诊断、故障定位和修复。

3.2.3　数控装置的功能

数控装置在系统硬件、软件支持下可实现的功能很多。数控装置的功能通常包括核心功能和可选功能。核心功能是数控装置必备的功能，可选功能是供用户根据机床的特点和用途进行选择的功能。

1. 核心功能

数控装置的核心功能包括控制功能、准备功能、插补功能、进给功能、主转速度功能、刀具功能、辅助功能。图 3-2 所示为数控装置核心功能处理的数据流。

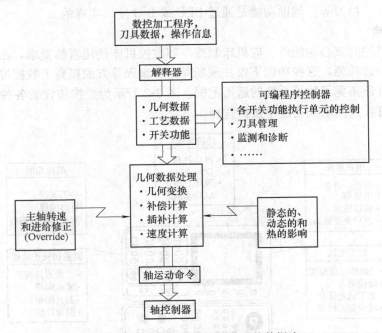

图 3-2　数控装置核心功能处理的数据流

（1）控制功能　控制功能主要反映 CNC 装置能控制的轴数和能同时控制（联动）的轴数。控制轴数有移动轴和回转轴，有基本轴和附加轴，通过轴的联动可以完成轮廓轨迹的加工。一般数控车床只需二轴控制、二轴联动；一般铣床需要三轴控制，二轴半坐标控制和三轴联动；一般加工中心为三轴联动、多轴控制。控制轴数越多，特别是同时控制轴数越多，CNC 装置的功能越强；同时，CNC 装置就越复杂，编制程序也越困难。

（2）准备功能　准备功能是用来指令机床运动方式的功能。它包括基本移动、程序暂停、平面选择、坐标设定、刀具补偿等指令。

（3）插补功能　插补功能是指 CNC 装置通过软件插补来实现刀具运动轨迹控制的功

能。插补运算要求实时性很强，即计算速度要同时满足机床坐标轴对进给速度和分辨率的要求。CNC 的插补功能分粗插补和精插补。插补软件每次插补一个小线段的数据为粗插补，伺服系统根据粗插补的结果将小线段分成单个脉冲的输出称为精插补。一般数控装置都是直线和圆弧插补，高档次数控装置还具有抛物线插补、螺旋线插补、极坐标插补、正弦插补、样条插补等功能。

（4）进给功能　进给功能用 F 代码直接指令各轴的进给速度。同时可通过主轴上的位置编码器（一般为脉冲编码器）实现同步进给。

（5）主轴速度功能　CNC 装置可以控制主轴的运动，也可以实现主轴的速度控制和准确定位。

（6）刀具功能　刀具功能用来选择所需的刀具。刀具功能包括选择的刀具数量和种类、刀具的编码方式以及自动换刀的方式。

（7）辅助功能　辅助功能也称 M 功能，是数控加工中不可缺少的辅助操作，各种型号的数控装置具有辅助功能的多少差别很大，常用的辅助功能有主轴的起停、主轴正反转、切削液接通和断开、换刀等。辅助功能是通过 PLC 或 I/O 接口实现的。

2. 可选功能

除了上述描述的核心功能外，应机床制造厂和数控机床使用者的要求，在数控系统中还有许多附加的可选功能，这些功能不仅在现场操作和编程等方面提高了数控过程操作的方便和舒适性，而且还拓宽了数控系统的适用范围。图 3-3 所示为数控装置的各种附加功能。在实际运用中，可在这些附加功能中按需选择。

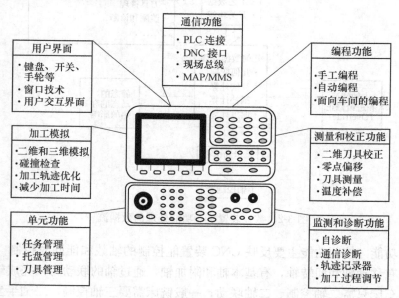

图 3-3　数控装置的各种附加功能

（1）人机对话编程功能　数控系统可以提供各种数控加工程序的编程工具，鉴于价格和功能方面的考虑，这些编程工具可以是简单的手工编程系统或自动编程系统。有的 CNC 装置可以根据引导图和说明显示进行对话式编程。人机对话编程功能不仅有助于编制复杂零件的程序，而且方便编程。

（2）字符图形显示功能　CNC 装置可配置不同尺寸的单色、彩色显示器 CRT 或液晶显示器 LCD，通过软件和接口实现字符和图形显示。可以显示程序、机床参数、各种补偿量、坐标位置、故障信息、人机对话编程菜单、零件图形以及刀具模拟轨迹等。

（3）测量和补偿功能　机床机械精度不足、机械结构受温度影响、刀具磨损及一些随机因素都会导致加工位置的变化。补偿功能就是借助测量装置、传感器等测出机床、刀具和工件的位置变化，并查出相应校正值进行补偿。补偿功能主要有以下种类。

1）刀具的尺寸补偿　如刀具长度补偿、刀具半径补偿和刀尖圆弧补偿。

2）坐标轴的反向间隙补偿、热变形补偿、进给传动件的传动误差补偿。如丝杠螺距补偿，进给齿条齿距误差补偿等。

（4）固定循环功能　用数控机床加工零件，一些典型的加工工序，如钻孔、镗孔、深孔钻削、攻螺纹等，所需完成动作循环十分典型。固定循环功能是指 CNC 装置为这些典型动作预先编好程序，并存储在内存中。用户使用时，选择合适的切削用量和重复次数等参数，然后按固定循环约定的功能进行加工。固定循环功能可以大大简化程序编制。

（5）监测和诊断功能　为保证加工过程的正确进行，避免机床、工件和刀具的损坏，应使用监测和诊断功能。CNC 装置中设置监测和诊断程序，可以对机床动态运行、几何精度和润滑状态进行检查处理；对数控系统硬件电路导通和断开及软件功能进行检查处理；以及对加工过程中刀具磨损、刀具断裂、工件尺寸和表面质量进行检查处理。从而及时发现故障，防止故障的发生或扩大。该功能可以在故障出现后迅速查明故障类型及部位，且能减少故障停机时间。总之，CNC 装置的数控机床监测和诊断功能多种多样，而且随着技术的发展会越来越丰富。

（6）输入、输出和通信功能　一般的 CNC 装置可以接多种输入、输出外设，实现程序和参数的输入、输出和存储。数控装置能够与可编程序控制器（PLC）进行通信，对驱动控制装置和传感器可采用现场总线网络实现通信连接，远程诊断也需要通过通信的方式实现。因此，数控系统具有通信功能就十分重要了。高档数控系统都具有功能更强的通信功能，可以与 MAP/MMS（制造自动化协议/制造报文规范）相连，进行网络通信。

3.3　数控装置的软、硬件结构

计算机数控装置是数控系统的控制核心，简称为数控系统。它是由计算机通过执行其存储器内的程序实现部分或全部控制功能。数控装置有两种类型：①完全由硬件逻辑电路构成的专用硬件数控装置，即 NC 装置；②由计算机硬件和软件组成的计算机数控装置，即 CNC 装置。NC 装置是数控技术发展早期普遍采用的数控装置，由于 NC 装置本身的缺点，同时随着计算机技术的迅猛发展，现在 NC 装置已基本被 CNC 装置取代。因此，这里讲的数控装置主要是针对 CNC 装置而言。

3.3.1　数控装置软、硬件任务的分配

数控装置通常由专用软件与硬件两大部分组成，软件在硬件支持下运行。同一般计算机系统一样，由于软件和硬件在逻辑上是等价的，所以在 CNC 装置中，由硬件完成的工作原则上也可以由软件来完成，但软、硬件各有其不同的特点。硬件处理速度较快，但价格贵，

软件设计灵活，适应性强，但处理速度较慢。因此在 CNC 装置中，软、硬件的分配比例通常是由其性能价格比决定的。

软、硬件任务的分配界面随微电子和计算机技术的发展而不断演变。从 1952 年到 1970 年，电子管、印刷板、晶体管、中规模集成电路先后在数控系统中得到应用，构成"硬连接"数控时代。20 世纪 70 年代后，LSI（Large Scale Integrate，大规模集成电路）、半导体存储器、微处理器的发展，使得可以用软件实现机床的逻辑控制、运动控制，并且具有较强的灵活性和适应性，从而进入以软件为主要标志的"软连接"数控时代。随着计算机技术的发展，硬件价格持续下降，计算机参与了数控系统的工作，构成了 CNC。但是这种参与程度在不同年代和不同产品中并不一样。图 3-4 所示为 CNC 装置的三种典型软、硬件界面关系。

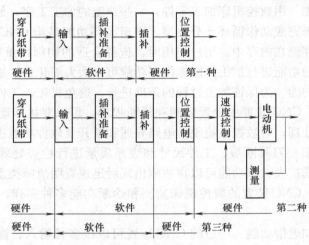

图 3-4 CNC 装置的三种典型软、硬件界面关系

3.3.2 CNC 装置软件的组成与特点

1. CNC 装置软件的组成

随着计算机技术的发展，数控系统的软件功能越来越丰富。用软件代替硬件，元器件数量减少了，降低了成本，提高了可靠性。软件可实现复杂的信息处理和高质量的控制，软件可随时修改和补充。CNC 系统程序存放在计算机的存储器中，实现数控功能的过程就是运行系统软件的过程。在系统软件的控制下，CNC 装置对输入的加工程序自动进行处理并发出相应的控制指令。

CNC 装置的软件主要由管理软件和控制软件两大部分组成。管理软件用来管理零件程序的输入、输出及 I/O 接口信息处理，管理各类通信外设的连接与信息传递；显示零件程序、刀具位置、系统参数、PLC 梯形图、刀补参数、机床状态及报警；诊断 CNC 装置是否正常，并检查出现故障的原因。而控制软件由译码、刀具补偿、速度控制、插补运算、位置控制组成。CNC 装置软件的组成如图 3-5 所示。

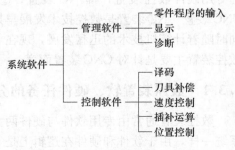

图 3-5 CNC 装置软件的组成

2. CNC 装置软件的特点

CNC 装置软件是为实现 CNC 系统各项功能而编制的专用软件，具有多任务并行处理和多重实时中断两大特点。

（1）多任务并行处理 并行处理是指软件系统在同一时刻或同一时间间隔内完成两个或两个以上任务处理的方法。

在 CNC 装置中，数控功能由多个功能模块的执行来实现，并由具体的加工控制要求决定。在许多情况下，其中的某些功能模块必须采用并行处理的方式同时运行。例如，当 CNC 装置在加工控制状态时，为了使操作人员及时了解 CNC 系统的工作状态，显示任务必须与控制任务同时执行。在控制加工过程中，I/O 处理是必不可少的，因此控制任务需要与 I/O 处理任务同时执行。无论是输入、显示、I/O 处理，还是加工控制都有可能出现故障，因此输入、显示、I/O 处理、加工控制应与故障诊断同时执行。图 3-6 所示多任务并行处理关系图，其中的双箭头表示了两任务之间的并行处理关系。

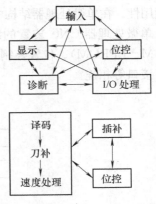

图 3-6 多任务并行处理关系图

（2）多重实时中断 数控机床在加工零件的过程中，有些控制任务具有较强的实时性，要求在系统软件中能通过中断服务程序来完成，各级中断的主要功能见表 3-2。

表 3-2 各级中断的主要功能

优先级	主要功能	中断源	优先级	主要功能	中断源
0	初始化	开机进入	4	报警	硬件
1	CRT 显示，ROM 奇偶校验	硬件，主控程序	5	插补运算	8ms
2	各种工作方式，插补准备	16ms	6	软件定时	2ms
3	键盘、I/O 及 M、S、T 处理	16ms	7	纸袋阅读机	硬件随机

3. CNC 装置软件的处理技术

在同一时刻或同一时间间隔内，CNC 装置需要完成两种以上性质相同或不相同的工作，这时对系统软件的各功能模块实现多任务并行处理。为此，在 CNC 软件设计中，常采用资源分时共享并行处理和资源重叠流水并行处理两种技术。

资源分时共享并行处理适用于单微处理器系统，主要采用对 CPU 的分时共享（占用）来解决多任务的并行处理。其关键是如何分配占用 CPU 的时间。一般多采用循环轮流与中断优先相结合的方法来解决各任务对 CPU 的合理占用。

资源重叠流水并行处理适用于多微处理器系统。资源重叠流水并行处理是指在一段时间间隔内处理两个或两个以上个任务，即时间重叠。显然，流水线处理要求同时处理各任务时，所需的时间应相等，但实际上 CNC 装置处理各任务所需的时间是各不相同的。因此，采用流水线处理时，取最长的任务处理时间作为流水处理的时间间隔。在处理时间较短的任务时，处理完成需进入等待状态。所以，相应的 CNC 软件也可设计成不同的结构形式。

3.3.3 CNC 装置的硬件结构

现代的 CNC 装置大都采用微处理器，按其硬件结构中 CPU 的多少可分为单微处理器结构和多微处理器结构两大类。

1. 单微处理器结构

单微处理器结构 CNC 装置一般是专用型的，其硬件由系统制造厂家专门设计、制造，不备通用性。在单微处理器结构中，只用一个微处理器来集中控制、分时处理系统的各个任务。

单微处理器 CNC 装置的结构图如图 3-7 所示。微处理器（CPU）通过总线与存储器（RAM、EPROM）、位置控制器、可编程序控制器（PLC）及 I/O 接口、MDI/CRT 接口、通信接口等相连。

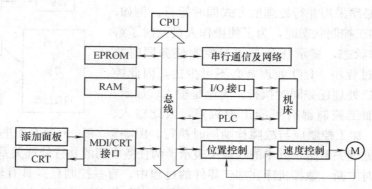

图 3-7 单微处理器 CNC 装置的结构图

（1）微处理器（CPU）和总线 微处理器（CPU）是 CNC 装置的核心，主要由运算器及控制器两部分组成。运算器对数据进行算术运算和逻辑运算。在运算过程中，运算器将运算结果存放到存储器中。控制器则是将存储器中的程序指令进行译码，并向 CNC 装置各部分按顺序发出执行操作的控制信号，使指令得以执行。同时接收执行部件发回的反馈信息，控制器根据程序中的指令信息及这些反馈信息，决定下一步的命令操作，也就是说，CPU主要担负与数控有关的数据处理和实时控制任务。数据处理包括译码、刀补、速度处理。实时控制包括插补运算和位置控制以及对各种辅助功能的控制。

总线是 CPU 与各组成部件、接口等之间的信息公共传输线。总线由地址总线、数据总线和控制总线三个总线组成。随着传输信息的高速度和多任务性，总线结构和标准也在不断发展。

（2）存储器 存储器用于存放数据、参数和程序等。CNC 装置的存储器包括只读存储器（ROM）和随机存取存储器（RAM）。系统控制程序存放在 ROM 中，一般采用EPROM，这种存储器的内容只能由 CNC 装置的生产厂家固化（写入），写入 EPROM 的信息即使断电也不会丢失。程序只能被 CPU 读出，不能随机写入新的内容。运算的中间结果存放在 RAM 中，存放在 RAM 中的数据能随机地读写，但如不采取适当的措施，断电后，信息也会随之消失。如果需要断电后保留信息，一般可采用后备电池。

（3）位置控制器 位置控制器主要用来控制数控机床各进给坐标轴的位移量，需要时将插补运算所得的各坐标位移指令与实际检测的位置反馈信号进行比较，并结合补偿参数，适时地向各坐标伺服驱动控制单元发出位置进给指令，使伺服控制单元驱动伺服电动机运转。位置控制是一种同时具有位置控制和速度控制两种功能的反馈控制系统。中央处理单元（CPIJ）发出的位置指令值与位置检测值的差值就是位置误差，它反映实际位置总是滞后于指令位置。位置误差经处理后作为速度控制量控制进给电动机的旋转，使实际位置总是跟随指令位置的变化而变化。

（4）MDI/CRT 接口　MDI 接口即手动数据的输入接口，数据通过操作面板上的键盘输入。CRT 接口在 CNC 软件控制下，在单色或彩色显示器 CRT（或 LCD）上实现字符和图形显示，对数控代码程序、参数、各种补偿数据、零件图形和动态刀具轨迹等进行实时显示。CRT 为电子阴极射线管显示器，LCD 为平板式液晶显示器。使用 LCD 显示器可大大缩小 CNC 装置的体积。

（5）I/O 接口　CNC 装置与机床之间的信号，一般不直接连接，而是通过 I/O 接口电路连接。输入接口是接收机床操作面板上的各种开关、按钮以及从机床上的各种行程开关和温度、压力、电压等检测信号。因此，它分为开关量输入和模拟量输入两类接收电路，并由接收电路将输入信号转换成 CNC 装置能够接收的电信号。

输出接口可将机床各种工作状态信息传送到机床操作面板进行声光指示，或将 CNC 装置发出的控制机床动作信号传送到强电控制柜，以控制机床电气执行部件动作。根据电气控制要求，接口电路还必须进行电平转换和功率放大。为防止噪声干扰引起错误动作，常采用光耦合器或继电器将 CNC 装置和机床之间的信号在电气上进行隔离。

（6）可编程序控制器（PLC）　PLC 的功能是替代传统机床强电继电器逻辑控制，利用逻辑运算实现各种开关量的控制。

（7）通信接口　通信接口用来与外设进行信息传输和数据交换。数控系统通常具有 RS－232 接口，可与上级计算机进行通信，传送零件加工程序，有的还备有 DNC 接口，更高档的系统还能与 MAP（制造自动化协议）相连，接入工厂的通信网络，以适应 FMS、CIMS 的要求。

2. 多微处理器结构

多微处理器（CPU）结构的 CNC 装置是将数控机床的总任务划分为多个子任务，每个子任务均由一个独立的 CPU 来控制。

多微处理器结构的特点是性能价格比高，适应多轴控制、高精度、高进给速度、高效率的控制要求；由于多微处理器多为模块化结构，因此具有良好的适应性与扩展性，结构紧凑，调试、维修方便；具有很强的通信功能，便于实现 FMS、CIMS。

多微处理器 CNC 装置一般采用两种结构形式，即紧耦合结构和松耦合结构。紧耦合结构由各微处理器构成处理部件，处理部件之间采取紧耦合方式，有集中的操作系统，共享资源；松耦合结构由各微处理器构成功能模块，功能模块之间采取松耦合方式，有多重操作系统，可以有效地实现并行处理。

多微处理器的 CNC 装置有共享总线和共享存储器两类典型结构。

（1）共享总线结构　以系统总线为中心的多微处理器 CNC 装置，把组成 CNC 装置的各个功能部件划分为带有 CPU 或 DMA 器件的主模块和不带 CPU 或 DMA 器件的从模块（如各种 RAM、ROM 模块－I/O 模块）两大类。所有主、从模块都插在配有总线插座的机柜内，共享严格设计定义的标准系统总线。系统总线的作用是把各个模块有效地连接在一起，按照标准协议交换各种数据控制信息，构成完整的系统，实现各种预定的功能。

在系统中只有主模块有权控制和使用系统总线，由于有多个主模块，系统通过总线仲裁电路来解决多个主模块同时请求使用总线的矛盾。这种结构模块之间的通信主要依靠存储器来实现，大部分系统采用公共存储器方式。公共存储器直接插在系统总线上，供任意两个主模块交换信息，有总线使用权的主模块都能访问，使用公共存储器的通信双方都要占用系统总线。

图 3-8 所示为多微处理器共享总线结构框图，这种结构中的各微处理器 CPU 模块共享总线时，会引起"竞争"，使信息传输效率降低。总线一旦出现故障，便会影响全局。但由于其结构简单、系统配置灵活、实现容易、总线造价低等优点而常被采用。

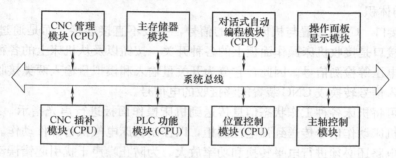

图 3-8　多微处理器共享总线结构框图

（2）共享存储器结构　共享存储器结构是以存储器为中心组成的多微处理器 CNC 装置，如图 3-9 所示。它采用多端口存储器来实现各 CPU 之间的互联和通信，每个端口都配有一套数据、地址、控制线，以供端口访问。由专门的多端口控制逻辑电路解决访问的冲突问题，但这种方式由于同一时刻只能有一个微处理器对多端口存储器读或写，所以功能复杂。当微处理器数量增多时，往往会因争用共享存储器而造成信息传输的阻塞，降低系统效率，因此这种结构的功能扩展很困难。

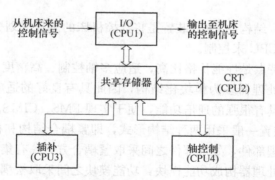

图 3-9　多微处理器共享存储器结构框图

3.4　插补原理

插补就是沿着规定的轮廓，在轮廓的起点和终点之间按照某种算法，计算已知点之间的中间点的方法，又称数据密化计算的方法。在数控系统中，插补具体指根据曲线段已知的几何数据以及相应工艺数据中的速度信息，计算出距离线段起点、终点之间的一系列中间点，分别向各个坐标轴发出方向、大小和速度都确定协调的进给脉冲或数据，通过各个轴运动的合成，使被控机械部件按指定的路线移动完成整个曲线的轨迹运行，以满足加工精度的要求，这就是插补。

目前，插补算法有很多种，归纳为两大类：脉冲增量插补法和数字采样插补法。脉冲增量插补法应用于经济型开环数控系统中，数字采样插补法应用于闭环数控系统中。一般数控机床都具备直线和圆弧插补功能。

3.4.1 脉冲增量插补法

脉冲增量插补方法主要应用于步进电动机驱动的开环控制的数控机床中，这类算法输出的是脉冲，每个脉冲通过步进电动机驱动装置使步进电动机转过一个固定的角度（称为步距角），相应地，使机床移动部分（刀架或工作台）产生一个单位的行程增量（脉冲当量——指一个脉冲对应的机床机械运动机构所产生的位移量）。脉冲增量插补法就是通过向各个运动轴分配脉冲，控制机床坐标轴作相互协调的运动，从而加工出一定形状的零件轮廓的算法。这类插补算法比较简单，仅需几次加法和移位操作就可完成，用软件和硬件模拟都可以实现，硬件插补速度快，软件插补灵活可靠，但速度较硬件慢，其最高进给速度取决于插补软件进行一次插补运算所需的时间，因此最高速度受限于插补程序的执行时间，所以 CNC 系统精度与最高进给速度是相互制约的。因此，这种插补法只适用于中等精度和中等速度的机床 CNC 系统。如逐点比较法和一些相应的改进算法等都属此类。现以逐点比较法为例，介绍其基本思想方法。

逐点比较法的基本原理是：在刀具按要求的轨迹运动加工零件轮廓的过程中，逐点地、不断地比较刀具与被加工零件轮廓之间的相对位置，并根据比较结果决定刀具下一步的进给方向，使刀具向减小偏差的方向进给，且只有一个方向的进给。如果加工点走到轮廓外面去，则下一步要朝着轮廓内部走；如果加工点处在轮廓的内部，则下一步要向轮廓外面走，以缩小偏差，周而复始，直至全部结束，通过这种方法能获得一个非常接近于数控加工程序规定轮廓的轨迹。而最大偏差不超过一个脉冲当量。逐点比较法插补过程中每一次进给一步都要经过如下四个节拍的处理。

第一节拍——偏差判别。判别刀具当前位置相对于给定轮廓的偏差情况，通过偏差值符号确定加工点处于规定轮廓的外面还是里面，以此决定刀具进给方向。

第二节拍——坐标进给。根据偏差判别结果，控制相应坐标轴进给一步，使加工点向规定轮廓靠拢，从而减小其偏差。

第三节拍——偏差计算。刀具进给一步后，计算新的加工点与规定轮廓之间的新偏差值，作为下一步偏差判别的依据。

第四节拍——终点判别。刀具每进给一步都要进行一次终点判别，并判别刀具是否达到对加工零件轮廓的终点，若达到终点则发出插补完成信号。否则继续循环以上四个节拍，直到终点为止。终点判别的方法有两种：总步长法和终点坐标法。逐点比较法的工作流程如图 3-10 所示。

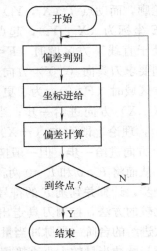

图 3-10　逐点比较法的工作流程图

3.4.2　逐点比较法第Ⅰ象限直线插补与逆圆插补

1. 逐点比较法第Ⅰ象限直线插补

（1）偏差判别　以图 3-11 为例，OE 为第Ⅰ象限直线，起点 O 为坐标原点，终点 E 的坐标为（X_e，Y_e），刀具在某一时刻处于动点 T（X_i，Y_i）。现假设动点 T 正好处于直线 OE 上，则有下式成立

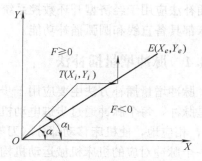

图 3-11　刀具与直线之间的位置关系

$$\frac{Y_i}{X_i} = \frac{Y_e}{X_e} \qquad 即 \qquad X_e Y_i - X_i Y_e = 0$$

假设动点处于 OE 的上方，则直线 OT 的斜率大于直线 OE 的斜率，则有

$$\frac{Y_i}{X_i} > \frac{Y_e}{X_e} \qquad 即 \quad X_e Y_i - X_i Y_e > 0$$

设点 T 处于直线 OE 的下方，则有下式成立

$$\frac{Y_i}{X_i} < \frac{Y_e}{X_e} \qquad 即 \quad X_e Y_i - X_i Y_e < 0$$

由以上关系式可以看出，（$X_e Y_i - X_i Y_e$）的符号反映了动点 T 与直线 OE 之间的偏离情况。

为此取偏差函数为

$$F = X_e Y_i - X_i Y_e$$

依此可总结出动点 $T(X_i Y_i)$ 与设定直线 OE 之间的相对位置关系有：

当 $F = 0$ 时，动点 $T(X_i,Y_i)$ 正好处在直线 OE 上；

当 $F > 0$ 时，动点 $T(X_i,Y_i)$ 落在直线 OE 上方的区域；

当 $F < 0$ 时，动点 $T(X_i,Y_i)$ 落在直线 OE 下方的区域。

（2）坐标进给　以图 3-12 为例，设 OE 为要加工的直线轮廓，而动点 T（X_i，Y_i）对应于切削刀具的位置，终点 E 坐标为（X_e，Y_e），起点为 O（0，0）。显然，当刀具处于直线下方区域时（$F < 0$），为了更靠拢直线轮廓，则要求刀具向（$+Y$）方向进给一步；当刀具处于直线上方区域时（$F > 0$），为了更靠拢直线轮廓，则要求刀具向（$+X$）方向进给一步；当刀具正好处于直线上时（$F = 0$），理论上既可向（$+X$）方向进给一步，也可向（$+Y$）方向进给一步，但一般情况下约定向（$+X$）方向

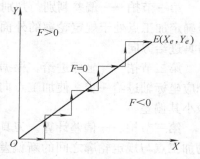

图 3-12　直线插补轨迹

进给，从而将 $F > 0$ 和 $F = 0$ 两种情况归一类（$F \geqslant 0$）。根据上述原则，从原点 O（0，0）开始走一步，计算并判别 F 的符号，再趋向直线进给，步步前进，直至终点 E。这样，通过逐点比较的方法，控制刀具走出一条尽量接近零件轮廓直线轨迹，如图 3-12 所示的折线。当每次进给的台阶（即脉冲当量）很小时，就可以将这折线近似当做直线。显然，逼近程度的大小与脉冲当量的大小直接相关。

（3）偏差计算　由式 $F = X_e Y_i - X_i Y_e$ 可以看出，每次求 F 时要作乘法和减法运算，而

这在使用硬件或汇编语言软件实现插补时不大方便，还会增加运算的时间。因此，为了简化运算，通常采用递推法，即每进给一步后新加工点的加工偏差值通过前一点的偏差递推算出。

现假设第 i 次插补后动点坐标为 T $(X_i，Y_i)$，则偏差函数为

$$F_i = X_e Y_i - X_i Y_e$$

若 $F_i \geqslant 0$，则向$(+X)$方向进给一步，新的动点坐标值为

$$X_{i+1} = X_i + 1，Y_{i+1} = Y_i$$

这里，设坐标值单位是脉冲当量，进给一步即走一个脉冲当量的距离（$+1$）。新的偏差函数为

$$\begin{aligned} F_{i+1} &= X_e Y_{i+1} - X_{i+1} Y_e \\ &= X_e Y_i - X_i Y_e - Y_e \\ &= F_i - Y_e \end{aligned}$$

所以 $F_{i+1} = F_i - Y_e$ \hfill (3-1)

同样，若 $F < 0$，则向$(+Y)$方向进给一步，新的动点坐标值为

$$X_{i+1} = X_i，Y_{i+1} = Y_i + 1$$

因此新的偏差函数为

$$\begin{aligned} F_{i+1} &= X_e Y_{i+1} - X_{i+1} Y_e \\ &= X_e Y_i - X_i Y_e + X_e \\ &= F_i + X_e \end{aligned}$$

所以 $F_{i+1} = F_i + X_e$ \hfill (3-2)

根据式（3-1）和（3-2）可以看出：采用递推算法后，偏差函数 F 的计算只与终点坐标 $(X_e，Y_e)$ 的值有关，而不涉及动点坐标 $(X_i，Y_i)$ 的值，且不需要进行乘法运算，新动点的偏差函数可由上一个动点的偏差函数值递推出来（减 Y_e 或加 X_e）。因此，该算法相当简单，易于实现。但要一步步递推，且需知道开始加工点处的偏差值。一般是采用人工方法将刀具移到加工起点（对刀），这时刀具正好处于直线上，当然也就没有偏差，所以递推开始时偏差函数的初始值为 $F_O = 0$。

（4）终点判别　常用的有终点坐标法和总步长法。终点坐标法是刀具每进给一步，就将动点坐标与终点坐标进行比较，即判别 $X_i - X_e = 0$ 和 $Y_i - Y_e = 0$ 是否成立，若等式成立，插补结束，否则继续。总步长法是根据刀具沿 X、Y 轴所走的总步数判断终点。从直线的起点 O（图 3-12）移动到终点 E，刀具沿 X 轴应走的步数为 X_e，沿 Y 轴应走的步数为 Y_e，沿 X、Y 两坐标轴应走的总步数 Σ 为

$$\Sigma = |X_e| + |Y_e|$$

刀具每进给一步，就执行 $\Sigma - 1 \rightarrow \Sigma$，即从总步数中减去 1，这样当总步数为 0 时即表示已到达终点，插补结束。

逐点比较法直线插补可用硬件实现，也可用软件实现，其软件流程图如图 3-13 所示。

2. 逐点比较法第 I 象限逆圆插补

（1）偏差判别　在圆弧加工过程中，要描述刀具位置与被加工圆弧之间的相对关系，可用动点到圆心的距离大小来反映。

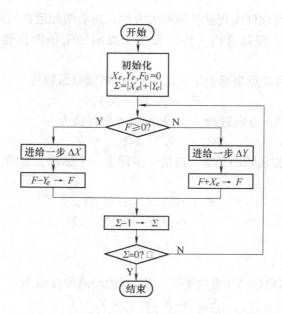

图 3-13　逐点比较法直线插补软件流程图

图 3-14 所示为刀具与圆弧之间的位置关系，假设被加
工的零件轮廓为第 Ⅰ 象限逆圆弧 SE，刀具在动点 N（X_i,
Y_i）处，圆心为 O（0，0）半径为 R。通过比较点 N 到圆
心的距离 RN 与圆弧半径 R 的大小，就可以反映出动点与
圆弧之间的相对位置关系，既当动点 N（X_i，Y_i）正好落
在圆弧 SE 上时，则有下式成立

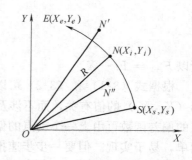

$$X_i^2 + Y_i^2 = X_e^2 + Y_e^2 = R^2$$

当动点 N 落在圆弧 SE 外侧（如在 N' 处）时，则有下
式成立

图 3-14　刀具与圆弧之间的位置关系

$$X_i^2 + Y_i^2 > X_e^2 + Y_e^2 = R^2$$

当动点 N 落在圆弧 SE 内侧（如在 N'' 处）时，则有下式成立

$$X_i^2 + Y_i^2 < X_e^2 + Y_e^2 = R^2$$

因此，可取圆弧插补时的偏差函数表达式为

$$F = X_i^2 + Y_i^2 - R^2 \tag{3-3}$$

从图 3-14 中可以直观地看出：当动点处于圆外时，为了减小加工误差，应向圆内进给，
即向（$-X$）方向进给一步。当动点落在圆弧内部时，为了缩小加工误差，则应向圆外进
给，即向（$+Y$）方向进给一步。当动点正好落在圆弧上时，为了使加工进给继续下去，
（$+Y$）和（$-X$）两个方向均可以进给，但一般情况下约定向（$-X$）方向进给。

（2）坐标进给　综上所述，可总结出逐点比较法第 Ⅰ 象限逆圆弧插补的规则如下：

当 $F > 0$ 时，$R_N - R > 0$，动点在圆外，向（$-X$）进给一步。

当 $F = 0$ 时，$R_N - R = 0$，动点正好在圆上，向（$-X$）进给一步。

当 $F < 0$ 时，$R_N - R < 0$，动点在圆内，向（$+Y$）进给一步。

（3）偏差计算　在式（3-3）中，为求出偏差 F 的值，必须进行平方运算，而且在用硬件或汇编语言实现插补时也不太方便。为简化计算，可进一步推导其相应的递推形式表达式。

现假设第 i 次插补后动点坐标为 N (X_i, Y_i)，对应的偏差函数为

$$F_i = X_i^2 + Y_i^2 - R^2$$

若 $F_i \geqslant 0$，则向（$-X$）方向进给一步，获得新的动点坐标值为

$$X_{i+1} = X_i - 1, Y_{i+1} = Y_i$$

$$F_{i+1} = X_{i+1}^2 + Y_{i+1}^2 - R^2 = (X_i - 1)^2 + Y_i^2 - R^2$$

所以
$$F_{i+1} = F_i - 2X_i + 1 \tag{3-4}$$

同理，若 $F_i < 0$，则向（$+Y$）方向进给一步，获得新的动点坐标值为

$$X_{i+1} = X_i, Y_{i+1} = Y_i + 1$$

因此，可求得新的偏差函数为

$$F_{i+1} = X_{i+1}^2 + Y_{i+1}^2 - R^2 = X_i^2 + (Y_i + 1)^2 - R^2$$

所以
$$F_{i+1} = F_i + 2Y_i + 1 \tag{3-5}$$

通过式（3-4）和式（3-5）可以看出：递推形式的偏差计算公式中除了加减运算外，只有乘以 2 的运算，而乘以 2 的运算可等效为二进制数左移一位，显然比原来平方运算简单得多。

另外，进给后新的偏差函数值除与前一点的偏差值有关外，还与动点坐标 N (X_i, Y_i) 有关，而动点坐标值随着插补的进行是变化的，所以在插补的同时还必须修正新的动点坐标，以便为下一步的偏差计算做好准备。

（4）终点判别 图 3-14 的圆弧 SE 是要加工的圆弧，起点为 S (X_s, Y_s)，终点为 E (X_e, Y_e)。加工完这段圆弧，刀具在 X 轴方向应走的步数为 $(X_e - X_s)$，在 Y 轴方向应走的步数为 $(Y_e - Y_s)$，在 X，Y 两个坐标轴方向应走的总步数为

$$\Sigma = |X_e - X_s| + |Y_e - Y_s|$$

刀具每进给一步，就执行 $\Sigma - 1 \rightarrow \Sigma$，即从总步数中减去 1，这样当总步数为 0 时即表示已到达终点，插补结束。

3.5 CNC 装置误差补偿原理

数控机床在加工时，指令的输入、译码、计算以及控制电动机的运动都是由数控装置统一控制完成的，从而避免了人为误差。可以说，影响整个伺服进给系统精度的因素除了伺服驱动单元和电动机外，很大程度上取决于机械传动机构。由于机械结构中的齿轮传动，在一定程度上增大了机械传动噪声，降低了传动效率，加大了传动间隙，使系统传动精度下降。由于齿轮副间隙的存在，在开环系统中会造成进给运动的实际位移值滞后于指令值；当运动反向时，会出现反向死区，从而影响定位精度和加工精度。在闭环系统中，由于有反馈功能，滞后量虽可得到补偿，但反向时会使伺服系统产生振荡而不稳定。但是由于整个加工过程都是自动进行的，操作者无法对误差加以补偿，这就需要数控系统提供各种补偿功能，以便在加工过程中自动地补偿一些有规律的误差，提高加工零件的精度。

3.5.1 反转间隙补偿

在进给传动链中，齿轮传动、滚珠丝杠螺母副等均存在反转间隙，这种反转间隙会造成在工作台反向运动时，电动机空转而工作台不运动，从而造成半闭环系统的误差和全闭环系统的位置振荡不稳定。解决问题的途径主要有以下两点。

1. 半闭环数控系统

半闭环数控系统在机械传动中，采用调整和预紧的方法来减小间隙。对剩余间隙，可将其间隙值测出，作为参数输入数控系统。那么，以后每当数控机床反向运动时，数控系统会控制电动机多走一段距离，这段距离等于间隙值，从而补偿了间隙误差。

2. 全闭环数控系统

在全闭环数控系统中，通常数控系统要求将间隙值设为零，因此必须从机械上减小或消除间隙。可以利用在数控系统中设置的补偿装置，使数控系统具有全闭环反转间隙附加脉冲补偿，以减小其对全闭环稳定性的影响。即在全闭环数控机床上，当工作台面反向运动时，控制系统对伺服系统施加一个一定宽度的脉冲电压（可由参数设定），以补偿间隙误差。

3.5.2 螺距误差补偿

开环、半闭环系统数控机床，其定位精度很大程度上受滚珠丝杠精度的影响，尽管采用了高精度的滚珠丝杠螺母副，但总是存在制造误差。要得到超过滚珠丝杠精度的运动精度，在数控系统中则必须采用螺距误差补偿功能，利用数控系统对误差进行补偿和修正，来保证加工精度。

采用该功能的另一个原因是：数控机床长时间使用后，由于磨损，精度可能下降。这样，采用该功能定期测量与补偿可在保持精度的前提下，延长机床的使用寿命。

1. 螺距误差补偿的方法

螺距误差补偿的基本原理就是：将数控机床某轴的指令位置与测量系统所测得的实际位置相比较，计算出在全行程上的误差分布曲线。将误差以表格的形式输入数控系统中，则数控装置在控制该轴运动时，会自动考虑到误差值并加以补偿。

由图 3-15 可知，螺距误差分布曲线有正方向上（纵坐标方向）的倾斜，这意味着数控机床移动部件虽然是随着指令脉冲的作用而移动，但其移动量大于指令值即进给丝杠的螺距比正常螺距大。相反，曲线负方向上的倾斜意味着进给丝杠的螺距比正常螺距小。由此可以得出：在曲线正方向倾斜时，将指令脉冲数减少；而在曲线负方向倾斜时，需将指令脉冲数增大。这样就可以补偿由于丝杠螺距误差而造成的数控机床移动部件的位置误差。

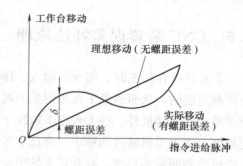

图 3-15　螺距误差分布曲线图

2. 螺距误差补偿的实施步骤

1）安装高精度位移测量装置。

2）编制简单程序，在整个行程上，顺序定位在一些位置点上。所选点的数目及距离受数控装置的限制。

3）记录运动到这些点的实际精确位置。

4）将各点处的误差标出，形成在不同的指令位置处的误差表。

5）测量多次，取平均值。

6）将该表输入数控系统，按此表进行补偿。

3. 使用螺距误差补偿时应注意的事项

1）重复定位精度较差的轴，因无法准确确定其误差曲线，螺距补偿功能无法使用，即该功能无法补偿重复定位误差。

2）只有建立机床坐标系后，螺距误差补偿才有意义。

3）由于机床坐标系是靠返回参考点而建立的，因此在误差表中参考点的误差为零。

4）需采用比滚珠丝杠精度至少高一个数量级的检测装置来测量误差分布曲线，否则没有意义。一般常用激光干涉仪来测量。

3.5.3　其他因素引起的误差与补偿

（1）摩擦力与切削力产生的弹性间隙　由于机械传动链具有有限刚度，因此摩擦力与切削力可能引起传动链的弹性变形，从而形成弹性间隙。由于这种间隙与外部负载有关，因此无法进行补偿，只有靠增大传动链的刚度，减小摩擦力来解决。

因此，功能补偿并不是万能的，机械安装中造成的重复定位误差无法补偿，加上丝杠的螺距误差与环境温度有关，并不断磨损。因此，进一步提高机床的精度只有采用全闭环系统。在全闭环系统中，上述误差均在闭环之内，可以得到闭环修正。因此，全闭环可以达到较高的定位与重复定位精度。

（2）位置环跟随误差　解决位置环形成的误差，可以采用动态特性好的驱动装置、减小负载惯量、提高位置开环增益、使各轴位置开环放大倍数相等的方法。

（3）伺服刚度　不仅机械传动有刚度问题，实际上伺服驱动也有刚度问题。伺服刚度描述了在电动机外部施加一个转矩负载可使位置环产生多大的位置误差。即

$$K_s = E/M$$

式中　K_s——伺服刚度（μm/N）；

M——外加负载（N）；

E——位置误差（μm）。

显然，伺服刚度越高，表示抗负载能力越强。即加工时切削力对位置控制精度的影响越小。因此，伺服刚度也是位置控制性能的重要指标。

3.6　拓展知识——可编程序控制器（PLC）

3.6.1　PLC 的组成与特点

可编程序控制器（Programmable Logic Controller，PLC）是 20 世纪 60 年代发展起来的一种新型自动化控制装置。最早期的 PLC 主要用于替代传统的继电器控制装置，功能上只有逻辑运算、定时、计数以及顺序控制等，并且只能进行开关量控制。随着科技的发展和

进步，特别是计算机技术的发展，PLC 技术与微机控制技术相结合，发展成新型的工业控制器，其控制功能已远远超出逻辑控制的范畴。国际电工委员会（IEC）对 PLC 定义为：PLC 是一种专为在工业环境下应用而设计的数字运算操作的电子系统。它采用 PLC 程序的存储器，用来在其内部执行逻辑运算、顺序控制、定时、计数和算术运算等操作的指令，并通过数字式、模拟式的输入和输出，控制各种类型的机械设备和生产过程。PLC 及其相关设备，都应按照易于与工业控制系统连成一个整体、易于扩展其功能的原则设计。

1. PLC 的组成

PLC 由中央处理单元（CPU）、存储器、I/O 单元、编程器、电源和外部设备等组成，并且内部通过总线相连。图 3-16 所示为 PLC 控制系统组成示意图。

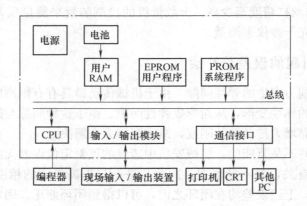

图 3-16　PLC 控制系统组成示意图

CPU 是系统的核心，通常可直接采用通用的微处理器来完成。它通过输入模块将现场信息读入，并按用户程序规定的逻辑进行处理，然后将结果输出去控制外部设备。

存储器的功能主要用于存放系统程序、用户程序和工作数据。系统程序是指控制和完成 PLC 各种功能的程序，包括监控程序、模块化应用功能子程序、指令解释程序、故障自诊断程序和各种管理程序等，在出厂时由制造厂家固化在 PROM 存储器中。用户程序是指用户根据现场的生产过程和工艺要求而编写的应用程序，在修改调试完成后可由用户固化在 EPROM 中或存储在磁带、软盘中。工作数据是 PLC 运行过程中需要经常存取，并会随时改变的一些中间数据，为了适应随机存取的要求，一般将其存放在 RAM 中。可见，PLC 所用的存储器基本上由 PROM、EPROM、RAM 三种形式组成，而且存储器总容量随着 PLC 类别或规模的不同而改变。

I/O 模块是 PLC 内部与现场之间进行信息交换的桥梁。它一方面将现场信息转换成标准的逻辑电平信号，另一方面将 PLC 内部逻辑信号电平转换成外部执行元件所要求的信号。

根据信号特点可将 I/O 模块分为直流开关量 I/O 模块、交流开关量 I/O 模块、模拟量 I/O 模块和继电器输出模块等。

编程器是用来开发、调试、运行应用程序的特殊工具，一般由键盘、显示屏、智能处理器、外部设备等组成，通过通信接口与 PLC 相连。

电源单元的功能是将外部提供的交流电转换为可编程序控制器内部需要的直流电源，有的还提供了 DC 24V 输出。通常电源单元有三路输出，一路供给 CPU 模块使用，一路供给编程器接口使用，还有一路供给各种接口模板使用。PLC 对电源单元的要求是很高的，既要求具有较好的电磁兼容性能，还要求工作电源稳定，并且有过电流、过电压保护功能。电源单元一般还装有后备电池，用于断电时及时保护 RAM 区中的重要信息和标志。

在大、中型 PLC 中除了上述各组成部分外，大多还配置有扩展接口和智能 I/O 模块。所谓扩展接口主要用于连接扩展 PLC 单元，从而扩大 PLC 规模。而智能 I/O 模块是指它本身含有单独的 CPU，能够独立完成某种专用的功能，由于它和主 CPU 是并行工作的，所以大大提高了 PLC 的运行速度和效率。

PLC 除了有硬件组成外，还要有相应的执行软件配合工作。PLC 基本软件包括系统软件和用户应用软件。系统软件一般包括操作系统、语言编译系统和各种功能软件等。操作系统管理 PLC 的各种资源，协调系统各部分之间、系统与用户之间的关系，为用户应用软件提供一系列管理手段，以便用户应用程序能正确地进入系统，确保正常工作。用户应用软件是用户根据电气控制电路图采用梯形图语言编写的逻辑处理软件。

2. PLC 的特点

（1）抗干扰能力强、工作可靠　在硬件方面，PLC 都采用屏蔽。电源采用多级滤波，在 PLC 和 I/O 接口回路之间采用光电隔离等措施。在软件方面，PLC 具有断电保护和故障自诊断功能。适应在各种恶劣的环境下，直接安装在机械设备上工作。

（2）与现场信号直接连接　针对不同的现场信号（如直流或交流，开关量与模拟量，电压或电流，脉冲或单位，强电或弱电等），有相应的 I/O 模块可与现场的工业器件（如按钮、行程开关、传感器、变换器、电磁阀、电动机起动装置、控制阀）直接连接，并通过数据总线与微处理器模块相连接。

（3）程序简单，使用方便　PLC 编程一般使用与继电器原理相似的梯形图编程方式。由于简单、形象，对于从事继电器控制工作的技术人员易于理解和掌握。

（4）组合灵活，便于实现机电一体化　PLC 通常采用积木式结构，便于将 PLC 与数据总线连接，组合成灵活的控制系统。而且 PLC 结构紧凑、体积小、重量轻、功耗低并且效率高，很容易将其装入控制柜内，实现机电一体化。

（5）安装简单，维修迅速方便　PLC 对环境的要求不高，使用时只需将检测器件及执行设备与 PLC 的 I/O 端子连接无误，系统即可工作。80% 以上的故障出现在外围的 I/O 部件上，PLC 能快速准确地诊断故障。目前已能达到 15 min 内排除故障，迅速恢复生产。

（6）网络控制　利用 PLC 的通信网络功能可以实现计算机网络控制。

3.6.2　PLC 在数控机床上的应用

数控机床作为自动化控制设备。其控制部分大体可分为数字控制和顺序控制两个部分。数字控制部分控制刀具轨迹；顺序控制部分接受控制部分送来的 S、T 和 M 等机械顺序动作信息，对其译码并转换成辅助机械动作对应的控制信号，使执行环节作相应的开关动作。

PLC 在数控机床上应用可分为两类：一类是专为实现数控机床加工过程的顺序控制而设计制造的"内装型"PLC；另一类是那些 I/O 信号接口技术，I/O 点数、程序存储容量以及运算和控制功能均能满足数控机床要求的"独立型"PLC。

1. "内装型"PLC

"内装型"PLC（也称为"内含型"PLC，"集成型"PLC）从属于 CNC 装置内部。

PLC 与 CNC 间的信号传送到 CNC 装置内即可实现。PLC 与机床间则通过 CNC 的 I/O 接口电路实现信号传送。图 3-17 为"内装型"PLC 的 CNC 系统框图。

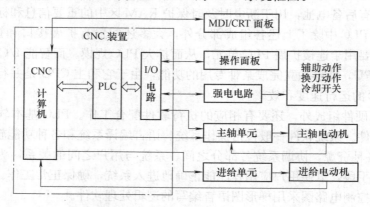

图 3-17　"内装型"PLC 的 CNC 系统框图

"内装型"PLC 具有以下特点：

1)"内装型"PLC 实际上是 CNC 装置带有的 PLC 功能，一般是作为一种基本的或可选择的功能提供给用户。

2)"内装型"PLC 的性能指标决定于 CNC，其硬件、软件与 CNC 其他功能一起统一设计、制造，因此硬件、软件结构十分紧凑，其性能和结构特点适用于单机数控装置。

3) 在系统具体结构上，"内装型"PLC 可与 CNC 共用 CPU，也可独用一个 CPU；硬件控制电路可与 CNC 其他电路制在同一块印刷板上，也可单独制成一块附加板，当 CNC 装置需要附加 PLC 功能时，再将此附加板插入到 CNC 装置上；"内装型"PLC 一般不单独配置 I/O 接口电路，而是用 CNC 系统本身的 I/O 电路。PLC 控制电路及部分 I/O 电路所用电源由 CNC 装置提供，不需另备电源。

4) 采用"内装型"PLC 结构，CNC 系统可以具有一些高级控制功能。如梯形图编辑和传送功能等。

2. "独立型"PLC

"独立型"PLC 又称"通用型"PLC，是独立于 CNC 装置具有完备的硬件和软件功能，能够独立完成规定控制任务的装置。图 3-18 所示为"独立型"PLC 的 CNC 系统框图。"独立型"PLC 具有如下特点：

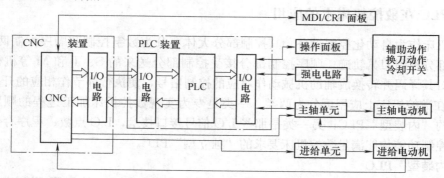

图 3-18　"独立型"PLC 的 CNC 系统框图

1）"独立型" PLC 具有如下基本结构：CPU 及其控制电路、系统程序存储器、用户程序存储器、I/O 接口电路与编程机等外围设备通信的接口和电源等。

2）"独立型" PLC 一般采用模块化结构和笼式插板式结构，各功能电路多做成独立的模块或印制电路插板，具有安装方便，功能易于扩展和变更等特点。

3）"独立型"的 PLC 的 I/O 点数可以通过 I/O 模板插板模块的增减灵活配置。有的"独立型" PLC 还可通过多个远程终端连接器，构成大量 I/O 点的网络，以实现大范围的集中控制。

不论是"内装型" PLC 还是"独立型" PLC，在数控机床中，它们完成的控制任务主要是顺序控制部分的控制。诸如加工中心的刀库控制、润滑控制、数控机床的刀架控制，以及一些如检测控制、加工数量、刀具使用次数、回转体分度等。

思 考 题

1. 机床数控系统通常由哪几部分组成？各有什么作用？
2. CNC 系统的硬件主要由哪几部分构成？各部分的作用是什么？
3. 简述单微处理器的硬件结构与特点。
4. 简述多微处理器的硬件结构与特点。
5. 简述 CNC 系统的软件组成。
6. 脉冲当量的含义是什么？它的大小与机床的控制精度有何关系？
7. 何谓插补？常用的插补方法有哪些？
8. 数控装置的核心功能有哪些？可选功能有哪些？
9. 数控系统中 PLC 的信息交换包括哪几部分？
10. 简述逐点比较法的基本原理和四个节拍。
11. CNC 装置软件的特点是什么？多微处理器的 CNC 装置有哪些典型结构？

项目 4　数控机床的典型结构

4.1　项目任务书

项目任务书见表 4-1。

表 4-1　项目任务书

任务	任务描述
项目名称	数控机床的典型结构
项目描述	学习数控机床的典型结构
学习目标	1. 知道数控机床的结构特点与结构设计要求 2. 能够叙述数控机床各部分典型结构的组成与工作原理 3. 了解数控机床的辅助装置
学习内容	1. 数控机床的结构特点、结构设计要求 2. 数控机床主传动系统要求、主轴组件与主轴调速方法 3. 数控机床进给传动系统要求与典型结构 4. 数控机床伺服系统要求、分类、结构与工作原理 5. 数控机床检测装置的要求、分类与典型结构 6. 自动换刀装置 7. 数控机床的辅助装置
重点、难点	数控机床的结构设计要求、数控机床各部分结构要求与典型结构
教学组织	参观、讲授、讨论、项目教学
教学场所	多媒体教室、金工车间
教学资源	教科书、课程标准、电子课件、多媒体计算机、数控机床
教学过程	1. 参观工厂或实训车间:学生观察数控机床各典型结构的组成,师生共同探讨各典型结构的工作原理和工作过程 2. 课堂讲授:分析数控机床结构特点、结构设计要求,对数控机床主传动系统的要求,进给传动系统的要求及典型结构,伺服系统要求、分类、结构与工作原理,检测装置的要求、分类等 3. 小组活动:每小组 5～7 人,完成项目任务报告,最后小组汇报
项目任务报告	1. 分析一种数控机床的结构特点 2. 叙述数控机床主传动系统和进给传动系统要求 3. 描述一种数控机床进给传动装置的工作过程 4. 叙述自动换刀装置的种类 5. 描述数控机床主轴的调速方法并分析其特点

4.2 数控机床的结构设计

4.2.1 数控机床的结构特点

数控机床是高精度和高生产率的自动化机床，其结构与同类型的普通机床十分相似，但又有诸多不同之处。由于在加工过程中数控机床的动作顺序、运动部件的坐标位置及辅助功能都是通过数字信息进行自动控制，操作者在加工过程中无法对机床本身的结构和装配的薄弱环节进行人为补偿，所以数控机床几乎在任何方面都要求比普通机床设计得更为完善。为了满足加工精度、表面质量、生产率以及使用寿命等技术指标的要求，现代数控机床在支承部件、主运动系统、进给运动系统、刀具系统、整体布局、外部造型等方面均已发生了很大变化，形成了数控机床独特的机械结构。数控机床的结构特点如下：

1）主运动采用交流或直流电动机拖动，变频调速，不仅大大简化了主传动系统的机械结构，缩短了传动链，而且转速高、功率大，速度变换迅速、可靠。

2）采用在刚度、精度、效率等各方面较优良的传动元件，如滚珠丝杠螺母副以及塑料滑动导轨、滚动导轨等。

3）主轴部件和支承件均采用了刚度高、抗振性好和热变形少的新型结构。

4）采用自动排屑和自动润滑装置，改善了劳动条件。

5）采用多主轴、多刀架结构，以集中工序，提高生产率。

6）具有自动换刀和自动交换工件的装置，减少了停机时间。

4.2.2 数控机床结构设计的要求

1. 高刚度

数控机床要在高速和重负载条件下工作，因此，机床床身、立柱、主轴、工作台、刀架等主要部件均要具有很高的刚度，以保证工作过程中应无变形，提高加工精度。

要提高数控机床刚度，可采取以下措施：

1）采用三支承结构，并选用刚性好的轴承以提高主轴刚度。

2）采用封闭截面床身并合理布置肋板，以提高机床静刚度。

3）通过对主轴、齿轮等进行动平衡以及消除各部件的配合和传动间隙等措施提高动刚度。

4）采用刮研方法，增加支承和滑动部件单位面积的接触点和接触面积，以增加机床的承载能力，提高接触刚度。

5）提高系统的刚度。

2. 高抗振性

机床工作时可能产生两种形态的振动：强迫振动和自激振动（或称颤振）。机床的抗振性指的是抵抗这两种振动的能力。高抗振性即在高速重切削情况下无振动，以保证加工工件的高精度和高表面质量。

机床强迫振动的振源有：零部件高速转动时的动态不平衡力，往复运动件的换向冲击力，周期变化的切削力等。

自激振动的频率是一定的，与外界干扰力的频率无关，当自激振动的频率接近机床某一部件、某一振型的固有频率时，这个部件就是机床在抗振性方面的一个薄弱环节。

改善和提高机床抗振性应该从以下几个方面着手：

1）减少机床的内部振源。

2）增加构件或结构的阻尼。

3）调整构件自振频率。

4）提高系统的刚度。

3. 热变形小

机床的主轴、工作台、刀架等运动部件，在运动中常易产生热量，而工艺过程的自动化和精密加工的发展，对机床的加工精度和精度稳定性提出了越来越高的要求。为保证部件的运动精度，要求各运动部件的发热量要少，以防产生热变形。

减少热变形通常采取以下措施：

1）减少机床内部热源和发热量。

2）改善散热和隔热条件。

3）进行热变形补偿。

4）合理设计机床的结构及布局。

4. 高精度保持性

高精度保持性是要求数控机床在长期使用过程中不丧失精度。因此，应正确选取零件材料，以防使用中的快速磨损和变形，同时还要采取合理的工艺措施，以提高运动部件的耐磨性。

5. 高可靠性

数控机床在自动或半自动条件下工作，因此在工作中动作频繁的刀库、换刀机构、托盘、工件交换装置等部件，必须保证长期可靠地工作。

6. 高质量刀具

数控机床主轴转速比普通机床高 $1 \sim 2$ 倍，某些特殊用途的数控机床，其主轴转速高达数万转，因此数控机床使用的刀具应具有高强度和高寿命，结构也要合理。

4.2.3 机床主要支承件的结构

支承件是机床的基本构件，主要包括床身、底座、立柱、横梁、工作台、箱体和升降台等大件，其作用是支承其他零部件，并保证它们之间正确的相互位置关系和相对运动轨迹。支承件受力受热后的变形和振动将直接影响机床的加工精度和表面质量，因此，正确合理地设计支承件结构具有非常重要的意义。

1. 支承件基本要求

（1）刚度　支承件在恒定载荷作用下抵抗变形的能力称为静刚度，在交变载荷作用下抵抗变形的能力称为动刚度。若支承件刚度不足，不仅会产生变形，还会产生爬行和振动现象，从而影响机床定位精度和其他性能。

（2）热变形　热变形是影响机床的工作精度和几何精度的重要因素，通过对支承件进行合理的结构设计，可以有效地减小其热变形。

（3）抗振性　指支承件抵抗受迫振动和自激振动的能力。抵抗受迫振动的能力是指受迫振动的振幅不能超过许用值。抵抗自激振动的能力是指在给定的切削条件下，保证切削的稳定性。

（4）内应力　支承件的设计应从结构上和材料上保证其内应力要小，并应在焊、铸等工序后进行时效处理。

（5）其他　支承件还应使排屑通畅，操作方便，调运安全，加工及装配工艺性好等。

2. 床身结构

机床的床身是整个机床的基础支承件，用于放置主轴箱、导轨等重要部件，同时承受切削力作用。对数控机床床身的基本要求有：足够的静刚度，较好的动态特性，较小的热变形，易安装调整。好的动态特性需要机床有足够的动刚度和合适的阻尼，有较高的固有频率，远离激振频率，避免发生共振及因薄壁振动而产生噪声，还应具有较好的热稳定性。

（1）结构布局　合理的布局可有效减小构件所受弯矩和转矩，提高刚度。图 4-1 所示为两种机床布局示意图，图 4-1a 所示为主轴箱单面悬挂在立柱侧面，主轴箱的自重将使立柱受到较大弯矩和转矩载荷，易产生弯曲和扭曲变形，从而直接影响加工精度。图 4-1b 所示为主轴箱的中心位于立柱的对称中心面内，主轴箱自重产生的弯矩和转矩较小，一般不会引起立柱变形。

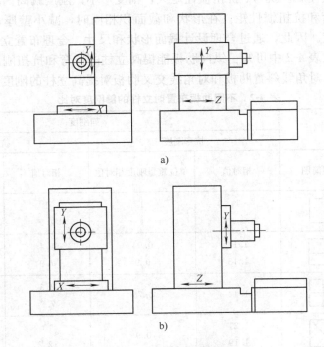

a)

b)

图 4-1　机床布局示意图

（2）床身截面　图 4-2 所示为封闭式床身截面图，该床身具有很高的抗弯和抗扭刚度。

（3）肋板布置　合理的布置肋板结构可以实现较高的刚度-重量比，使固有频率远离激振频率。

（4）箱体封砂结构　床身封砂结构是利用肋板隔成封闭箱体结构，将型芯留在铸件中不清除，利用砂粒良好的吸振性能，可以提高结构件的阻尼比，有明显的消振作用，可以提高床身结构的静刚度。两种床身的比较如图 4-3 所示。

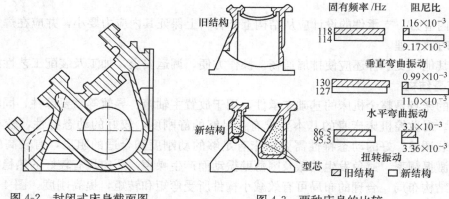

图 4-2 封闭式床身截面图　　　　　图 4-3 两种床身的比较

3. 立柱结构

在机床加工过程中，立柱将承受弯曲和扭转载荷，其弯曲和扭转变形的大小取决于立柱的截面抗弯和抗扭惯性矩。抗弯、抗扭惯性矩大，则变形小，刚度就高。不同的截面形状和尺寸具有不同的抗弯和抗扭惯性矩。在形状和截面积相同时，减小壁厚，加大截面轮廓尺寸，可大大增加刚度。因此，通过合理设计截面形状和尺寸、合理布置立柱肋板可大大提高立柱的结构刚度。从表 4-2 中可知：纵向肋板能提高立柱的抗弯和抗扭刚度，其中提高抗扭刚度效果更为显著；对角线斜置肋板和对角线交叉肋板对提高立柱的刚度更为有效。

表 4-2　不同肋板布置时立柱的静刚度对比

模型类别		静刚度			
		抗弯刚度		抗扭刚度	
序号	模型简图	相对值	单位重量刚度相对值	相对值	单位重量刚度相对值
1	□	1	1	1	1
		1	1	7.9	7.9
2	⊟	1.17	0.94	1.4	1.1
		1.13	0.9	7.9	6.5
3	⊞	1.14	0.76	2.3	1.5
				7.9	5.7
4	◩	1.21	0.9	10	7.5
		1.19		12.2	9.3
5	⊠	1.32	0.81	18	10.8
			0.83	19.4	12.2

图 4-4 所示为两种立式加工中心立柱的截面图，因该立柱承受弯扭组合载荷，故采用了接近正方形的封闭外形，内部则采用了斜方双层壁和对角线交叉肋板。

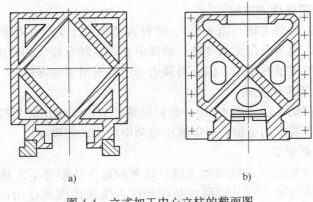

图 4-4 立式加工中心立柱的截面图

a）斜方双层壁肋板   b）对角线交叉肋板

4.3 数控机床的主传动系统

4.3.1 数控机床对主传动系统的要求

现代数控机床的主传动广泛采用无级变速传动，用交流调速电动机或直流调速电动机驱动，能方便地实现无级变速，且传动链短，传动件少，提高了变速的可靠性，但制造精度要求很高。

数控机床的主轴部件应具有较大的刚度和较高的精度，以进行大功率的高速切削。主轴上还应具有特殊的刀具安装和夹紧机构以实现自动换刀功能。为了保证端面加工的生产率和表面质量，主传动系统还要能实现恒切削速度控制。因此，数控机床与普通机床相比，其主传动系统主要具有以下特点。

1）主轴转速高、功率大。它能使数控机床进行大功率切削和高速切削，实现高效率加工。

2）主轴调速范围宽，速度变换迅速可靠。

3）刚度高、抗振性强。

4）热变形小。电动机、主轴、传动系统都会发热，要求温升小，热变形小，散热好。

5）精度高、传动平稳、噪声低。

6）主传动链尽可能短。

7）恒切削速度加工。设主轴恒定的旋转速度为 n，线速度 $v = n\pi D$，即随着直径的减小，线速度也在减小，为了获得稳定的线速度，随着加工的进行，通过调节主轴的转速 n 使得保持恒定的线切削速度。

8）自动快速换刀。当数控机床的主运动是刀具旋转运动时，由于机床可以进行多工序加工，工序变换时刀具也更换，因此要求能够自动换刀。

4.3.2 数控机床主轴的调速方法

数控机床的主轴调速是按照指令自动执行的，其调速方法主要有四种。

1. 电动机经齿轮变速传动主轴

电动机经齿轮变速传动主轴（图 4-5a）。此种方式多用于大、中型数控机床。它通过少数几对齿轮降速，使之成为分段无级变速，确保低速时主轴有较大的转矩和主轴的变速范围尽可能大。小型数控机床也有采用，以获得强力切削时所需要的转矩。

2. 电动机经同步带传动主轴

电动机经同步带传动主轴（图 4-5b）。此种调速方式由于输出转矩较小，主要用于小型数控机床对转矩特性有要求的主轴，可以减小传动中的振动和噪声。

3. 两个电动机分别驱动

图 4-5c 所示为两个电动机分别驱动主轴，这种调速方法综合了上述两种调速方法的性能。低速时可通过齿轮传动主轴从而起到减速和扩大变速范围的作用；高速时，采用带传动，直接驱动主轴旋转。但是，两个电动机不能同时进行工作。

4. 电主轴调速

电动机转子轴即为机床主轴的电动机主轴，简称电主轴，是近年来新出现的一种结构，其优点是主轴部件结构更紧凑，刚度强，重量轻，惯量小，可提高调速电动机起动、停止的响应特性；其缺点是电动机发热引起变形问题，造价较高。

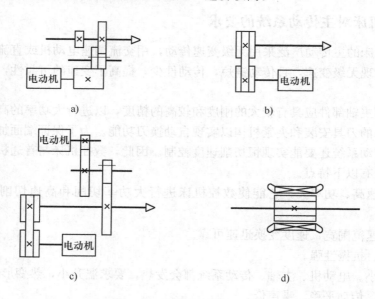

图 4-5　主轴调速方法示意图

a) 齿轮变速传动　b) 同步带传动　c) 两个电动机分别驱动　d) 电主轴驱动

4.3.3　数控机床的主轴组件

数控机床的主轴组件主要包括主轴、主轴的支承轴承和安装在主轴上的传动零件等，是机床重要部件之一。主轴组件带动工件或刀具执行机床的切削运动，其精度、抗振性和热变形对加工质量有直接影响。对于具有自动换刀装置的数控机床，为了实现刀具的自动装卸和夹紧，还应具有刀具的自动夹紧装置和主轴准停装置。

1. 主轴组件要求

主轴直接承受切削力,转速变化范围大。因此,主轴组件应满足以下性能要求。

(1) 回转精度 它是指主轴在无负载、低转速的条件下,主轴前端工作部位或刀具的径向和轴向圆跳动值。

(2) 运动精度 它是指工作状态下的旋转精度。这个精度通常与低速回转精度有较大差别,运动状态下的旋转精度取决于主轴的工作速度、轴承性能以及主轴本身的平衡性能。

(3) 抗振性 它是指切削加工时,主轴保持平稳运转而又不发生振动的能力。

(4) 耐磨性 只有具备足够的耐磨性,才能长期保持精度。因此主轴的关键部位(如主轴锥孔)要经良好的表面热处理。

(5) 刚度 它是指在受外力时,主轴抵抗变形的能力。刚度不足时,在切削力的作用下,主轴将产生较大的弹性变形,不仅影响加工质量,还会破坏轴承的正常工作条件、加快磨损。

(6) 主轴温升 主轴运转时,温升过高会引起两方面的不良结果:一是主轴及箱体受热变形直接影响加工精度;二是轴承的正常润滑条件遭到破坏,影响轴承的正常工作,甚至出现"抱轴"。

2. 主轴端部形状

机床主轴端部一般用于安装刀具、夹持工件或刀具。在结构上,应能保证定位准确、安装可靠、连接牢固、装卸方便并能传递足够转矩。目前,主轴端部的形状已标准化,图 4-6 所示为几种主轴端部形状通用结构示意图。其中图 4-6a 多用于各种铣床;图 4-6b 多用于铣床和镗床;图 4-6c 多用于磨床;图 4-6d 多用于内圆磨床砂轮主轴。

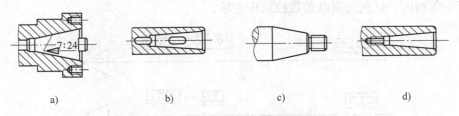

a)   b)   c)   d)

图 4-6 主轴端部通用形状结构示意图
a) 铣床 b) 铣床和镗床 c) 磨床 d) 内圆磨床

3. 主轴轴承

数控机床主轴靠轴承来支承,根据主轴部件的工作精度、刚度、温升和结构的复杂程度,合理配置轴承,可以有效提高主传动系统的精度。

主轴轴承通常采用以下几种。

(1) 深沟球轴承 (图 4-7a) 此种轴承既可承受径向载荷又可承受轴向载荷,任意方向的轴向载荷可达未被利用轴向载荷的 70%。但是,承载能力较低,一般适用于高速轻载主轴或用作辅助支承。转速极高时可替代推力轴承承受纯进给力。

(2) 角接触球轴承 (图 4-7b) 此种轴承可承受径向载荷和一个方向的轴向载荷,承载能力较低,极限转速高。适用于高速轻载的精密主轴。常在一个支承中采用多个轴承以增加刚度。

(3) 圆柱滚子轴承 (图 4-7c) 此种轴承只能承受径向载荷,承载能力较强,常用于后支承或辅助支承，允许轴向浮动。

（4）双列圆柱滚子轴承（图 4-7d）　此种轴承只能承受径向载荷，可调整径向间隙，是高精度、高刚度、高转速的径向轴承。

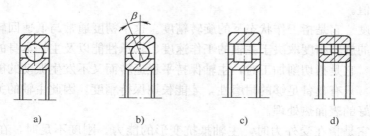

图 4-7　主轴轴承结构示意图

a）深沟球轴承　b）角接触球轴承　c）圆柱滚子轴承　d）双列圆柱滚子轴承

主轴轴承的配置方式主要有：

1）前支承采用双列短圆柱滚子轴承和角接触球轴承组合，后支承采用成对角接触球轴承（图 4-8a）。这种配置可提高主轴综合刚度，满足强力切削的要求，普遍适用于各种数控机床。

2）前后支承均采用角接触球轴承，以承受径向载荷和轴向载荷（图 4-8b）。这种配置适用于高速、轻载和精密的机床主轴。

3）前支承采用多个角接触球轴承，背靠背安装，承受径向载荷和轴向载荷，后支承采用双列圆柱滚子轴承（图 4-8c）。这种配置适用于高速、重载的主轴。

4）前支承采用双列圆锥滚子轴承，后支承采用单列圆锥滚子轴承（图 4-8d）。这种配置适用于中等精度、低速与重载的数控机床主轴。

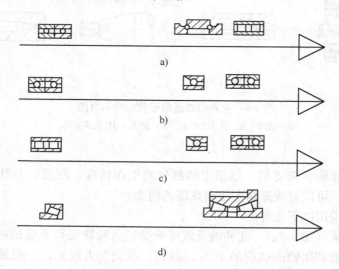

图 4-8　主轴轴承配置方式示意图

a）前支承采用双列短圆柱滚子轴承和角接触球轴承组合，后支承采用成对角接触球轴承　b）前后支承均采用
角接触球轴承　c）前支承均采用多个角接触球轴承，后支承采用双列圆柱滚子轴承　d）前支承采用双列圆锥
滚子轴承，后支承采用单列圆锥滚子轴承

为了提高主轴部件回转精度、刚度和抗振性，还需要对轴承进行预紧和合理选择预紧量。通常通过调整轴承内、外圈轴向移动来实现。轴承内圈移动的方法（图 4-9）一般适用于锥孔双列圆柱滚子轴承。它是用螺母通过套筒推动内圈在锥形轴颈上作轴向移动，使内圈变形胀大，产生过盈，从而达到预紧的目的。图 4-9a 所示为结构简单，但预紧量不易控制，常用于轻载机床主轴部件；图 4-9b 所示为用螺母限制内圈移动量，易于控制预紧量；图 4-9c 所示为在主轴凸缘上均布数个螺钉以调整预紧量，调整方便，但是几个螺钉调整易使垫片歪斜；图 4-9d 所示为将仅靠轴承右端的垫圈做成两个半环，可以径向取出，修磨其厚度可以调整预紧量大小，调整精度较高。调整螺母一般采用细牙螺纹，便于微量调整，调好后要锁紧防松。

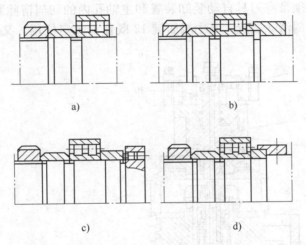

a)　　　　　　　b)

c)　　　　　　　d)

图 4-9　主轴轴承预紧方法

4. 主轴准停装置

主轴准停装置又称为主轴定位装置，是具有自动换刀功能的数控机床的重要结构。它的作用是使主轴每次都准确停在固定的圆周位置上，这样不仅保证了每次换刀时主轴上的端面键都能准确对准刀夹上的键槽，还保证了每次装刀时刀夹与主轴的相对位置不变，提高了刀具的重复安装精度和零件的加工精度。

主轴准停装置有两种方式，一种是机械式，一种是电气式。机械式定位采用机械凸轮机构或光电盘方式进行粗定位，由一个液动或气动的定位销实现精确定位。完成换刀后，定位销从主轴上的销孔或销槽退出，主轴开始旋转。这种定位方法结构复杂，在早期数控机床上使用较多。现代数控机床多采用电气方式定位，只要数控机床发出指令信号即可实现主轴准确定位。此种方式定位一般有两种方法：一种是用磁性传感器检测定位；一种是用位置编码器检测定位。

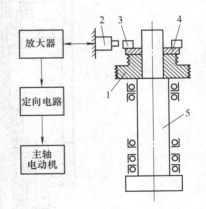

图 4-10　电气控制的主轴准停
装置工作原理
1—多楔带轮　2—磁传感器
3—永久磁铁　4—垫片　5—主轴

图 4-10 所示为主轴部件采用的就是利用磁性传感器检测定位的电气控制的准停装置。

在带动主轴旋转的多楔带轮 1 的端面上装有一个厚垫片 4，垫片上又装有一个体积很小的永久磁铁 3。在永久磁铁旋转轨迹外 1~2mm 处装有磁传感器 2，它安装在主轴箱箱体内对应于主轴准停的位置上。当机床需要停车换刀时，数控装置发出主轴停转指令，主轴电动机立即降速，使主轴 5 以很低的速度回转。在主轴以最低转速慢转几转后，永久磁铁 3 对准磁传感器 2 时，传感器发出准停信号。此信号经放大器后，由定向电路控制主轴电动机准确地停止在规定的周向位置上。这种装置机械结构简单，定位时间短，永久磁铁与传感器间没有摩擦，定位精度可达±1°，可靠性高。

5. 主轴刀具自动装卸及切屑清除装置

在带有刀库的数控机床中，为实现刀具在主轴上的自动装卸，其主轴部件除具有较高的精度和刚度外，还必须带有刀具自动装卸装置和主轴孔内的切屑清除装置。图 4-11 所示主轴刀具自动装卸及切屑清除装置，其中端面键 13 既作刀具定位用，又可传递切削转矩。刀

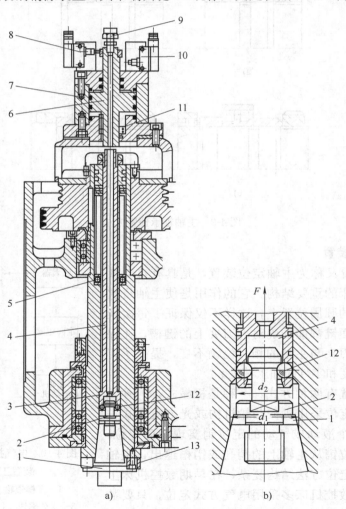

图 4-11　主轴刀具自动装卸及切屑清除装置

1—刀夹　2—拉钉　3—主轴　4—拉杆　5—碟形弹簧　6—活塞　7—液压缸
8、10—行程开关　9—压缩空气管接头　11—弹簧　12—钢球　13—端面键

夹 1 以锥度为 7：24 的锥柄安装于主轴前端的锥孔中定位，并通过拧紧在锥柄尾部的拉钉 2 拉紧于锥孔中。夹紧刀夹时，液压缸上腔接通回油，弹簧 11 推活塞 6 上移，处于图示位置，拉杆 4 在碟形弹簧 5 的作用下向上移动。此时装在拉杆前端径向孔中的四个钢球 12 进入主轴孔中直径较小的 d_2 处（图 4-11b），被迫径向收拢而卡进拉钉的环形凹槽内，因而刀杆被拉杆拉紧，依靠摩擦力紧固在主轴上。换刀前需将刀夹松开时，压力油进入液压缸上腔，活塞推动拉杆向下移动，碟形弹簧被压缩；钢球随拉杆一起下移，当进入主轴孔中直径较大的 d_1 处时，它就不再能约束拉钉的头部，紧接着拉杆前端内孔的抬肩处端面碰到拉钉，把刀夹顶松。此时行程开关 10 发出信号，换刀机械手随即将刀夹取下。与此同时，压缩空气由管接头 9 经活塞和拉杆的中心通孔吹入主轴装刀孔内，把切屑或污物清除干净，以保证刀具的装夹精度。机械手把新刀装上主轴后，液压缸 7 接通回油，碟形弹簧又拉紧刀夹。刀夹拉紧后，行程开关 8 发出信号。

自动清除主轴孔中切屑和灰尘是换刀操作中的一个不容忽视的问题。如果在主轴锥孔中掉进了切屑或其他污物，在拉紧刀杆时，主轴锥孔表面和刀杆的锥柄就会被划伤，甚至使刀杆发生偏斜，破坏了刀具的正确定位，影响加工零件的精度，甚至使零件报废。

4.4　数控机床的进给传动系统

数控机床的进给传动系统是伺服系统的重要组成部分，它将伺服电动机的旋转运动变为执行部件的直线运动或回转运动，一般包括丝杠螺母副、齿轮传动副及其支承部件等。由于数控机床的进给运动是数字控制的直接对象，被加工工件的最后轮廓精度（尺寸、形状精度）、位置精度和表面粗糙度都受进给系统定位精度、稳定性和灵敏度的影响，所以，无论是开环、闭环、半闭环的伺服进给系统，为了确保系统的定位精度（一般数控机床定位精度要求很高，直线位移达 μm 级，角位移达 s 级）、稳定性和快速响应特性要求，设计进给机械传动机构时必须满足的要求有：机械传动装置必须具有低摩擦阻力、无传动间隙、高刚度、高灵敏度和较高的寿命等。

4.4.1　数控机床对进给系统机械部件的要求

1. 减少运动件的摩擦阻力

机械传动机构的摩擦阻力主要来自丝杠螺母副和导轨，为减少阻力，提高进给系统快速响应性，在数控机床上广泛采用摩擦因数小的滚珠丝杠、塑料导轨、静压导轨等。

2. 要有适度阻尼

在减小摩擦阻力的同时，还必须考虑传动部件有足够的阻尼，以保证它们抗干扰的能力。阻尼一方面降低进给伺服系统的快速响应特性，另一方面可以增加系统的稳定性。在刚度不足时，运动件之间的运动阻尼对降低工作台爬行，提高系统稳定性起了重要作用。

3. 提高传动精度和刚度

提高传动精度和刚度可以通过以下途径来实现：首先，保证滚珠丝杠螺母副（直线进给系统）、蜗杆副（圆周进给系统）中各个零件的加工精度和传动精度；此外，通过在进给传动链中加入减速齿轮传动副，对滚珠丝杠和轴承进行预紧，消除齿轮、蜗杆等传动件的间隙等措施来提高进给精度和刚度。

4. 减少各运动零件的惯量

传动元件的惯量对伺服机构的起动和制动特性都有影响，尤其是处于高速运转的零件，其惯性的影响更大。在满足部件刚度和强度的前提下，应尽可能减小执行部件的重量，减小旋转零件的直径和重量，以减少运动部件的惯量。

5. 稳定性好、寿命长

稳定性与系统的惯性、刚度、阻尼及增益等有关。它是伺服进给系统能正常工作的最基本条件，特别是在低速进给时不产生爬行，并能适应外加负载的变化而不发生共振。而进给系统的寿命，主要指保持数控机床传动精度和定位精度时间的长短，即各传动部件保持其原制造精度的能力，所以应合理选择各传动件的材料、热处理方法及加工工艺，并采用适宜的润滑方式和防护措施，以延长寿命。

6. 使用维护方便

数控机床进给系统的结构设计应便于保养和维护，尽可能减少维修工作量，以提高机床的利用率。

4.4.2　滚珠丝杠螺母副

滚珠丝杠螺母副是数控机床中将回转运动转换为直线运动的传动装置。主要由丝杠、螺母、滚珠和反向器等组成。它以滚珠的滚动代替丝杠螺母副中的滑动，摩擦力小，传动效率高，精度高，运动灵敏，低速时不易爬行，能实现可逆传动。

1. 滚珠丝杠螺母副的结构和工作原理

滚珠丝杠螺母副的结构原理图如图 4-12 所示。在丝杠 3 和螺母 1 上都开有半圆弧形的螺旋槽，当它们套装在一起时，便形成螺旋滚道，滚道内装满滚珠。当丝杠旋转时，滚珠沿滚道滚动，并经回珠管道 a，作周而复始的循环运动，因而迫使螺母（或丝杠）轴向移动。回珠管两端还可以起到挡珠的作用。

滚珠丝杠螺母副的循环方式有外循环和内循环两种。滚珠在返回过程中与丝杠脱离接触的为外循环，滚珠循环过程中与丝杠始终接触的为内循环。滚珠每一个循环闭路称为列，每个滚珠循环闭路内所含导程数称为圈数。内循环滚珠丝杠副的每个螺母有 2 列、3 列、4 列、5 列等几种，每列只有一圈；外循环每列有 1.5 圈、2.5 圈和 3.5 圈等几种。

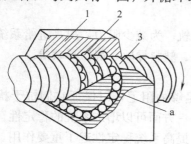

图 4-12　滚珠丝杠螺母副的结构原理图
1—螺母　2—滚珠　3—丝杠　a—回珠管道

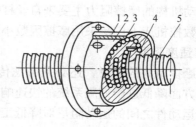

图 4-13　外循环滚珠丝杠螺母副
1—套筒　2—螺母　3—滚珠　4—挡珠器　5—丝杠

外循环是滚珠在循环过程结束后通过螺母外表面的螺旋槽或插管返回丝杠螺母中重新进入循环，如图 4-13 所示。它是在螺母的外圆上铣有螺旋槽，并在螺母内部装上挡珠器，挡珠器的舌部切断螺纹滚道，使滚珠流入通向螺旋槽的孔中而完成循环。这种结构比插管式结构径向尺寸小，但制造较复杂。

内循环采用反向器实现滚珠循环。图 4-14 所示为内循环滚珠丝杠螺母副，在螺母的侧孔中装有圆柱凸轮式反向器，在反向器上铣有 S 形回珠槽，将相邻两螺纹滚道连接起来。滚珠从螺纹滚道进入反向器，借助反向器迫使滚珠越过丝杠牙顶进入相邻滚道，实现滚珠循环。一个螺母上通常装有 2～4 个反向器，沿螺母圆周等分分布。这种结构的优点是径向尺寸紧凑，刚度好，摩擦损失小；缺点是反向器加工困难。

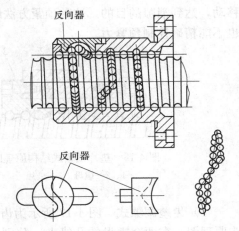

图 4-14　内循环滚珠丝杠螺母副

2. 滚珠丝杠螺母副的性能特点

滚珠丝杠螺母副的优点有：

1）传动效率高。滚动摩擦的摩擦损失小，传动效率 $\eta = 0.92 \sim 0.94$，是普通滑动丝杠的 3～4 倍（$\eta = 0.20 \sim 0.40$）。

2）摩擦力小，运动平稳，低速时不易爬行、随动精度和定位精度高。

3）运动可逆。因摩擦因数小，所以不仅可将旋转运动转换成直线运动，也可将直线运动转换为旋转运动，丝杠和螺母既可作为主动件，也可作为从动件。

4）可预紧。滚珠丝杠螺母副经预紧后可消除轴向间隙，有助于定位精度和刚度提高，反向时没有空行程，反向定位精度高。

5）使用寿命长。滚珠丝杠副采用优质合金钢制成，表面粗糙度值小，其滚道表面淬火硬度达 60～62HRC，由于是滚动摩擦，故磨损很小、使用寿命长。

滚珠丝杠螺母副的缺点有：

1）不能自锁，垂直和倾斜安装的时候，必须考虑制动装置。

2）工艺复杂，制造成本高。

3）传动速度过高时，容易出现滚珠在其回路滚道内卡珠现象。

3. 滚珠丝杠螺母副间隙调整和预紧

滚珠丝杠的传动间隙是轴向间隙，是负载时滚珠与滚道型面接触点的弹性变形所引起的螺母位移量和螺母原有间隙的总和。在实际应用中，把轴向间隙完全消除是很困难的，但若存在较大的轴向间隙，当丝杠反向转动时，将产生空回误差，造成反向冲击，产生定位误差，从而影响机床的传动精度和稳定性，还会影响轴向刚度。因此，要通过预紧把弹性变形量控制在最小范围内。

常用的消除间隙和预紧的方法有：双螺母式和单螺母式。双螺母式基本原理是：利用两个螺母的相对轴向位移，使两个滚珠螺母中的滚珠分别贴紧在螺旋滚道的两个相反的侧面上。它可以分为垫片调隙式、螺纹调隙式和齿差调隙式。

（1）垫片调隙式　图 4-15 所示为垫片预紧式结构原理图，通过调整垫片 3 的厚度，从而改变螺母 1 和 2 之间的距离，即可消除间隙，产生一定的预紧力。这种预紧方法结构简单、刚性好、工作可靠，但调整不方便，滚道磨损时不能随时进行调整。

（2）螺纹调隙式　图 4-16 所示为螺纹调隙式结构原理图，两个螺母 1、2 以平键与外套相连，其中右边的一个螺母 2 外伸部分有螺纹，用两个锁紧螺母 3 能使螺母相对丝杠作轴向移动，达到消隙的目的。这种预紧方法结构紧凑、调整方便，但不易精确控制调整位移量，也不能精确控制预紧力。

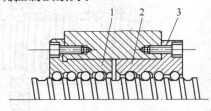 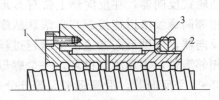

图 4-15　垫片预紧式结构原理图　　　　图 4-16　螺纹调隙式结构原理图
1、2—螺母　3—垫片　　　　　　　1、2—螺母　3—锁紧螺母

（3）齿差调隙式　图 4-17 所示为齿差调隙式结构原理图。在两个螺母的凸缘上，分别切出齿数为 z_1、z_2 的齿轮，且 z_1 与 z_2 相差一个齿。两个齿轮分别与两端相应的内齿圈相啮合。内齿圈紧固在螺母座上，预紧时，脱开内齿圈，使两个螺母同向转过相同的齿数，然后再合上内齿圈。这种预紧方法能精确调整预紧量，工作可靠，滚道磨损时能方便进行调整。但结构复杂，适用于需获得准确预紧力的精密定位系统。

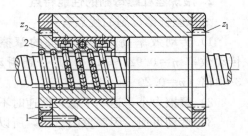

图 4-17　齿差调隙式结构原理图
1—内齿轮　2—圆柱齿轮

4. 滚珠丝杠螺母的安装

滚珠丝杠主要承受轴向载荷，除丝杠自重外，一般无径向外载荷。安装时，要保证螺母座的孔与工作螺母之间的良好配合，并保证孔与端面的垂直度等。这时主要是根据载荷的大小和方向选择轴承。另外安装和配置的形式还与丝杠的长短有关：当丝杠较长时，采用两支承结构；当丝杠较短时，采用单支承结构。其安装方式如图 4-18 所示。

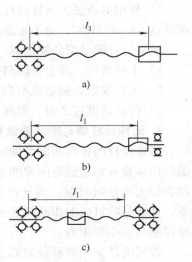

（1）一端固定、一端自由（图 4-18a）　此种方式结构简单，承载能力小，轴向刚度低。适用于短丝杠及垂直丝杠。

（2）一端固定、一端浮动（图 4-18b）　此种方式一端同时承受轴向力和径向力，另一端承受径向力，当丝杠受热伸长时，可以通过一端作微量的轴向浮动。此种方式结构较复杂，工艺较困难。

（3）两端固定（图 4-18c）　通常在它的一端装有碟形弹簧和调整螺母，这样既能对滚珠丝杠施加预紧力，又能在丝杠热变形后保持不变的预紧力。

图 4-18　滚珠丝杠螺母的安装方式
a）一端固定、一端自由
b）一端固定、一端浮动
c）两端固定

4.4.3 数控机床的导轨

导轨用来支承和引导运动部件沿一定轨道运动。在导轨副中，运动的导轨称为运动导轨，不动的导轨称为支承导轨。它的精度、刚度及结构形式等对机床的加工精度和承载能力有直接影响。

1. 对导轨的基本要求

为了保证数控机床具有较高的加工精度和较大的承载能力，导轨必须满足以下要求：

1）导向精度高。

2）良好的高、低速运动平稳性。

3）结构简单、工艺性好。

4）足够的刚度。

5）良好的耐磨性。

2. 导轨分类

按工作性质分为主运动导轨、进给运动导轨和调整导轨；按受力情况分为开式导轨和闭式导轨；按运动部件的运动轨迹分为直线运动导轨和圆周运动导轨。按导轨接合面的摩擦性质分有：滑动导轨、滚动导轨和静压导轨。在滑动导轨中，又可分为普通滑动导轨和塑料滑动导轨（塑料导轨）。在静压导轨中，根据介质的不同，可分为液压导轨和气压导轨。

3. 滚动导轨

滚动导轨是在导轨工作面间放入滚动体，使导轨间间形成滚动摩擦，动、静摩擦因数相差很小，几乎不受运动速度变化的影响，运动轻便灵活。

滚动直线导轨副由一根长导轨（导轨条）和一个或几个滑块组成，其外形如图 4-19 所示，内部结构图如图 4-20 所示，滑块内有四组滚珠或滚柱，1 与 2、3 与 4、5 与 6、7 与 8 各为一组，其中 2、3、6、7 为负载滚珠或滚柱，1、4、5、8 为回珠（回柱）。当滑块相对于导轨条移动时，每一组滚珠（滚柱）都在各自的圈道内循环运动，承受载荷的形式与轴承类似。四组滚珠（滚柱）可承受轴向力以外的任何方向的力和力矩。滑块两端装有防尘密封垫。

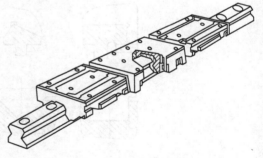

图 4-19 滚动导轨外形图

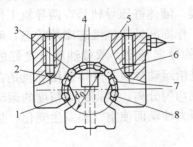
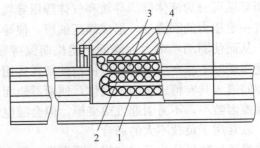

图 4-20 滚动导轨内部结构图

1、4、5、8—回珠   2、3、6、7—负载滚珠

滚动导轨按滚动体类型可以分为三种。

（1）滚珠导轨 其特点是摩擦阻力小，刚度低，承载能力差，结构紧凑，容易制造，成本较低。一般适用于运动部件重量小于 2000kg，切削力矩和颠覆力矩都较小的机床。

（2）滚针导轨 其特点是结构紧凑，尺寸小，刚度高，承载能力大，制造精度要求高，摩擦力较大，适用于导轨尺寸受限制的机床。

（3）滚柱导轨 线接触，其特点是承载能力比同规格滚珠导轨高，制造精度要求高，适用于载荷较大的机床。

常见的直线滚动功能部件有直线滚动导轨副和滚动导轨块。其中，直线滚动导轨副是由长导轨和带有滚珠的滑块制成标准部件；在所有方向上都能承受载荷；通过钢球的过盈配合能实现不同的预负荷，使机床设计、制造简单方便。滚动导轨块则采用循环式圆柱滚子，与机床床身导轨配合使用，不受行程长度的限制，刚度高。

4. 滑动导轨

滑动导轨具有结构简单、制造方便、接触刚度大的特点。传统的滑动导轨是金属与金属相摩擦，摩擦阻力大，动、静摩擦因数差别大，低速时易爬行。目前数控机床上普遍使用贴塑导轨。贴塑导轨是用粘贴的方法在金属导轨表面上贴一层塑料软带，形成一种金属对塑料的摩擦形式，具有摩擦因数小、耐磨性高、化学稳定性好、使用寿命长等特点。

滑动导轨常见的截面形状有矩形、三角形、圆柱形和燕尾槽形。以上截面形状的导轨有凸形和凹形两类，如图 4-21 所示。凹形容易存润滑油，但也容易积存切屑和尘粒，因此适用于具有良好防护的环境。凸形需要有良好的润滑条件。

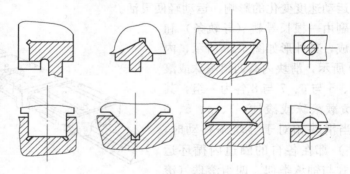

图 4-21 滑动导轨截面图

5. 静压导轨

静压导轨可分为液体静压导轨和气体静压导轨两类。液体静压导轨是在两导轨工作面间通入具有一定压力的润滑油，形成静压油膜，使导轨工作面间处于纯液态摩擦状态，摩擦因数极低，从而使驱动功率大大降低，能长期保持导轨的导向精度。承载油膜有良好的吸振性，低速运动时不易产生爬行，定位精度高，多用于进给运动导轨。气体静压导轨是在两导轨工作面间通入具有恒定压力的气体，使两导轨面形成均匀分离，以得到高精度的运动。这种导轨摩擦因数小，不易引起发热变形，但会随空气压力波动而使空气膜发生变化，且承载能力小，故常用于负载不大的场合。

液体静压导轨可分为开式和闭式两大类。图 4-22 所示为开式液体静压导轨工作原理图。来自液压泵的压力油压力为 p_0，经节流阀 4 后，其压力降至 p_1，进入导轨的各个油腔内，借油腔内的压力将动导轨浮起，使导轨面间以一层厚度为 h_0 的油膜隔开，油腔中的油不断地穿过各油腔的封油间隙流回油箱，压力降为零。当动导轨受到外载荷 W 作用时，会向下产生一个位移，使得导轨间隙由 h_0 降至 h，油腔回油阻力增大，油腔中压力增大，以平衡负载，使导轨仍在纯液体摩擦下工作。

图 4-23 所示闭式液体静压导轨工作原理图，其中闭式液体静压导轨在上、下、左、右各方向导轨面上都开有油腔，所以闭式导轨能够承受各方向的载荷。设油腔各处的压力分别为 p_1、p_2、p_3、p_4、p_5、p_6，当受力矩 M 作用时，p_3、p_4 处间隙变大，压力变小；p_1、p_6 处间隙变小，压力增大，这时会形成一个与力矩 M 反向的力矩，使导轨保持平衡。

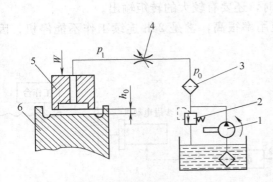

图 4-22 开式液体静压导轨工作原理图

1—液压泵 2—溢流阀 3—过滤器 4—节流阀
5—运动导轨 6—床身导轨

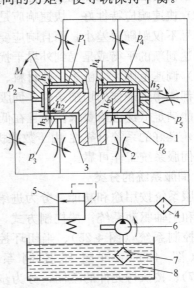

图 4-23 闭式液体静压导轨工作原理图

1、3—导轨 2—节流阀 4、7—过滤器
5—溢流阀 6—液压泵 8—油箱

4.5 数控机床的伺服系统

伺服系统是以机械位置和角度作为控制量的自动控制系统，是数控系统的重要组成部分。在数控机床中，CNC 系统经过插补运算生成的进给脉冲或进给位移量指令，输入到伺服系统后，由伺服系统经变换和功率放大转化为数控机床机械部件的位移。因此，伺服系统的性能在很大程度上决定了数控机床的性能。

4.5.1 对伺服系统的基本要求与分类

伺服系统包括伺服驱动器和伺服电动机。其作用在于接受指令信号，驱动机床移动部件运动，并保证动作的快速和准确。数控机床伺服系统的基本组成如图 4-24 所示。

1. 对伺服系统的基本要求

数控机床的精度和速度等技术指标往往主要取决于伺服系统，因此，数控机床的伺服系统应满足以下基本要求。

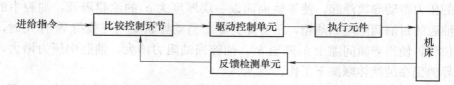

图 4-24 数控机床伺服系统的基本组成

（1）精度高 数控机床不可能像传统机床那样用手动操作来调整和补偿各种误差，因此它要求很高的定位精度和重复定位精度。

（2）快速响应特性好 快速响应是伺服系统动态品质的标志之一。它要求伺服系统跟随指令信号不仅跟随误差小，而且响应要快，稳定性要好。在系统给定输入后，能在短暂的调节之后达到新的平衡或是受到外界干扰作用下能迅速恢复原来的平衡状态。

（3）调速范围大 由于工件材料、刀具以及加工要求各不相同，要保证数控机床在任何情况下都能得到最佳的切削条件，伺服系统就必须有足够的调速范围，既能满足高速加工要求，又能满足低速进给要求。而且在低速切削时，还要有较大的转矩输出。

（4）良好的系统可靠性 由于数控机床的使用率很高，常是 24h 连续工作不能停机，因而要求伺服系统工作可靠。

2. 伺服系统的分类

伺服系统按用途和功能，分为进给驱动系统和主轴驱动系统；按控制方式，分为开环控制系统（图 4-25）、半闭环控制系统（图 4-26）和闭环控制系统（图 4-27）；按执行元件的不同，分为步进电动机伺服系统、直流电动机伺服系统和交流电动机伺服系统；按适用的驱动元件不同，分为电液伺服系统和电气伺服系统。

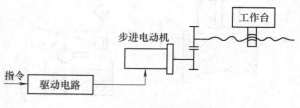

图 4-25 开环控制系统

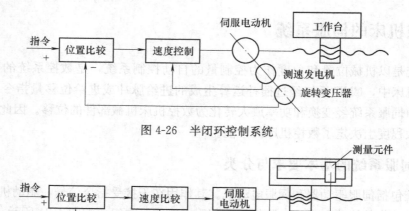

图 4-26 半闭环控制系统

图 4-27 闭环控制系统

4.5.2 步进电动机伺服系统

步进电动机伺服驱动系统是典型的开环控制系统。在此系统中，执行元件是步进电动机，它受驱动控制线路的控制，将代表进给脉冲的电平信号直接变换为具有一定方向、大小和速度的机械转角位移，并通过齿轮和丝杠带动工作台移动。由于该系统没有反馈检测环节，它的精度较差，在起动频率过高或负载过大时易出现"丢步"或"堵转"现象，停止时转速过高容易出现过冲的现象。另外，步进电动机从静止加速到工作转速需要的时间也较长，速度响应较慢。但它结构简单、调整容易、控制方便、加工成本较低，故在速度和精度要求不太高的场合具有一定的应用价值。

1. 步进电动机分类、结构及工作原理

（1）步进电动机分类　步进电动机按力矩产生的原理，可分为反应式和励磁式；按输出力矩大小，可分为伺服式和功率式；按各相绕组分布，可分为径向分布式和轴向分布式；按定子数可分为单定子式、双定子式、三定子式和多定子式。

（2）步进电动机结构　目前，我国使用的步进电动机多为反应式步进电动机。图 4-28 所示是一种典型的单定子径向反应式伺服步进电动机的结构原理图。它分为定子和转子两部分，其中，定子又分为定子铁心和定子绕组。定子铁心由电工钢片叠压而成，有 6 个均匀分布的齿，其形状如图 4-28 所示。定子绕组是绕置在定子铁心齿上的线圈。直径方向上相对的两个齿上的线圈串联在一起，构成一相控制绕组。图 4-28 所示的步进电动机可构成三相控制绕组，故也称三相步进电动机。若任一相绕组通电，便形成一组定子磁极，其方向为 NS 极。在定子的每个磁极也就是定子铁心的每个齿上又开了 5 个小齿，齿槽等宽，齿间夹角为 9°。转子上没有绕组，只有均匀分布的 40 个小齿，齿槽也是等宽的，齿间夹角也是 9°，与磁极上的小齿一致。此外，三相定子磁极上的小齿在空间位置上依次错开齿距，如图4-29 所示。当 A 相磁极上的小齿与转子上的小齿对齐时，B 相磁极上的齿刚好超前转子齿 3°，C 相磁极齿超前转子齿 6°。

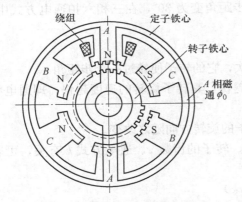

图 4-28　单定子径向反应式伺服步进电动机的
结构原理图

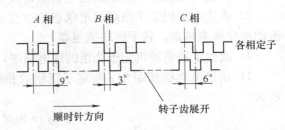

图 4-29　步进电动机的齿距

（3）步进电动机工作原理　步进电动机的工作原理实际上是电磁铁的作用原理。图 4-30 所示是一种最简单的反应式步进电动机，下面以它为例来说明步进电动机的工作原理。

如图 4-30a 所示，当 A 相绕组通直流电流时，根据电磁学原理，便会在 AA 方向上产生磁场，在磁场电磁力的作用下，吸引转子，使转子的齿与定子 AA 磁极上的齿对齐。若 A 相断电，B 相通电，又会形成新的磁场，其电磁力吸引转子的两极与 BB 磁极齿对齐，转子沿顺时针方向转过 $60°$。当 C 相通电，B 相断电时，转子又会沿顺时针方向转过 $60°$。如果控制线路不停地按 $A \rightarrow B \rightarrow C \rightarrow A \cdots$ 的顺序控制步进电动机绕组的通断电，步进电动机的转子便不停地顺时针转动。通常，步进电动机绕组的通断电状态每改变一次，其转子转过的角度称为步距角。因此，图 4-30a 所示步进电动机的步距角等于 $60°$。

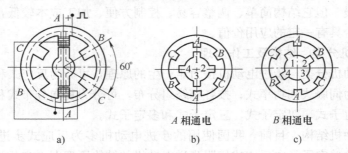

图 4-30　步进电动机的工作原理

上述通电方式称为三相三拍。当通电顺序变为：顺时针为 $A \rightarrow AB \rightarrow B \rightarrow BC \rightarrow C \rightarrow CA \rightarrow A \cdots$；逆时针为 $A \rightarrow AC \rightarrow C \rightarrow CB \rightarrow B \rightarrow BA \rightarrow A \cdots$ 时，就称为三相六拍。当 A 相通电转为 A 和 B 同时通电时，转子的磁极同时受到 A 相绕组产生的磁场和 B 相绕组产生的磁场的共同吸引，因此只能停在 A 和 B 两相磁极之间，这时它的步距角等于 $30°$。当由 A 和 B 两相同时通电转为 B 相通电时，转子磁极再沿顺时针旋转 $30°$，与 B 相磁极对齐。可见，采用三相六拍通电方式，可使步距角缩小一半。

若保持定子不变，但转子由两个磁极变成四个时。若 A 相通电时，则 1、3 极与 A 相的两极对齐，如图 4-30b 所示。当 A 相断电、B 相通电时，2、4 极将与 B 相两极对齐，如图 4-30c 所示。这样，在三相三拍的通电方式中，步距角变为 $30°$，在三相六拍通电方式中，步距角则为 $15°$。

综上所述，可以得到如下结论：

1）步进电动机定子绕组的通电状态每改变一次，它的转子便转过一个步距角 α。

2）步进电动机定子绕组通电状态的改变速度越快，其转子旋转的速度越快，即通电状态的变化频率越高，转子的转速越高。

3）改变步进电动机定子绕组的通电顺序，转子的旋转方向随之改变。

4）步进电动机步距角 α 与定子绕组的相数 m、转子的齿数 z、通电方式 k 有关，可表示为

$$\alpha = 360°/(mzk)$$

式中　α——步距角；

　　　m——绕组相数；

　　　z——转子齿数；

　　　k——通电方式，m 相 m 拍时，$k=1$；m 相 $2m$ 拍时，$k=2$；依次类推。

2. 步进式伺服系统工作原理

步进式伺服驱动系统主要由步进电动机驱动控制线路和步进电动机两部分组成。步进式伺服驱动控制线路图如图 4-31 所示，步进电动机接收来自数控机床控制系统的进给脉冲信号，并把此信号转换为控制步进电动机各相定子绕组依次通电、断电的信号，使步进电动机运转。步进电动机的转子与机床丝杠连在一起，转子带动丝杠转动，丝杠再带动工作台移动。

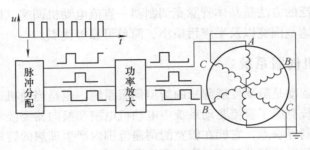

图 4-31　步进式伺服驱动控制线路图

下面从三个方面，对步进式伺服系统的工作原理进行介绍。

（1）工作台位移量的控制　数控机床控制系统发出的进给脉冲数，经驱动线路之后，变成控制步进电动机定子绕组通电、断电的电平信号变化次数，使步进电动机定子绕组的通电状态变化。由步进电动机工作原理可知，定子绕组通电状态的变化次数决定了步进电动机的角位移（即步距角）。该角位移经丝杠、螺母之后转变为工作台的位移量 t（t 为螺距）。即进给脉冲的数量 →定子绕组通电状态变化次数 →步进电动机的角位移 →工作台位移量。

（2）工作台运动方向的控制　当控制系统发出的进给脉冲是正向时，经驱动控制线路，使步进电动机的定子各绕组按一定的顺序依次通电、断电；当进给脉冲是负向时，驱动控制线路则使定子各绕组按与进给脉冲是正向时相反的顺序通电、断电。由步进电动机的工作原理可知，通过步进电动机定子绕组通电顺序的改变，可以实现对步进电动机正转或反转的控制，从而实现对工作台的进给方向的控制。

综上所述，在开环步进式伺服系统中，输入的进给脉冲的数量、频率、方向，经驱动控制线路和步进电动机，转换为工作台的位移量、进给速度和进给方向，从而实现对位移的控制。

（3）工作台进给速度的控制　机床控制系统发出的进给脉冲的频率，经驱动控制线路之后，表现为控制步进电动机定子绕组通电、断电的电平信号变化频率，也就是定子绕组通电状态变化频率。而定子绕组通电状态的变化频率决定了步进电动机转子的转速 ω。该转子转速 ω 经丝杠螺母转换之后，体现为工作台的进给速度 v。即进给脉冲的频率 →定子绕组通电状态的变化频率 →步进电动机的转速 ω→工作台的进给速度 v。

4.5.3　直流电动机伺服系统

直流伺服电动机是机床伺服系统中使用较广的一种执行元件。在伺服系统中常用的直流伺服电动机多为大功率直流伺服电动机，如低惯量电动机和宽调速电动机等。这些伺服电动机虽然结构不同，各有特色，但其工作原理与直流电动机类似。

（1）低惯量直流伺服电动机　主要有无槽电枢直流伺服电动机及其他一些类型的电动机。无槽电枢直流伺服电动机的工作原理与一般直流电动机相同，主要用于要求快速动作、功率较大的系统。

（2）宽调速直流力矩电动机　这种电动机用提高转矩的方法来改善其动态性能。它的结构形式与一般直流电动机相似，通常采用他励式。

（3）直流伺服电动机的脉宽调速原理　调整直流伺服电动机转速的方法主要是调整电枢电压。目前使用最广泛的方法是晶体管脉宽调制器—直流电动机调速（PWM—M），它具有响应快、效率高、调速范围宽以及噪声污染小、简单可靠等优点。

4.5.4　交流电动机伺服系统

交流伺服电动机驱动是最新发展起来的新型伺服系统，也是当前机床进给驱动系统方面的一个新动向。该系统克服了直流驱动系统中电动机电刷和换向器要经常维修、电动机尺寸较大和使用环境受限制等缺点。它能在较宽的调速范围内产生理想的转矩，结构简单，运行可靠，用于数控机床等进给驱动系统，为精密位置控制。

交流伺服电动机的工作原理与三相异步电动机相似。然而，由于它在数控机床中作为执行元件，将交流电信号转换为轴上的角位移或角速度，所以要求转子速度的快慢能够反映控制信号的相位，无控制信号时它不转动。特别是当它已在转动时，如果控制信号消失，则立即停止转动。而普通的感应电动机转动起来以后，若控制信号消失，它往往不能立即停止而要继续转动一会儿。

交流伺服电动机也是由定子和转子构成，定子上有励磁绕组和控制绕组。当负载转矩一定时，改变控制信号，就可以控制伺服电动机的转速。交流伺服电动机的控制方式有三种：幅值控制、相位控制和幅值相位混合控制。

4.6　数控机床的检测装置

数控机床的检测装置由检测元件和信号处理装置组成。它可以实时测量执行元件的位置和速度信号，并变成位置控制单元所需要的信号形式，是闭环和半闭环伺服系统的重要组成部分。

4.6.1　检测装置的分类

对于不同类型的数控机床，因工作条件和检测要求不同，可以采用不同的检测方式。按检测方法可以分为增量式检测和绝对式检测；按检测信号可以分为数字式检测和模拟式检测；按安装位置及耦合方式可以分为直接检测和间接检测；按运动方式可以分为直线型检测和旋转型检测。

1. 增量式检测和绝对式检测

增量式检测的是位移增量，工作台移动的距离是靠对检测信号的计数后给出的。它用数字脉冲的个数来表示单位位移（即最小设定单位）的数量，每移动一个检测单位就发出一个检测信号。其优点是检测装置比较简单，任何一个对中点都可以作为测量起点。但由于移动距离是靠对检测信号累积后读出的，一旦累计有误差，此后的检测结果将全错。另外在发生故障时（如断电），不能再找到事故前的正确位置，事故排除后，必须将工作台移至起点重新计数才能找到事故前的正确位置。增量式检测装置有脉冲编码器、旋转变压器、感应同步器、光栅、磁栅、激光干涉仪等。

绝对式检测方式测出的是被测部件在某一绝对坐标系中的绝对坐标位置值，每一被测点均有一个相应的信号作为检测值，并且以二进制或十进制数码信号表示出来。一般都要经过转换成脉冲数字信号以后，才能送去进行比较和显示。采用此方式，分辨率要求越高，结构也越复杂。这样的检测装置有绝对式脉冲编码器、多圈绝对式编码盘等。

2. 数字式检测和模拟式检测

数字式检测是将被检测单位量化以后以数字形式表示。检测信号一般为电脉冲，可以直接把它送到数控系统进行比较、处理。这样的检测装置有脉冲编码器、光栅。数字式检测的特点有：

1）检测精度取决于检测单位，与量程基本无关，但存在累计误差。

2）被测量转换成脉冲个数，便于显示和处理。

3）检测装置比较简单，脉冲信号抗干扰能力强。

模拟式检测是将被测量用连续变量来表示，如电压的幅值变化、相位变化等。在大量程内做精确的模拟式检测时，对技术有较高要求，数控机床中模拟式检测主要用于小量程测量。模拟式检测装置有测速电动机、旋转变压器、感应同步器和磁尺等。模拟式检测的主要特点有：

1）直接对被测量进行检测，无需量化。

2）在小量程内可实现高精度测量。

3. 直接检测和间接检测

位置检测装置安装在执行部件（即末端件）上，直接检测执行部件末端件的直线位移或角位移称为直接检测，可以构成闭环进给伺服系统。其检测方式有直线光栅、直线感应同步器、磁栅、激光干涉仪等检测执行部件的直线位移。直接检测方式是采用直线型检测装置对机床的直线位移进行的测量，其优点是直接反映工作台的直线位移量，缺点是要求检测装置与行程等长，对大型的机床来说，这是一个很大的限制。

位置检测装置安装在执行部件前面的传动元件或驱动电动机轴上，测量其角位移，经过传动比变换以后才能得到执行部件的直线位移量，称为间接检测，可以构成半闭环伺服进给系统，如将脉冲编码器装在电动机轴上。间接检测使用可靠方便，无长度限制。其缺点是在检测信号中加入了直线转变为旋转运动的传动链误差，从而影响测量精度。一般需要对机床的传动误差进行补偿，才能提高定位精度。

除了以上位置检测装置，伺服系统中往往还包括检测速度的元件，用以检测和调节电动机的转速。常用的测速元件是测速发动机。

4.6.2 常用的位置检测装置

数控机床上常用的检测装置主要有脉冲编码器、旋转变压器、感应同步器、光栅传感器等。

1. 脉冲编码器

脉冲编码器是一种光学式位置检测元件，编码盘直接装在电动机的旋转轴上，测量轴的旋转角度位置和速度变化，其输出信号为电脉冲。这种检测方式的特点是：非接触式的，无摩擦和磨损，驱动力矩小，响应速度快。缺点是抗污染能力差，容易损坏。按编码的方式，这种编码器又可分为增量式和绝对式光电脉冲编码器。

(1) 增量式光电脉冲编码器工作原理　如图 4-32a 所示，它主要由光源、聚光镜、透光圆盘、光栅板和光电元件组成。光源 1 发出的散射光线，经过聚光镜 2 聚焦后会变成平行光线。透光圆盘 3 上刻有内外两圈条纹，内圈只有一条，外圈则分成若干条透明与不透明的条纹。在光栅板 4 上，刻有三条透光条纹 A、B、C。A、B 对应于透光圆盘的外圈条纹，而 C 则对应于内圈条纹。在光栅板每一条纹的后面均安装有光敏晶体管各一只，构成一条输出通道。被检测轴旋转时，透光圆盘随其同步旋转。这时，透光圆盘上的条纹与光栅板上的条纹 A 或 B 或 C 就会时而重合时而错位。重合时，光敏晶体管接收到亮的信号，电流变大；错位时，接收到暗的信号，电流变小。变化的信号电流经整流放大电路输出矩形脉冲，如图 4-32b 所示。此外，由于光栅板上 A 与 B 条纹间的距离与透光圆盘上条纹间的距离不同，所以当条纹 A 与透光圆盘上任一条纹重合时，条纹 B 与透光圆盘上另一条纹的重合度错位 1/4 周期（T），因此 A、B 两通道输出的波形相位也相差 1/4 周期。

脉冲编码器中的透光圆盘内圈上的刻线与光栅板上条纹 C 重合时输出的脉冲数为同步脉冲，又称零位。

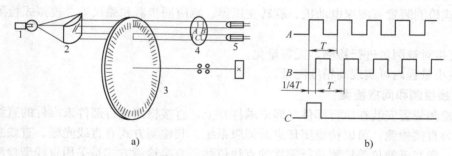

图 4-32　增量式光电脉冲编码器工作原理与输出脉冲
a）工作原理　b）输出脉冲
1—光源　2—聚光镜　3—透光圆盘　4—光栅板　5—光电元件

(2) 增量式光电脉冲编码器应用

1) 作为手动位置检测装置。此时可称为手摇脉冲发生器。这时常要做到每个脉冲工作台移动 0.001mm 的分辨率，主要可作为慢速对刀用和手动调整机床用。

2) 作为主轴位置检测装置。

①判断主轴正、反转的信号。设 A 相超前 B 相为正方向旋转，则 B 相超前 A 相就是反方向旋转。利用 A 相与 B 相的相位关系可以判断编码器的旋转方向，以此来确定主轴的旋转方向。

②联系主轴转动与进给运动。加工螺纹时，要求输给进给伺服电动机的脉冲数与主轴的转速应有相位关系，主轴脉冲发生器的 A、B 相起到了主轴转动与进给运动的联系作用。A、B 相脉冲经频率—电压变换后，得到与主轴转速成比例的电压信号，检测到的主轴运动信号，一方面作为速度反馈信号，实现主轴调速的数字反馈；另一方面可以控制插补速度，用于进给运动的控制。

③同步脉冲作为车螺纹与准停控制信号。与主轴同步的 C 相脉冲信号，是主轴旋转一周在某一固定位置产生的信号。利用此信号，数控车床可实现加工螺纹的控制，自动换刀数控镗铣床可将其作为主轴准停信号。

3）作为半闭环进给位置检测装置。通常与进给驱动的伺服电动机同轴安装，驱动电动机可以通过齿轮传动或同步带驱动进给丝杠，也可以直接驱动进给丝杠。根据滚珠丝杠的螺距可选用不同透光条纹的光电脉冲编码器。A（或 B）相的脉冲数可作为电动机转角的计算依据，同样其相位差可作为判断电动机正、反方向旋转的信号。而单一透光条纹 C 用以产生每转一个零位脉冲的信号，用于精确确定机床各坐标轴的参考点位置。

（3）绝对式光电脉冲编码器工作原理　通过读取编码器上的不同图案来表示不同的数值，它可以直接把被测转角转换成相应的代码，再对应不同的位置数值。绝对式光电脉冲编码器不会有累积误差，在电源切断后位置信息也不会丢失。但是，为了提高读数精度和分辨率，就要求测量数值的位数更多。

2. 旋转变压器

旋转变压器是数控机床常用的电磁检测装置，它是一种角位移检测元件。

（1）旋转变压器结构　旋转变压器由定子和转子组成，根据转子电信号引入、引出方式的不同，可将其分为有刷和无刷两种。由于有刷旋转变压器的可靠性难以得到保证，所以它的应用很少。下面将着重介绍无刷旋转变压器，其结构示意图如图 4-33 所示，它没有电刷与集电环，由分解槽和变压器两大部分组成。其中，分解槽的结构与有刷旋转变压器基本相同，由定子和转子组成，定子和转子上都有绕组。变压器的一次绕组绕在与分解器转子轴固定在一起的线轴（高导磁材料）上，与转子一起转动；它的二次绕组绕在与转子同心的定子轴线上。分解器定子绕组接外加

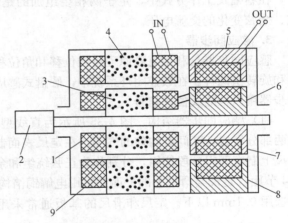

图 4-33　无刷旋转变压器结构示意图
1—分解器转子绕组　2—转子轴　3—分解器转子
4—分解器定子　5—变压器定子　6—变压器转子
7—变压器一次绕组　8—变压器二次绕组　9—分解器定子绕组

的励磁电压，它的转子绕组输出信号接在变压器的一次绕组，从变压器的二次绕组引出最后的输出信号。

（2）旋转变压器工作原理　无刷旋转变压器工作原理图如图 4-34 所示，定子绕组是变压器的一次绕组，转子绕组是变压器的二次绕组。当励磁电压加到定子绕组时，由于电磁效应，转子绕组就会产生感应电压。当转子运转时，转子绕组的感应电压会按照转子转过的角位移量呈正弦（或余弦）规律变化，其频率与励磁电压的频率相同。这时，如果测量旋转变压器二次绕组感应电压的幅值或相位，就可以计算出转子转角的变化规律。在数控机床伺服系统中，一般用旋转变压器测量进给丝杠的转角，通过转换间接地测量工作台的直线位移。

（3）旋转变压器的应用　旋转变压器的应用有两种工作方式，鉴相式工作方式和鉴幅式工作方式。

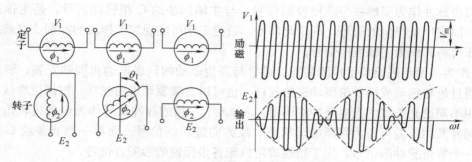

图 4-34 无刷旋转变压器工作原理图

在鉴相式工作方式中，旋转变压器定子两相正向绕组分别加上幅值相等、频率相同，而相位差为90°的正弦交流电压。旋转变压器转子绕组中的感应电动势与定子绕组中的励磁电压同频率，但相位不同。测量转子绕组输出电压的相位角，即可测量得转子相对于定子的空间转角位置。

在鉴幅式工作方式中，定子两相绕组加的是频率相同、相位角相同，而幅值分别按正弦、余弦变化的交流电压。

3. 感应同步器

感应同步器是利用电磁原理将线位移和角位移转换成电信号的一种装置。它可分为直线型和旋转型两种。在数控闭环系统中，圆盘式感应同步器用以检测角位移信号，直线式感应同步器用以检测线位移信号。

（1）感应同步器结构　图 4-35 所示为直线型感应同步器的结构示意图。它由定尺和滑尺两部分组成，其间有均匀的气隙。在定尺表面制有连续式单相平面绕组，绕组节距为 P。滑尺上制有两组分段绕组，分别称为正弦绕组和余弦绕组，它们相对于定尺绕组在空间错开 1/4 节距。定尺与滑尺上的平面绕组用电解铜箔构成导片，要求厚薄均匀、无缺陷，一般厚度选用 0.1mm 以下。定尺和滑尺的基板通常采用与机床床身材料热膨胀系数相近的钢板，

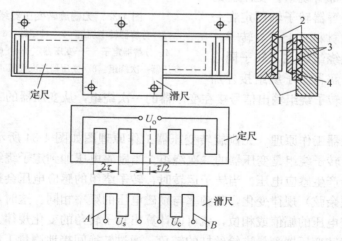

图 4-35　直线型感应同步器的结构示意图

1—基板　2—绝缘层　3—绕组　4—屏蔽层

用绝缘粘结剂把铜箔粘在钢板上，经精密的照相腐蚀工艺制成印制绕组，再在尺子表面上涂一层保护层。滑尺表面有时还粘上一层带绝缘的铝箔，以防静电感应。

（2）感应同步器工作原理　感应同步器在工作时，如果在滑尺的绕组上通以交流激励电压，由于电磁耦合，在定尺的连续绕组上就产生感应电压。该电压随定尺和滑尺的相对位置不同呈正弦、余弦函数变化。通过对正弦、余弦函数变化的感应电压信号的检测处理，便可精确测量出直线位移量。

（3）感应同步器的特点

1）检测精度高。

2）可作长距离位移测量。

3）维护简单，使用寿命长。

4）受环境温度变化影响小。

5）成本低，工艺性好，便于复制和批量生产。

6）抗干扰能力强。

4. 光栅传感器

光栅传感器是根据莫尔条纹原理制成的，主要用于线位移和角位移测量。在数控机床上属于直接测量，用于直接测量工作台的移动。

光栅分为反射光栅和透射光栅两类。反射光栅一般是在不透明的金属材料（如不锈钢板或铝板）上刻制平行等距的密集线纹，利用光的全反射或漫反射形成光栅。透射光栅是在透明的光学玻璃板上，刻制平行且等距的密集线纹，利用光的透射现象形成光栅。

光栅检测装置主要由光源、聚光镜、标尺光栅（长光栅）、指示光栅（短光栅）和光电元件组成，如图 4-36 所示。

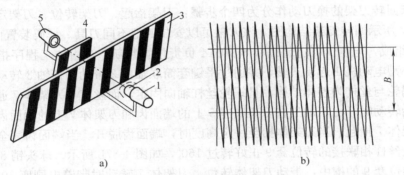

图 4-36　光栅与莫尔条纹

a）光栅结构示意图　b）莫尔条纹

1—光源　2—聚光镜　3—标尺光栅　4—指示光栅　5—光电元件

标尺光栅长度较长，也称长光栅，安装在机床移动部件上，其有效长度即为工作台移动的全行程。指示光栅也称短光栅，安装在机床固定部件上，相当于一个读数头。两光栅均为长度不同的条形光学玻璃，其上刻有一系列均匀密集的刻纹。通常每毫米刻 50、100、200、250 等条纹。当两光栅平行放置且保持一定间隙（0.05～0.1 mm），并将指示光栅在其自身平面内转过一个很小角度时，由于光的衍射作用，就会产生明暗交替的干涉条纹，称为莫尔条纹，其方向与光栅刻线几乎垂直。当标尺光栅移动一个条纹时，莫尔条纹也正好移动一个条纹。通过光电元件测定莫尔条纹的数目和频率，即可测出光栅移动的速度和距离。用相位差 1/4 周期的两个光电元件，还可以测得工作台移动的方向。

4.7　自动换刀装置

为进一步提高数控机床加工效率，实现一次装夹即可完成多道工序，则出现了各种类型的加工中心机床。这类多工序的数控机床在使用过程中要使用多种刀具，因此必须配备自动换刀装置。自动换刀装置应当具备换刀可靠、换刀时间短、刀具重复定位精度高等特性。它可分为转塔式和刀库式两大类。

4.7.1　转塔式自动换刀装置

转塔式自动换刀装置分为回转刀架式和转塔头式两种。自动回转刀架是最简单的自动换刀装置，优点是换刀时间短，结构紧凑，缺点是容纳刀具量少，用于各种数控车床和车削中心机床。转塔头式换刀装置具有多个刀具主轴，并且都安装在转塔头上，优点是省略自动松刀、卸刀、装刀、夹紧以及刀具搬运等一系列复杂的操作，换刀迅速，提高了换刀可靠性，缺点是刀具主轴数受限制，适用于工序较少、精度要求不高的数控钻、镗、铣床。

1. 自动回转刀架

根据加工对象不同，自动回转刀架可以设计成多种形式，常见的有四方刀架和六角刀架等。回转刀架上分别安装四把、六把或更多的刀具，并按数控装置的指令进行换刀。

回转刀架在结构上应具有良好的强度和刚度，以承受粗加工时的切削抗力和减少刀架在切削力作用下的位移变形，提高加工精度。

数控车床回转刀架的换刀动作分为四个步骤：刀架抬起、刀架转位、刀架定位和刀架夹紧。如图 4-37 所示回转刀架结构图，该刀架可以安装四把不同刀具。译码装置由发信体 11、电刷 13、14 组成，电刷 13 负责发信，电刷 14 负责位置判断。当由加工程序指定的转位信号发出后，小型电动机 1 起动正转，并通过平键套筒联轴器 2 带动蜗杆轴 3 转动，进而使蜗轮 4 转动。蜗轮与丝杠为整体结构，且蜗轮丝杠轴向固定，而丝杠与刀架体 7 通过螺纹相联接。蜗轮开始转动时，由于加工在刀架底座 5 上的端面齿和刀架体 7 上的端面齿处在啮合状态，因而刀架体 7 抬起。当刀架体抬至一定高度时，端面齿脱开。当端面齿完全脱开时，通过销钉与蜗轮丝杠相联接的转位套 9 正好转过 160°，如图 4-37b 所示。球头销 8 在弹簧力的作用下进入转位套 9 的槽中，带动刀架体转位。刀架体 7 转动时带着电刷座 10 转动，当转到程序指定的刀号时，粗定位销 15 在弹簧的作用下进入粗定位盘 6 的槽中进行粗定位，同时电刷 13 接触导体使电动机 1 反转。由于粗定位槽的限制，刀架体 7 不能转动，在该位置垂直落下，刀架体 7 和刀架底座 5 上的端面齿重新啮合实现精确定位。此时蜗轮停止转动，电动机继续反转，蜗杆轴 3 自身转动，当两端面齿增加到一定夹紧力时，电动机 1 停止转动。当刀架定位出现过位或不到位时，可松开螺母 12 调好发信体 11 与电刷 14 的相对位置。这种刀架在经济型数控车床及卧式车床的数控化改造中得到广泛的应用。

2. 转塔头式换刀装置

转塔头式换刀装置与自动回转刀架的主要不同是：在转塔的各个主轴头上，预先安装有各工序所需要使用的旋转刀具，当发出换刀指令时，各种主轴头依次地转到机床最下面加工

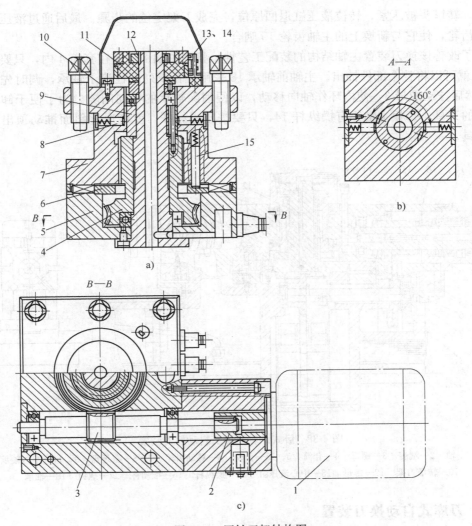

图 4-37　回转刀架结构图

1—电动机　2—联轴器　3—蜗杆轴　4—蜗轮　5—刀架底座　6—粗定位盘　7—刀架体　8—球头销
9—转位套　10—电刷座　11—发信体　12—螺母　13、14—电刷　15—粗定位销

位置，并接通主运动，使相应的主轴带动刀具旋转，而其他加工位置的主轴都不能与主运动接通。为了保证主轴的刚度，主轴的数目必须加以限制，否则将会使尺寸大为增加。

　　图 4-38 所示为卧式八轴转塔头自动换刀装置。转塔头上径向分布着八根结构完全相同的主轴 1，主轴的回转运动由齿轮 15 输入。当数控装置发出换刀指令时，通过液压拨叉（图中未示出）使移动齿轮 6 与齿轮 15 脱离啮合，同时将压力油通入中心液压缸 13 的上腔。由于液压缸的活塞杆和活塞固定在底座上，因此，中心液压缸 13 向上移动。由推力轴承 9 和 11 支承的转塔刀架 10 也随之抬起，鼠牙盘 7 和 8 脱离啮合，完成刀架抬起的步骤。压力油进入转位液压缸，推动活塞齿条，再经过中间齿轮使齿轮 5 与转塔刀架体一起回转 45°，将下一工序的主轴转到工作位置，完成刀架转位的步骤。压力油进入中心液压缸 13 的下腔，使转塔头下降，鼠牙盘 7 和 8 重新啮合，实现精确定位，完成刀架定位的步骤。在压力油的

作用下，转塔头被压紧，转位液压缸退回原位，完成刀架定位的步骤。最后通过液压拨叉拨动移动齿轮，使它与新换上的主轴齿轮15啮合。

为了改善该换刀装置主轴结构的装配工艺性，整个主轴部件装在套筒4内，只要卸去螺钉17，就可以将整个部件抽出。主轴前轴承18采用锥孔双列圆柱滚子轴承，调时先卸下端盖2，然后拧动螺母3，使内环作轴向移动，以便消除轴承的径向间隙。为了便于卸出主轴锥孔内的刀具，每根主轴都有操纵杆14，只要按压操纵杆，就能通过斜面推动顶出需要卸下的刀具。

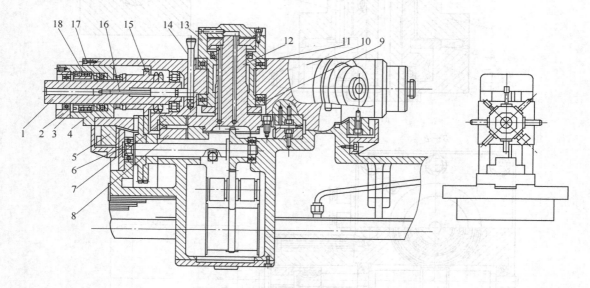

图 4-38　卧式八轴转塔头自动换刀装置

1—主轴　2—端盖　3—螺母　4—套筒　5、15—齿轮　6—移动齿轮　7、8—鼠牙盘　9、11—推力轴承
10—转塔刀架　12—螺母　13—中心液压缸　14—操纵杆　16—推动杆　17—螺钉　18—轴承

4.7.2　刀库式自动换刀装置

目前刀库式自动换刀装置是多工序数控机床上应用最广泛的换刀装置，它由两部分组成：刀库和刀具交换装置。刀库可装在工作台、主轴箱或机床的其他部件上，也可作为单独部件安装在机床以外。由于刀库可以存放多达100把以上的刀具，因而能够进行复杂零件的多工序加工，明显提高了数控机床的适应性和加工效率，所以带刀库的自动换刀装置适用于数控钻床、数控镗床和加工中心。刀库式自动换刀装置工作时，首先把加工过程中需要使用的全部刀具分别安装在标准刀柄上，在机外进行尺寸预调整后，按一定的方式放入刀库中去。选刀时，刀具交换装置根据数控指令从刀库中选出指定刀具，然后从刀库和主轴（或刀架）取出刀具，并进行交换。将新刀装入主轴（或刀架），把使用过的刀放回刀库。

1. 刀库形式

刀库是加工中心自动换刀装置中的主要部件之一，其布局、容量及具体结构对数控机床的总体设计有很大影响。根据刀库存放刀具的数量和取刀方式，刀库可设计成不同类型：盘式刀库、链式刀库和格子式刀库，如图4-39所示。

（1）盘式刀库　盘式刀库是最常用的一种形式，结构简单紧凑，一般存放刀具不超过

32 把。为了适应机床主轴的布局，刀库的刀具轴线可以按不同的方向配置。由于刀具是环形排列，空间利用率低，因此可以采用多层盘式刀库，如图 4-39e 所示。

（2）链式刀库　链式刀库是在环形链条上装有许多刀座，刀座的孔中装夹各种刀具，链条由链轮驱动。链式刀库结构简单，具有较大的灵活性，适用于刀库容量较大的场合，刀具数量在 30 把以上时，一般采用链式刀库。链环的形状可以根据机床布局成各种形状，且多为轴向取刀。链式刀库有单环链式和多环链式。链式刀库可以满足不同的刀具容量，当刀具容量需要增加时，只需增加链条的长度。当链条较长时，可以增加支承链轮的数目，使链条折叠回绕，占用空间小，选刀时间短。

（3）格子式刀库　格子式刀库是将刀具分几排直线排列，由纵、横向移动的取刀机械手完成选刀运动，将选取的刀具送到固定的换刀位置刀座上，由换刀机械手交换刀具。由于刀具排列密集，空间利用率高，刀库容量大，故换刀时间较长，布局不灵活。刀库一般安置在工作台上，在实际中应用较少。

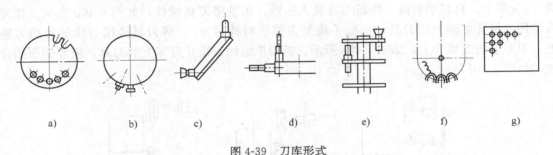

图 4-39　刀库形式
a）、b）、c）、d）盘式刀库　e）多层盘式刀库　f）链式刀库　g）格子式刀库

2. 选刀方式

刀库选刀方式有两种：顺序选刀和任意选刀。

（1）顺序选刀　顺序选刀是在加工工件前，将加工零件所需的所有刀具按加工工件的加工顺序排列在刀库中。加工时，按加工顺序依次选刀。其优点是：无需刀具识别装置，刀库的控制与驱动简单，维护方便；缺点是：加工工件改变后，刀库中的刀具顺序需按照新工件的工艺顺序重新排列，降低了系统的柔性。另外，当工艺过程中某些工步所用的刀具相同时，也不允许使用同一把刀具，必须按加工顺序排列几把相同的刀具，因而增加了刀具数量和刀库存储量。所以，此种选刀方式适用于大批量、工件品种数量较少的中、小型自动换刀数控机床，不适合进行小批量多品种的随机生产。

（2）任意选刀　任意选刀是预先把刀库中每把刀具都编上代码，然后按照所编代码选刀。在刀库上安装位置检测装置，将刀具号和存刀位置对应记忆在数控系统的存储器中。刀具在刀库中不必按工件的加工顺序排列，在刀具交换的同时每次改变存储器的内容来控制换刀装置。这种选刀方式的优点是：刀库中刀具的排列顺序与加工工件的加工顺序无关，无论加工何种工件，刀具在刀库中的排列顺序都不改变，增加了系统的柔性。同一把刀具可供不同工件、工步共同使用，减少了刀具数量和刀库的存储量。刀具交换时，不必寻找送回地址，节省了换刀时间。缺点是：需设置刀具检测装置，维护比顺序选刀要复杂。目前大多数的数控系统都具有刀具任选功能。

3. 刀具交换装置

刀具交换装置的作用是实现数控机床主轴与刀库之间传递和装卸刀具。刀具交换装置的具体结构和刀具的交换方式对数控机床的工作可靠性和生产率有着直接影响。刀具的交换方式可分为机械手换刀和无机械手换刀。

(1) 机械手换刀　这种刀具交换方式比较灵活，可以减少换刀时间，应用比较广泛。由于机械手的结构形式多种多样，换刀运动也有所不同。图 4-40 所示是一种卧式镗铣加工中心机械手换刀的过程简图。该加工中心采用链式刀库，位于机床立柱左侧。因为刀库中存放刀具的轴线与主轴的轴线垂直，所以机械手需要有三个自由度，即机械手 90°的摆动送刀运动及 180°的换刀动作分别由液压马达实现，沿主轴轴线的插拔刀动作由液压缸来实现。换刀过程为：抓刀爪伸出，抓住刀库上的待换刀具，刀库刀座上的锁板拉开，如图 4-40a 所示。机械手带着待换刀具绕竖直轴逆时针转 90°，与主轴轴线平行，另一抓刀爪抓住主轴上的刀具，主轴将刀杆松开，如图 4-40b 所示。机械手前移，将刀具从主轴锥孔内拔出，如图 4-40c 所示。机械手后退，将新刀具装入主轴，主轴将刀具锁住，如图 4-40d 所示。抓刀爪缩回，松开主轴上的刀具，机械手绕竖直轴顺时针转 90°，将刀具放回刀库的相应刀座上，刀库上的锁板合上，如图 4-40e 所示。抓刀爪缩回，松开刀库上的刀具，恢复到原始位置，如图 4-40f 所示。

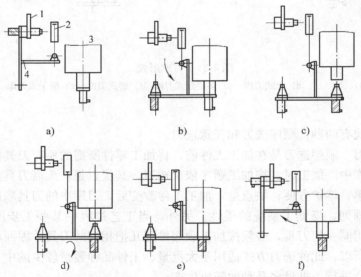

图 4-40　卧式镗铣加工中心机械手换刀的过程简图
1—刀库　2—液压缸　3—主轴　4—机械手

机械手按手臂的类型分为单臂机械手和双臂机械手。单臂机械手又分为单臂单爪机械手和单臂双爪机械手。双臂机械手有双臂回转式机械手、双机械手、双臂往复交叉机械手和双臂端面夹紧式机械手，如图 4-41 所示。

(2) 无机械手换刀　无机械手换刀方式是利用刀库与机床主轴的相对运动实现刀具交换的，如图 4-42 所示。换刀过程为：当上一工序结束后执行换刀指令，主轴准停，主轴箱作上升运动，如图 4-42a 所示。这时刀库上刀位的空挡位置正好处于交换位置，装夹刀具的卡爪打开。主轴箱到达换刀位置，被更换的刀具进入刀库空刀位，刀具被刀库夹紧，主轴松开，如图 4-42b 所示。刀库伸出，从主轴锥孔中将刀拔出，如图 4-42c 所示。刀库转位，按照程序指令要求将选好的刀具转到下一个工序所要用的刀具位置，同时主轴孔吹气装置进行吹气清洗，如图 4-42d 所示。刀库退回，同时将新刀插入主轴锥孔，主轴内刀具夹紧装置将刀杆拉紧，如图 4-42e 所示。主轴箱离开换刀位置下降到工作位置后起动，继续下一工序的切削加工，如图 4-42f 所示。

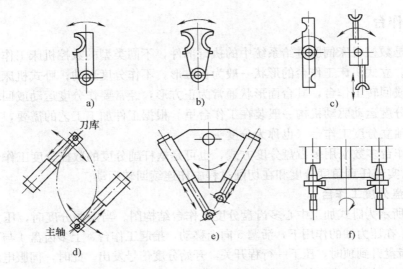

图 4-41　机械手结构

a) 单臂单爪机械手　b) 单臂双爪机械手　c) 双臂回转式机械手　d) 双机械手
e) 双臂往复交叉式机械手　f) 双臂端面夹紧式机械手

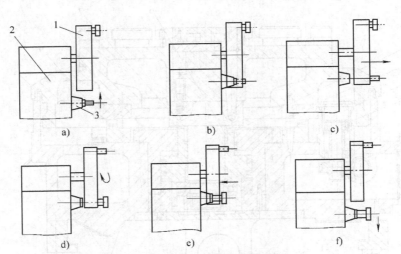

图 4-42　无机械手刀库换刀过程

1—刀库　2—立柱　3—主轴箱

　　无机械手换刀装置的优点：结构简单、紧凑，换刀可靠，由于交换刀具时机床不工作，不会影响加工精度；缺点是：刀库容量不大，换刀时间长，影响机床的生产率。该装置适合于中小型加工中心采用。

4.8 拓展知识——辅助装置

数控机床辅助装置主要有工作台和自动排屑装置等。它们在数控机床中也起着重要作用。

4.8.1 工作台

工作台是数控机床伺服进给系统中的执行部件，不同类型的数控机床工作台的结构形式是不一样的。立式机床工作台的形状一般为长方形，不作分度运动；卧式机床工作台也称为分度工作台或回转工作台，其台面形状通常为正方形，经常要作分度运动或回转运动，而且它的回转、分度运动驱动机构一般装在工作台里。根据工件加工工艺的需要，在工作台台面上还可增设独立分度工作台（也称为分度头）。

分度工作台多数采用多齿盘分度方式，也可是蜗杆副分度的数控分度工作台（数控回转工作台），以实现任意角度分度和在切削过程中作连续回转运动。

1. 多齿盘分度工作台

图 4-43 所示为卧式加工中心多齿盘分度工作台结构图。当需要分度时，压力油进入液压缸 8 的下腔，在压力油的作用下，活塞 5 向上移动，抬起工作台，上多齿盘 4 与下多齿盘 9 分离。当上多齿盘升到顶时，压下一行程开关，开始分度信号发出。此时，伺服电动机起动，通过蜗杆副 1 和小轴端的小齿轮 3，带动上多齿盘 4 的大齿轮转动，按规定分度角度回转。转到位以后，下降信号发出，液压缸 8 的上腔进压力油，工作台下降，上下多齿盘 4 和 9 再次啮合，实现准确分度。此时，另一行程开关被压下，发出分度完毕信号，机床开始加工。

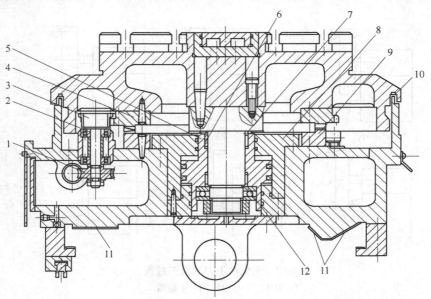

图 4-43 卧式加工中心多齿盘分度工作台结构图

1—蜗杆副 2—角接触球轴承 3—小齿轮 4—上多齿盘 5—活塞 6—向心滚针轴承

7—止推滚针轴承 8—液压缸 9—下多齿盘 10—密封圈 11—塑料导轨板 12—推力球轴承

多齿盘分度工作台优点有：

1) 定位精度高。

2) 承载能力强，定位刚度好。

3) 齿面磨损对定位精度影响不大，使用寿命较长。

4) 适用于多工位分度。

2. 数控回转工作台

数控回转工作台克服了多齿盘分度工作台的局限性，能够实现任意角度分度和在切削过程中转台回转（多一个数控坐标），其结构如图 4-44 所示。需要分度时，排去液压缸上腔的压力油，即可处于松开状态，此时由伺服电动机驱动蜗杆副带动工作台回转。分度角度的位置由角度位置反馈元件圆感应同步器或圆光栅反馈给数控装置。数控回转工作台采用平面齿

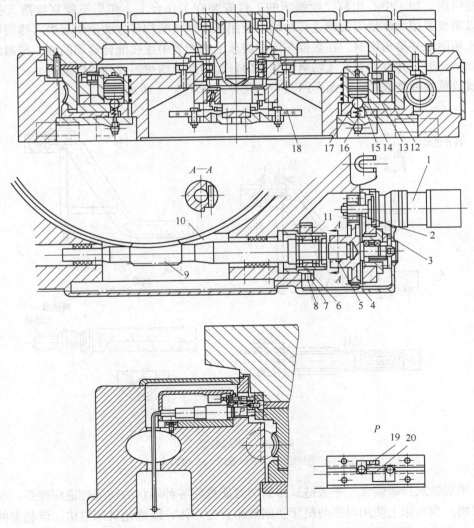

图 4-44 数控回转工作台

1—电液步进马达 2、4—齿轮 3—偏心环 5—楔形圆柱销 6—压块 7—螺母 8—锁紧螺钉 9—蜗杆 10—蜗轮 11—调整套 12、13—夹紧块 14—夹紧液压缸 15—活塞 16—弹簧 17—钢球 18—光栅 19—撞块 20—感应块

轮、圆柱齿轮包络蜗杆传动，其接触齿数多，重合度大，因而它的承载能力高，且传动效率高、磨损小、传动平稳，是比较理想的传动形式，只是制造工艺复杂、成本高。

4.8.2 排屑装置

排屑装置是数控机床必备的附属装置。其作用是为了及时排除切屑，以防切屑覆盖或缠绕在工件和刀具上，导致自动加工无法继续进行；同时，为了防止炽热的切屑向机床或工件散发的热量，造成机床或工件变形，影响加工精度。排屑装置是一种具有独立功能的部件，工作可靠性和自动化程度，随着数控机床技术的发展而不断提高，并逐步趋向标准化和系列化。数控机床排屑装置的结构和工作形式应根据机床的种类、规格、加工工艺特点、工件的材质和使用的切削液种类等因素来选择。

数控铣床、加工中心和数控镗铣床的工件安装在工作台上，切屑不能直接落入排屑装置，所以需要采用大流量切削液进行冲刷，或用压缩空气吹扫等方法使切屑进入排屑槽，然后再回收切削液并排出切屑。在数控车床和磨床上的切屑中往往混合着切削液，排屑装置从其中分离出切屑，并将它们送入切屑收集箱内，而切削液则被回收到切削液箱。

排屑装置的种类繁多，下面介绍其中的几种，如图 4-45 所示。

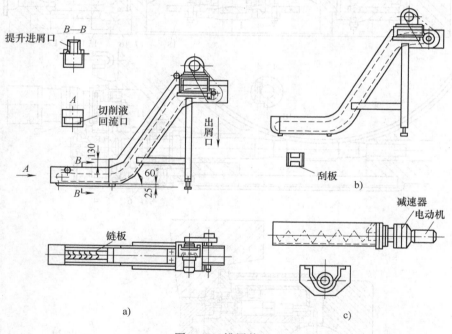

图 4-45 排屑装置
a) 平板链式 b) 刮板式 c) 螺旋式

（1）平板链式排屑装置 平板链式排屑装置能排除各种形状的切屑，适应性强，各类机床都能采用。在车床上使用时多与机床切削液箱合为一体，以简化机床结构。该装置的传动原理是：以滚动链轮牵引钢质平板链带在封闭箱中运转，加工中的切屑落到链带上被带出机床。

（2）刮板式排屑装置 刮板式排屑装置常用于输送各种材料的短小切屑，排屑能力较强。因负载大，故需采用较大功率的驱动电动机。其传动原理与平板链式排屑装置基本相同，只是链板不同，它带有刮板链板。

（3）螺旋式排屑装置 螺旋式排屑装置结构简单，排屑性能良好，但只适合沿水平或小角度倾斜的直线方向排运切屑，不能大角度倾斜、提升或转向排屑。螺旋式排屑的传动原理是：利用电动机经减速装置驱动安装在沟槽中的一根螺旋杆进行工作。螺旋杆转动时，沟槽中的切屑即由螺旋杆推动连续向前运动，最终排入切屑收集箱。螺旋杆有两种结构形式：一种是用扁形钢条卷成螺旋弹簧状；另一种是在轴上焊有螺旋形钢板。这种装置占据空间小，适于安装在机床与立柱间空隙狭小的位置上。

思 考 题

1. 简述数控机床的结构特点。
2. 列举出数控机床主轴的调速方法，并说明其特点和适用场合。
3. 提高数控机床动刚度及抗振性的措施是什么？减少机床的热变形有哪些措施？
4. 简述数控机床有哪些主要支承件。
5. 什么是车削中心主轴的进给功能？
6. 数控机床主轴准停装置的作用是什么？
7. 主轴轴承的配置方式有哪些？
8. 自动换刀装置的类型有哪几种？
9. 刀库的形式有哪些？
10. 顺序选刀方式和任意选刀方式之间的不同点有哪些？
11. 数控机床的伺服系统应满足哪些基本要求？
12. 伺服系统应如何分类？
13. 伺服系统由哪些部分组成？
14. 简述滚珠丝杠螺母副的组成及特点。
15. 滚珠丝杠螺母副轴向间隙的调整方法有哪些？
16. 滚珠丝杠螺母副的安装方式有哪些？
17. 导轨的类型有哪些？
18. 滚动导轨的类型和特点有哪些？
19. 检测装置的类型有哪几种？
20. 检测装置的工作方式有哪些？

项目5　数控车床

5.1　项目任务书

项目任务书见表 5-1。

表 5-1　项目任务书

任务	任务描述
项目名称	数控车床
项目描述	认识数控车床
学习目标	1. 能够叙述数控车床的分类、功能、组成及特点 2. 能够说明数控车床的布局 3. 能够分析数控车床的传动系统、典型机械结构 4. 初步了解数控车床的操作
学习内容	1. 数控车床的功能与分类 2. 数控车床的组成及特点 3. 数控车床的布局 4. 数控车床的传动系统 5. 数控车床的机械结构 6. 数控车床的操作
重点、难点	数控车床的功能与分类、组成及特点、数控车床的布局、数控车床的传动系统、数控车床的机械结构
教学组织	参观、讲授、讨论、项目教学
教学场所	多媒体教室、数控车间
教学资源	教科书、课程标准、电子课件、多媒体、数控车床
教学过程	1. 参观工厂或实训车间：学生观察数控车床的结构、操作及运动，师生共同探讨数控车床的工作过程与组成 2. 课堂讲授：分析数控车床的功能、分类、组成及特点；讲解数控车床的布局、传动系统和机械机构 3. 小组活动：每小组 5～7 人，完成项目任务报告，最后小组汇报
项目任务报告	1. 分析数控车床的功能与组成 2. 描述数控车床的布局形式 3. 分析一种数控车床的传动系统 4. 列举一种数控车床的典型机械结构

5.2　初识数控车床

5.2.1　数控车床的功能与分类

1. 数控车床的功能

数控车床主要用于对各种回转表面进行车削加工。在数控车床上可以进行内外圆柱面、圆锥面、成形回转面、螺纹面、高精度的曲面以及端面的加工。数控车床加工零件的公差等级可达 IT5～IT6，表面粗糙度 Ra 值可达 1.6 μm 以下。

数控车床具有加工灵活、通用性强、能适应产品的品种和规格频繁变化的特点，能够满足新产品的开发和多品种、小批量、生产自动化的要求，因此被广泛应用于机械制造业，如汽车制造厂、发动机制造厂等。

2. 数控车床的分类

随着数控车床制造技术的不断发展，形成了产品繁多、规格不一的局面。对数控车床的分类可以采用不同的方法。

（1）按主轴的配置形式分类

1）卧式数控车床。其主轴平行于水平面，如图 5-1 所示。卧式数控车床又分为数控水平导轨卧式车床和数控倾斜导轨卧式车床。其倾斜导轨结构可以使车床具有更大的刚度，并易于排除切屑，档次较高的数控卧式车床一般都采用倾斜导轨。

2）立式数控车床。立式数控车床简称为数控立车，其车床主轴垂直于水平面，如图5-2所示。它有一个直径很大的圆形工作台，用来装夹工件。这类机床主要用于加工径向尺寸大、轴向尺寸相对较小的大型复杂零件。

 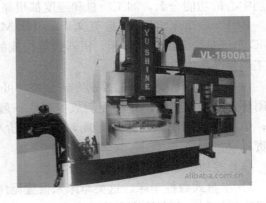

图 5-1　卧式数控车床　　　　　　　　图 5-2　立式数控车床

（2）按刀架和主轴数量分类

1）单刀架单主轴数控车床。数控车床一般都配置有各种形式的单刀架，如四工位卧式转位刀架或多工位转塔式自动转位刀架，只有一个主轴，这是最常用的机床。

2）双刀架单主轴数控车床。这类车床的双刀架配置平行分布，也可以是相互垂直分布，可以同时加工一个零件的不同部分。

3）单刀架双主轴数控车床。一般数控车床只有一个主轴，但这种机床配备有一个副主轴，工件在前主轴上加工完毕，副主轴可以前移，将工件交换转移至副主轴上，对工件进行完整加工。

4）双刀架双主轴数控车床。这种机床有两个独立的主轴和两个独立的刀架，加工方式灵活多样，可以用两个刀架同时加工一个主轴上零件的不同部分，提高加工效率；可以用两个刀架同时加工两个主轴上相同的零件，相当于两台机床同时工作；也可以正副主轴分别使用独立的刀架对一个工件进行完整加工。

（3）按数控系统的功能水平分类

1）经济型数控车床。经济型数控车床又称简易型数控车床，一般是以卧式车床的机械结构为基础，经过改进设计而得到，也有对卧式车床进行改造而获得。一般采用由步进电动机驱动的开环伺服系统，其控制部分采用单板机或单片机实现。此类车床的特点是结构简单、价格低廉，但缺少一些诸如刀尖圆弧半径自动补偿和恒线速度切削等功能。一般只能进行两个平动坐标（刀架的移动）的控制和联动，同时，由于其使用的是卧式车床的结构或者是通过普通机床改造而成，且在机床精度等方面也有所欠缺。所以，这种车床在中小型企业中应用广泛，多用于一些精度要求不是很高的大批量或中等批量零件的车削加工。

2）标准型数控车床。标准型数控车床就是通常所说的"数控车床"，又称全功能型数控车床。它的控制系统是标准型的，带有高分辨率的 CRT 显示器，带有各种显示、图形仿真、刀具补偿等功能，带有通信或网络接口，采用闭环或半闭环控制的伺服系统，可以进行多个坐标轴的控制，具有高刚度、高精度和高效率等特点。

3）车削中心。车削中心是以标准型数控车床为主体，配备刀库、自动换刀装置、C 轴功能、铣削动力头和机械手等部件，能够实现多工序复合加工的车床。在车削中心上，工件在一次装夹后，可以完成回转类零件的车、铣、钻、铰、螺纹加工等多种加工工序的加工。车削中心的功能全面，加工质量和速度都很高，但价格也较贵。

4）FMC 车床。FMC 是英文 Flexible Manufacturing Cell（柔性加工单元）的缩写。FMC 车床是一个由数控车床、机器人等构成的系统，它能实现工件搬运、装卸的自动化和加工调整准备的自动化操作。

（4）按数控系统的不同控制方式分类　可分为开环控制数控车床、闭环控制数控车床、半闭环控制数控车床。开环控制数控车床一般是简易数控车床或者经济数控车床，成本较低；中高档数控车床均采用半闭环控制，价格偏高；高档精密车床采用闭环控制，价格昂贵。

（5）按加工零件的基本类型分类

1）卡盘式数控车床。这类车床未设置尾座，适于车削盘类零件。其夹紧方式多为电动机或液压控制，卡盘结构多数具有卡爪。

2）顶尖式数控车床。这类车床设置有普通尾座或数控尾座，适合车削较长的轴类零件及直径不太大的盘、套类零件。

5.2.2　数控车床的组成与特点

1. 数控车床的组成

数控车床主要由机械、电气和液压三大部分组成。

（1）机械部分　机械部分是整个机床的基础，主要组成部件有：床身、主轴箱、进给装置、刀架、尾座、卡盘、安全防护、托架、其他辅助装置等。

1）床身。床身是整个机床基础的基础。床身部分最关键的部位是导轨，导轨一般要经过二次时效、中频淬火和精密磨削后才能使用。常用的导轨形式有滑动导轨、滚动导轨和直线导轨。导轨是关系到机床精度和稳定性的部件。

2）主轴。主轴是车床输出动力的主要部件。随着科技的发展，主轴的结构形式越来越简单，由原来的齿轮传动逐步发展成了电动主轴、主轴单元等多种形式。转速也越来越高，由原来的几千转/分，发展到几万转/分甚至几十万转/分。

3）进给装置。一般车床有两个方向的进给，径向（X 轴）和纵向（Z 轴）。伺服电动机带动滚珠丝杠拖动床鞍等部件，实现数控车床的自动加工。

4）刀架。一般数控车床都配有电动、气动、液压或伺服刀架。刀架是数控车床最重要的辅助装置之一，刀架的档次是评判数控车床高中低档的依据之一。

5）尾座。为了满足重型切削和较长工件的加工要求，一般车床都配有尾座。尾座分为手动、电动、气动以及液压尾座等。

6）卡盘。卡盘安装在主轴上，用来夹持工件，分为手动自定心卡盘、电动卡盘、气动卡盘、液压卡盘和单动卡盘等。数控车床的标准配置一般为自定心卡盘。

7）安全防护。数控车床一般都有全封闭防护或半封闭防护，来满足劳动生产要求。机床的防护和外观越来越受到用户的关注。

8）托架。托架一般包含中心架和跟刀架。数控车床的标准配置一般不含托架，托架是为满足特殊加工要求而配备的。

图 5-3 所示为一数控车床机械部分组成图。

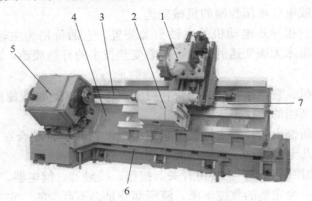

图 5-3　数控车床机械部分组成图

1—刀架　2—尾座　3—滚珠丝杠　4—床身　5—主轴箱　6—床座　7—导轨

（2）电气部分　数控车床电气系统的组成部分有：计算机数字控制（CNC）装置、可编程序控制器（PLC）、进给驱动装置、主轴驱动装置、外围执行机构控制元件等。

1）计算机数字控制（CNC）装置。CNC 装置是数控车床的核心，包括硬件（CPU、显示器、键盘等）以及相应的软件。目前市场主流的车床 CNC 装置有德国西门子公司（SIE-MENS）的 802 系列，日本发那科公司（FANUC）的 0i 系列，国产的有广州数控的 980 系列，武汉华中数控"世纪星"系列等。

2）可编程序控制器（PLC）。PLC 在数控车床上是人机进行信息交换的主要途径，也是机床完成各种复杂动作的重要部件。可编程序控制器一般分两类：一类是内装型 PLC，内装型 PLC 作为数控系统基本的或可选择的功能提供给用户，其软件和硬件被作为 CNC 系统的基本功能而与 CNC 其他功能一起设计制造，因此具有较强的针对性。另一类是独立型 PLC，其独立于 CNC 装置外，具有完备的硬件和软件，能够独立完成规定的控制任务。

3）进给驱动装置。进给驱动装置是数控车床两个轴运动的动力装置。进给驱动可以分为四大类。

①步进电动机。它价格低，无反馈元件，调整简单，但它转速较低，有共振区，有步距角要求，控制精度较低。这是一种开环控制装置。

②直流伺服装置。它是发展较早的一种电动机调速装置，这种进给装置过转矩能力大，控制精度较高，但其电动机制造成本高，且电动机需要日常维护，现在车床上逐步被淘汰。

③交流进给伺服装置。它是基于交流变频技术发展而发展起来的一种进给装置，它控制精度较高，运行平稳，有一定的过转矩能力，且价格适中，不用日常维护，所以发展迅猛，特别是现在的全数字交流进给伺服装置。交流伺服装置是现在进给装置的主导产品。

④直线电动机进给装置。它是将机械、电气和现代科技相结合的一种产物，它改变了现在的数控机床结构形式，使其速度更快（可达几十米/分），精度更高（可达到纳米要求），体积更小等，直线电动机是进给系统的发展方向。

4）主轴驱动装置。主轴驱动装置是数控车床主运动——旋转运动的动力装置，也可以分为四大类。

①普通三相异步电动机。这种主轴驱动装置不需要驱动单元，价格低廉，机床主轴的变速一般采用手动变速或电气液压控制的机械变速。

②用变频器控制三相异步电动机的主轴驱动装置。它的价格为主轴伺服电动机价格的1/3～1/2，又能满足机床无级变速的要求，随着变频技术的日趋成熟，这几年这种变速装置正在迅速发展。

③主轴伺服电动机。它转速高、响应快，可实现无级调速、恒线速度切削、主轴定位等功能，它一般用在较高档的数控车床上。

④电主轴。这是新推出的一种主轴装置，它将电动机和主轴结合在一起，具有体积小、转速高（一般几千到几十万转/分）、噪声低等优点。

5）外围执行机构控制元件。主要由开关、按钮、接触器、继电器、电磁阀等组成。

（3）液压部分　一台完整的数控车床，液压部分是必不可少的。它主要用来进行主轴变速、换刀、夹紧或松开工件等。液压系统由动力元件、执行元件、控制元件和辅助元件组成。

1）动力元件——液压泵，是把机械能转变为液压能的元件。

2）执行元件——液压缸、液压马达等，是把液体的压力能转变为机械能的元件。

3）控制元件——各种控制阀类，用于控制流体的压力、流量和方向，从而控制执行部件的作用力、运动速度和方向。也可用来卸载、过载保护和程序控制等。

4）辅助元件——除上述三部分元件以外的其他元件，这类元件的品种较多，如实现上述三部分连接作用的管道、接头、油箱，保证系统性能用的过滤器、加热器、冷却器，改善系统性能用的蓄能器等。

当然，数控车床除了上述三大部分外，还有为了保证正常加工的冷却系统，为保证数控机床机械系统正常运转的润滑系统以及排屑装置等。

2. 数控车床的特点

数控车床与普通车床相比有如下特点。

1）能完成复杂型面轴类、套类、盘类的零件加工。

2）可以提高零件加工精度，稳定产品质量。由于数控机床是按照预定的程序自动加工，加工过程不需要人工干预，而且加工精度还可以利用软件来进行校正和修补，因此可以获得比数控机床本身精度还要高的加工精度及重复精度。

3）可以提高生产率。一般一台数控车床比一台普通车床可提高效率2～3倍。

4）减少了在制品数量，加速了流动资金的周转，提高了经济效益。

5）大大减轻了工人的劳动强度，特别是在加工螺纹时。

5.2.3 数控车床的布局

1. 影响车床布局形式的因素

数控车床布局形式受到工件尺寸、质量和形状、机床生产率、机床精度、操作方便运行要求和安全与环境保护要求的影响。数控车床的布局有卧式车床、单柱立式车床、双柱立式车床和龙门移动式立式车床等，如图5-4所示。根据生产率要求的不同，数控车床的布局有单主轴单刀架、单主轴双刀架、双主轴双刀架等形式。

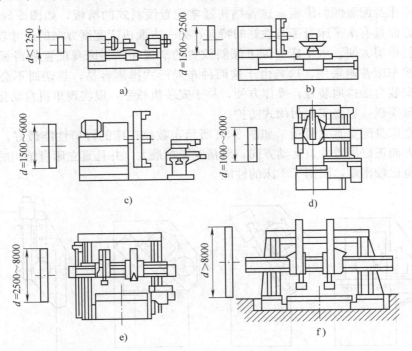

图 5-4 工件尺寸对车床布局的影响

a) 卧式车床 b) 端面车床（有床身） c) 端面车床（无床身）
d) 单柱立式车床 e) 双柱立式车床 f) 龙门移动式立式车床

2. 主轴箱和尾座的布局形式

数控车床的主轴箱和尾座相对于床身的布局形式与卧式车床基本一致。数控卧式车床主轴箱布置在车床的左端，用于传动力并支承主轴部件；尾座布置在车床的右端，用于支承工件或安装刀具。

3. 床身和导轨的布局形式

床身和导轨的布局形式对机床的性能影响很大。床身是机床的主要承载部件，是机床的主体。按照床身导轨面与水平面的相对位置，床身的布局形式有水平床身配置水平滑板、倾斜床身配置倾斜滑板、水平床身配置倾斜滑板以及直立床身配置直立滑板等多种形式，如图 5-5 所示。

（1）水平床身配置水平滑板　如图 5-5a 所示，水平床身的工艺性好，便于导轨面的加工。水平床身配上水平放置的刀架可提高刀架的运动精度，一般用于大型数控车床或小型精密数控车床的布局。但是水平床身由于下部空间小，故排屑困难。从结构尺寸来看，刀架水平放置使得滑板横向尺寸较大，从而加大了机床宽度方向的结构尺寸。

（2）倾斜床身配置倾斜滑板　如图 5-5b 所示，这种结构的导轨倾斜角度分别为 30°、45°、60°、75°和 90°，其中 90°的滑板结构称为立床身，如图 5-4d 所示。倾斜角度大，导轨的导向性及受力情况差；倾斜角度小，排屑不便。导轨倾斜角度的大小还直接影响机床外形尺寸高度和宽度的比例。综合考虑上面的诸因素，中小规格的数控车床，其床身的倾斜度以 60°为宜。

（3）水平床身配置倾斜滑板　这种结构通常配置倾斜式的滑板，如图 5-5c 所示。这种布局形式一方面具有水平床身工艺性好的特点，另一方面机床宽度方向的尺寸较水平配置滑板的要小，且排屑方便。水平床身配上倾斜放置的滑板和倾斜床身配置斜滑板布局形式被中、小型数控车床普遍采用。这是由于这两种布局形式排屑容易，热切屑不会堆积在导轨上，也便于安装自动排屑装置；操作方便，易于安装机械手，以实现单机自动化；机床占地面积小，外形美观，容易实现封闭式防护。

（4）直立床身配置直立滑板　如图 5-5d 所示，数控车床的排屑性能最好，但工件重量产生的变形方向正好沿着垂直运动方向，对精度影响最大，并且直立床身结构的车床受结构限制，布置也比较困难，限制了车床的性能。

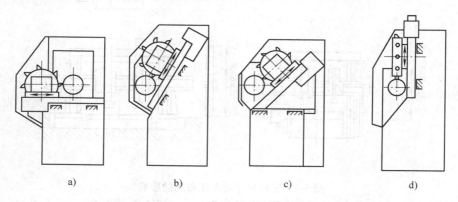

a)　　　　　　　　b)　　　　　　　　c)　　　　　　　　d)

图 5-5　数控车床床身和导轨的布局形式

a）水平床身配置水平滑板　b）倾斜床身配置倾斜滑板　c）水平床身配置倾斜滑板　d）直立床身配置直立滑板

4. 刀架的布局

数控车床的刀架多采用回转刀架。回转刀架在机床上的布局有两种形式：一种用于盘类零件的加工，其回转轴线垂直于主轴；另一种用于轴类零件和盘类零件的加工，其回转轴线平行于主轴。

四坐标轴控制的数控车床，床身上安装有两个独立的滑板和回转刀架，称为双刀架四坐标数控车床。其上每个刀架的切削进给量是分别控制的，因此，两个刀架可以同时切削同一工件的不同部位，既扩大了加工范围，又提高了加工效率，适合于加工曲轴、飞机零件等形状复杂、批量较大的零件。

5.3 数控车床的传动系统与结构

5.3.1 数控车床的主传动系统

MJ—50 数控车床的传动系统图如图 5-6 所示。其中主运动传动系统由功率为 11kW 的主轴调速电动机驱动，经过一级速比 1：1 的带传动带动主轴旋转，使主轴在 $35\sim3500$ r/min 的转速范围内实现无级调速，主轴箱内部省去了齿轮传动变速机构，因此减少了齿轮传动对主轴精度的影响，并且维修方便。

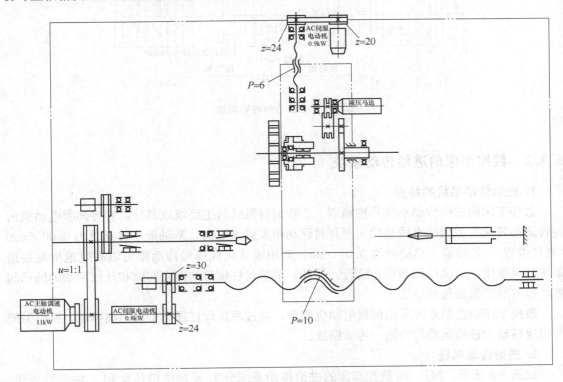

图 5-6　MJ—50 数控车床的传动系统图

主轴传递的功率或转矩与转速之间的关系如图 5-7 所示。当机床处在连续运转状态下，主轴的转速在 $437\sim3500$ r/min 范围内，主轴应能传递电动机的全部功率 11kW，为主轴的恒功率区域Ⅱ（实线）。在这个区域内，主轴的最大输出转矩（245N·m）应随着主轴转速的增高而变小。主轴转速在 $35\sim437$ r/min 范围内的各级转速并不需要传递全部功率，但主轴的输出转矩不变，称为主轴的恒转矩区域Ⅰ（实线）。在这个区域内，主轴能传递的功率随着主轴转速的降低而减小。图 5-7 中虚线所示为主轴电动机超载（允许超载）30min 时，对应的恒功率区域和恒转矩区域。电动机超载时的功率为 15kW，超载的最大输出转矩为 334N·m。

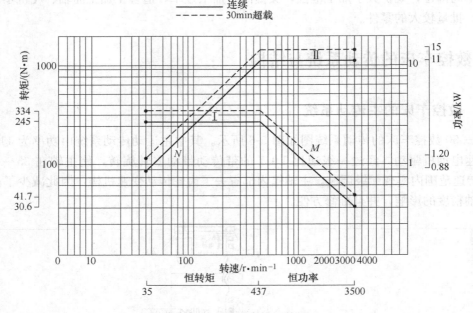

图 5-7 主轴功率转矩特性

5.3.2 数控车床的进给传动系统

1. 进给传动系统的特点

数控车床的进给传动系统是控制 X、Z 轴伺服系统的主要组成部分，它将伺服电动机的旋转运动转化为刀架的直线运功，而且对移动精度要求很高，X 轴最小移动量为 0.0005mm（直径编程），Z 轴最小移动量为 0.001mm。采用滚珠丝杠螺母传动副可以有效地提高进给系统的灵敏度、定位精度和防止爬行。另外，消除丝杠螺母的配合间隙和丝杠两端的轴承间隙，也有利于提高传动精度。

数控车床的进给系统采用伺服电动机驱动，通过滚珠丝杠螺母带动刀架移动，所以刀架的快速移动和进给运动均为同一传动路线。

2. 进给传动系统

如图 5-6 所示，MJ—50 数控车床的进给传动系统分为 X 轴进给传动和 Z 轴进给传动。X 轴进给由功率为 0.9kW 的交流伺服电动机驱动，经 20/24 的同步带轮传动到滚珠丝杠上，螺母带动回转刀架移动，滚珠丝杠的螺距为 6mm。

Z 轴进给也是由交流伺服电动机驱动，经过 24/30 的同步带轮传动到滚珠丝杠，其上螺母带动滑板移动。该滚珠丝杠的螺距为 10mm，电动机功率为 1.8kW。

5.3.3 数控车床的典型机械结构

1. 主轴箱结构

（1）主轴箱 图 5-8 所示为 MJ—50 数控车床主轴箱的结构简图。主轴电动机通过带轮 15 将运动传给主轴 7。主轴 7 有前后两个支承，一个双列圆柱滚子轴承 11 和一对角接触球轴承 10 组成主轴 7 的前支承，轴承 11 用来承受径向载荷，两个角接触球轴承用来承受双向的轴向载荷和径向载荷。螺母 8 用来调整前支承轴承的间隙，螺钉 12 用来防止螺母 8 回松。双列圆柱滚子轴承 14 为主轴 7 的后支承，螺母 1 和 6 用来调整后支承轴承间隙，螺钉 13 和 17 是防止螺母 1 和 6 回松的。主轴的支承形式为前端定位，主轴受热膨胀向后伸长。前后支承采用的圆锥孔双列圆柱滚子轴承的支承刚度好，允许的极限转速高。前支承中的角接触球轴承能承受较大的轴向载荷，且允许的极限转速高。主轴采用的支承结构适宜高速大载荷的需要。主轴的运动经过同步带轮 16 和 3 以及同步带 2 带动脉冲编码器 4，使其与主轴同速运转。用螺钉 5 将脉冲编码器 4 固定在主轴箱体 9 上。

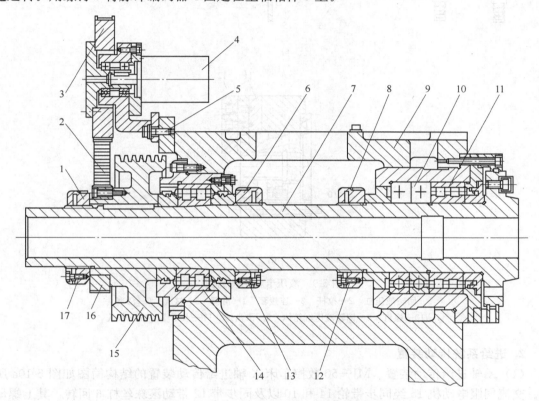

图 5-8　MJ—50 数控车床主轴箱的结构简图

1、6、8—螺母　2—同步带　3、16—同步带轮　4—脉冲编码器　5、12、13、17—螺钉
7—主轴　9—主轴箱体　10—角接触球轴承　11、14—双列圆柱滚子轴承　15—带轮

　　(2) 液压卡盘结构　液压卡盘结构如图 5-9a 所示。液压卡盘固定安装在主轴前端，用螺钉 7 将回转液压缸 1 与接套 5 连接，接套 5 通过螺钉与主轴后端面连接，使回转液压缸 1 随主轴一起转动。卡盘的松开与夹紧由回转液压缸 1 通过一根空心拉杆 2 来驱动，拉杆后端与液压缸内的活塞 6 用螺纹联接，连接套 3 的两端螺纹分别与拉杆 2 和滑套 4 联接。图 5-9b 所示为卡盘内楔形机构示意图，当液压缸内的压力油推动活塞 6 和拉杆 2 向卡盘方向移动时，滑套 4 向右移动，由于滑套 4 上楔形槽的作用，使得卡爪座 11 带着卡爪 12 沿径向向外移动，则卡盘松开。反之液压缸内的压力油推动活塞 6 和拉杆 2 向主轴后端移动时，通过楔形机构，使卡盘夹紧工件。8 为回转液压缸的箱体。螺钉 10 将卡盘体 9 固定安装在主轴前端。

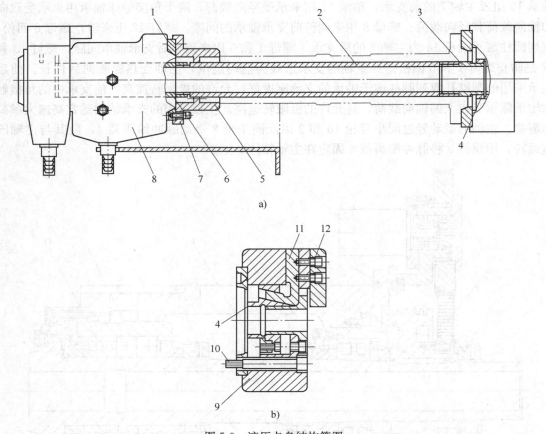

a)

b)

图 5-9　液压卡盘结构简图

1—回转液压缸　2—拉杆　3—连接套　4—滑套　5—接套　6—活塞
7、10—螺钉　8—回转液压缸箱体　9—卡盘体　11—卡爪座　12—卡爪

2. 进给系统传动装置

（1）X 轴进给传动装置　MJ—50 数控车床 X 轴进给传动装置的结构简图如图 5-10a 所示。交流伺服电动机 15 经同步带轮 14 和 10 以及同步带 12 带动滚珠丝杠 6 回转，其上螺母 7 带动刀架 21（图 5-10b）沿滑板 1 的导轨移动，实现 X 轴的进给运动。键 13 将电动机轴与同步带轮 14 联接。滚珠丝杠 6 有前后两个支承。前支承 3 由三个角接触球轴承组成，其中两个轴承大口向后，一个轴承大口向前，承受双向的轴向载荷。前支承 3 的轴承由螺母 2 进行预紧。其后支承为一对角接触球轴承 9，轴承大口相背放置，由螺母 11 进行预紧。这种丝杠两端固定的支承形式，其结构和工艺都较复杂，但是可以提高和保证丝杠的轴向刚度。脉冲编码器 16 安装在交流伺服电动机 15 的尾部。5 和 8 是缓冲块，当出现意外碰撞的情况下起保护作用。

图 5-10b 中 22 为导轨护板，26、27 为机床参考点的限位开关和撞块。镶条 23、24、25 用于调整滑板 1 与床身导轨的间隙。A—A 剖视图表示滚珠丝杠前支承 3 的轴承座 4 用螺钉 20 固定在滑板上。滑板导轨如 B—B 剖视图所示为矩形导轨，镶条 17、18、19 用来调整刀架 21 与滑板导轨的间隙。

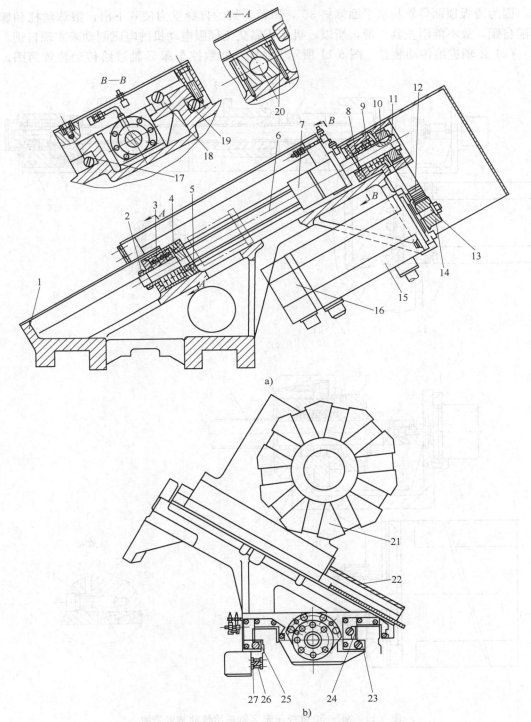

图 5-10 MJ—50 数控车床 *X* 轴进给传动装置的结构简图

1—滑板 2、11—螺母 3—前支承 4—轴承座 5、8—缓冲块 6—滚珠丝杠

7—螺母 9—角接触球轴承 10、14—同步带轮 12—同步带 13—键 15—交流伺服电动机 16—脉冲编码器

17、18、19—镶条 20—螺钉 21—刀架 22—导轨护板 23、24、25—镶条 26、27—机床参考点的限位开关和撞块

因为滑板顶面导轨与水平面倾斜 30°，回转刀架的自身重力使其下滑，滚珠丝杠和螺母不能自锁，故不能阻止其下滑，所以，机床依靠交流伺服电动机的电磁制动来实现自锁。

（2）Z 轴进给传动装置　图 5-11 所示为 MJ—50 数控车床 Z 轴进给传动装置简图。交

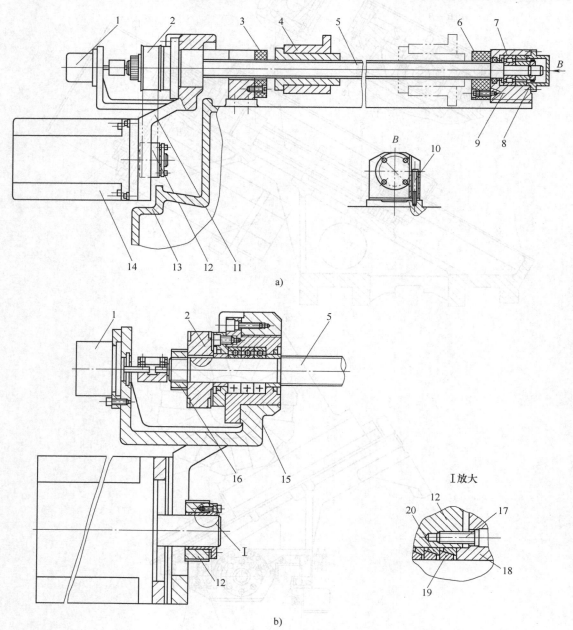

图 5-11　MJ—50 数控车床 Z 轴进给传动装置简图

1—脉冲编码器　2、12—同步带轮　3、6—缓冲挡块　4—螺母　5—滚珠丝杠

7—圆柱滚子轴承　8、16—调整螺母　9—右支承轴承座　10、17—螺钉　11—同步带

13—床身　14—交流伺服电动机　15—角接触球轴承　18—法兰　19—内锥环　20—外锥环

流伺服电动机 14 经同步带轮 12 和 2 以及同步带 11 转动滚珠丝杠 5，由螺母 4 带动滑板连同刀架沿床身 13 的矩形导轨移动，实现 Z 轴的进给运动。

如图 5-11a 所示，滚珠丝杠 5 的右支承为一个圆柱滚子轴承 7，只用于承受径向载荷，轴承间隙用调整螺母 8 来调整。滚珠丝杠 5 的支承形式为左端固定，右端浮动，留有丝杠受热膨胀后轴向伸长的余地。3 和 6 为缓冲挡块，起超程保护作用。滚珠丝杠 5 的左支承由三个角接触球轴承 15 组成，其中右边两个轴承与左边一个轴承的大口相对布置，由调整螺母 16 进行预紧。B 向视图中的螺钉 10 将滚珠丝杠的右支承轴承座 9 固定在床身 13 上。

如图 5-11b 所示，Z 轴进给传动装置的脉冲编码器 1 与滚珠丝杠 5 相连接，直接检测丝杠的回转角度，从而提高系统对 Z 向进给的精度控制。电动机轴与同步带轮之间用锥环无键连接。局部放大视图中 19 和 20 是锥面相互配合的内外锥环，当拧紧螺钉 17 时，法兰 18 的端面压迫外锥环 20，使其向外膨胀，内锥环 19 受力后向电动机轴收缩，从而使电动机轴与同步带轮连接在一起。这种连接方式不需在被连接件上开键槽，而且两锥环的内外圆锥面压紧后，使配合面无间隙，对中性较好。选用锥环对数的多少，取决于所传递转矩的大小。

3. 自动回转刀架

数控车床的自动回转刀架转位换刀过程为：当接收到数控系统的换刀指令后，首先将刀盘松开，然后将刀盘旋转到指令要求的刀位，最后将刀盘夹紧、定位并发出转位结束信号。图 5-12 所示为 MJ—50 数控车床的回转刀架结构简图。该回转刀架的夹紧与松开、刀盘的转位均由液压系统驱动、PLC 顺序控制来实现。11 是安装刀具的刀盘，它与刀架主轴 6 固定连接。当刀架主轴 6 带动刀盘 11 旋转时，其上的鼠牙盘 13 和固定在刀架上的鼠牙盘 10 脱开，旋转到指定刀位后，鼠牙盘 13 与 10 啮合来完成刀盘的定位。

活塞 9 支承在一对推力球轴承 7、12 和双列滚针轴承 8 上，它可以通过推力轴承带动刀架主轴 6 移动。当接到换刀指令时，活塞 9 及刀架主轴 6 在压力油推动下向左移动，使鼠牙盘 13 与 10 脱开，液压马达 2 起动带动平板共轭分度凸轮 1 转动，经齿轮 5 和 4 带动刀架主轴 6 及刀盘 11 旋转。刀盘 11 旋转的准确位置，通过开关 PRS1、PRS2、PRS3、PRS4 的通断组合来检测确认。当刀盘 11 旋转到指定的刀位后，开关 PRS7 通电，向数控系统发出信号，液压马达停转，这时压力油推动活塞 9 向右移动，使鼠牙盘 10 和 13 啮合，刀盘 11 被定位夹紧。开关 PRS6 确认夹紧并向数控系统发出信号，于是刀架的转位换刀循环完成。

数控机床在自动工作状态下，当指定了换刀的刀号后，数控系统可以通过内部的运算判断，实现刀盘就近转位换刀，即刀盘可正转也可反转。但当手动操作机床时，从刀盘方向观察，只允许刀盘顺时针转动换刀。

4. 机床尾座

图 5-13 所示为 MJ—50 数控车床尾座结构简图，MJ—50 数控车床出厂时一般配置标准尾座。滑板可带动尾座体 3 移动。尾座体 3 移动后，由手动控制的液压缸将其锁紧在床身上。

当进行机床调整时，可以手动控制尾座套筒 2 移动。顶尖 1 后面的锥部装在尾座套筒 2 的锥孔里，因此，尾座套筒 2 可带动顶尖 1 一起移动。在机床自动工作循环中，可以通过加工程序由数控系统控制尾座套筒 2 的移动。当数控系统发出尾座套筒 2 伸出的指令后，液压电磁阀动作，压力油通过活塞杆 4 的内孔进入尾座套筒 2 的右腔，推动尾座套筒 2 伸出。当数控系统指令其退回时，压力油通过活塞杆 4 的内孔返回，从而使尾座套筒 2 退回。

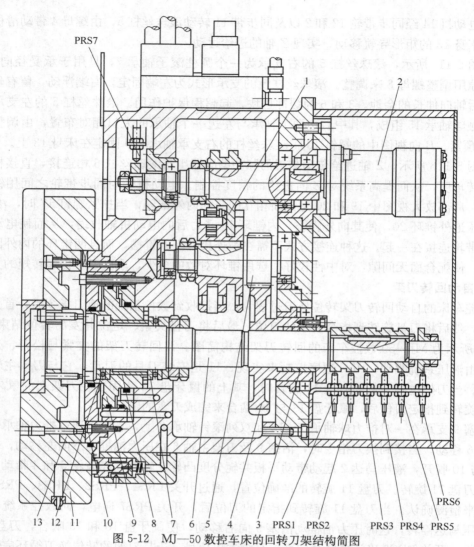

图 5-12　MJ—50 数控车床的回转刀架结构简图

1—分度凸轮　2—液压马达　3—锥环无键连接　4、5—齿轮　6—刀架主轴
7、12—推力球轴承　8—双列滚针轴承　9—活塞　10、13—鼠牙盘　11—刀盘

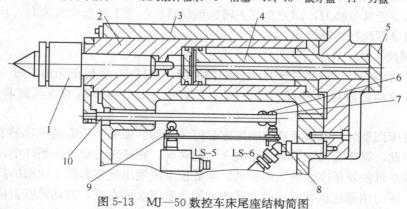

图 5-13　MJ—50 数控车床尾座结构简图

1—顶尖　2—尾座套筒　3—尾座体　4—活塞杆　5—端盖　6—挡块　7—固定挡块　8、9—确认开关　10—行程杆

　　移动与套筒外部连接的行程杆 10 上面的挡块 6，可以调整尾座套筒 2 移动的行程。挡块 6 的位置在图中所示右端极限位置时，尾座套筒 2 的行程最长。当尾座套筒 2 伸出到位时，行程杆 10 上的挡块 6 压下确认开关 9，向数控系统发出尾座套筒 2 到位信号。当尾座套筒 2 退回时，行程杆 10 上的固定挡块 7 压下确认开关 8，向数控系统发出尾座套筒 2 退回的确认信号。

5.4　拓展知识——数控车床的操作

　　本项目以 FANUC 系统数控车床为例，简要说明数控车床的操作。

5.4.1　数控车床的操作面板

　　数控车床操作面板由 CRT/MDI 操作面板和用户操作面板组成。对于 CRT/MDI 操作面板，只要数控系统相同，它都是相同的，对于用户操作面板，由于生产厂家不同而有所不同，主要是按钮和旋钮设置方面不一样。

1. CRT/MDI 操作面板

　　CRT/MDI 操作面板由 CRT 显示部分和 MDI 键盘构成，如图 5-14 所示。各功能键的说明如下。

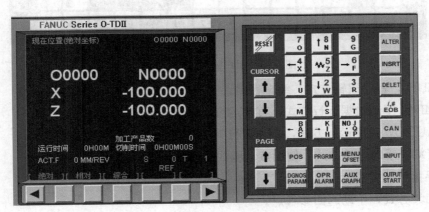

图 5-14　CRT/MDI 操作面板
(注：切削速度的法定计量单位应为 mm/r。)

　　RESET：复位键。

　　CURSOR：光标移动键。

　　PAGE：翻页键。

　　POS：显示坐标位置画面。

　　PRGRM：显示程序画面。

　　MENU OFSET：显示或输入刀具偏置和磨耗值。

　　DGNOS PARAM：显示诊断数据或进行参数设置。

　　OPR ALARM：显示报警和用户提示信息。

　　AUX GRAPH：显示或输入设备，选择图形模拟方式。

ALTER：修改键。

INSRT：插入键。

DELET：删除键（每个）。

EOB：结束符。

CAN：删除键（每行）。

INPUT：数据输入键。

OUTPUT START：数据输出键。

2. 用户操作面板

图 5-15 所示为一用户操作面板的结构，其中部分键说明如下。

图 5-15　用户操作面板的结构

：EDIT，程序编辑方式，编辑程序。

：MDI，手动数据运行方式，直接运行手动输入程序。

：AUTO，程序运行方式，自动运行一个已存储的程序。

：JOG，手动进给方式，使用点动键或快速移动键。

：手摇脉冲方式。

：回零方式，手动返回参考点。

：Z 轴手摇脉冲进给。

：X 轴手摇脉冲进给。

5.4.2　数控车床的基本操作

1. 操作方式选择

这六个键是操作方式的选择键，用于选择机床的六种操作方式。任何情况下，仅能选择一种操作方式。

（1）编辑（EDIT）方式　编辑方式是输入、修改、删除、查询、检索工件加工程序的操作方式。在输入、修改、删除程序操作前，将程序保护开关打开。在这种方式下，工件程序不能运行。

（2）手动数据输入（MDI）方式　MDI 方式主要用于两个方面，一是修改系统参数；二是用于简单的测试操作，即通过数控（NC）系统键盘输入一段程序，然后按循环启动键执行。其操作步骤如下。

1）按 MDI 键，该键指示灯亮，进入 MDI 操作方式。

2）按 PRGRM 键。

3）按 PAGE 键，显示出左上方带 MDI 的画面。

4）通过数控（NC）系统键盘输入数据的指令字，按 INPUT 键，在显示屏右半部分将显示出所输入的指令字。

5）待全部指令字输入完毕后，按循环启动键，该键指示灯亮，程序进入执行状态，执行完毕后，指示灯灭，程序指令随之删除。

（3）自动操作（AUTO）方式 自动操作方式是按照程序的指令控制机床连续自动加工的操作方式。自动操作方式执行的程序在循环启动前已装入数控系统的存储器内，所以这种方式又称为存储程序操作方式。其基本步骤如下。

1）按自动操作方式键，选择自动操作方式。

2）选择要执行的程序。

3）按下循环启动键，自动加工开始。程序执行完毕，循环启动指示灯灭，加工循环结束。

（4）手动操作（JOG）方式 按下手动操作方式键，该键的指示灯亮，机床进入手动操作方式。这种方式下可以实现所有手动功能的操作，如主轴的手动操作、手动选刀、切削液开关、X 轴或 Z 轴的点动等。

（5）手摇脉冲（HANDLE）进给方式 按下手摇脉冲键，该键的指示灯亮，机床处于手摇脉冲进给操作方式。操作者可以使用手轮（手摇脉冲发生器）控制刀架前、后、左、右移动。其速度快慢可以调节，非常适合于近距离对刀等操作。其基本步骤如下。

1）根据需要选择手摇脉冲倍率×1、×10、×100 中的一个按钮，被选的倍率指示灯亮，这样手轮每刻度当量值就得以确定。手摇脉冲倍率×1、×10、×100 对应值分别是0.001mm、0.01mm 和 0.1mm。

2）选择手轮进给轴（X 轴或 Z 轴）。

3）顺时针或逆时针方向摇手轮。

（6）返回参考点（ZRN）方式 按返回参考点键，该键的指示灯亮，机床处于返回参考点操作方式。其基本步骤如下。

1）按返回参考点键，该键的指示灯亮。

2）按下 "+X" 轴的方向选择按钮不松开，直到 键指示灯亮。

3）按下 "+Z" 轴的方向选择按钮不松开，直到 键指示灯亮。

2. 循环启动键 与进给暂停键

1）循环启动键在自动操作方式和手动数据输入方式（MDI）下都用它启动程序的执行。在程序执行期间，其指示灯亮。

2）进给暂停键在自动操作和 MDI 方式下，在程序执行期间，按下此键，其指示灯亮，程序执行被暂停。在按下循环启动键后，进给暂停键指示灯灭，程序继续执行。

3. 进给倍率调整开关

在程序运行期间，可以随时利用这个开关对程序中给定的进给速度进行调整，以达到最佳的切削效果。调节范围：0%～150%，但进给倍率开关正常情况下是不能放在零位的。

4. 机床锁紧操作

按下此键，该键的指示灯亮，机床锁紧状态有效。再按一次，该键的指示灯灭，机床锁紧状态解除。

在机床锁紧状态下，手动方式的各轴移动操作（点动、手摇进给）只能是位置显示值变化，而机床各轴不动。但主轴、冷却、刀架照常工作，自动和 MDI 方式下的程序照常运行。

5. 试运行（空运行）操作

试运行操作是在不切削的条件下试验、检查新输入的工件加工程序的操作。为了缩短调试时间，在试运行期间进给速率被系统强制到最大值上。其操作步骤如下。

1）选择自动方式，调出要试验的程序。

2）按下试运行键，键上指示灯亮，机床试运行状态有效。

3）按下循环启动键，该键指示灯亮，试运行操作开始执行。

6. 程序段任选跳步操作

按下此键，键的指示灯亮，程序段任选跳步功能有效。再按一次，键的指示灯灭，程序段任选跳步功能无效。

在自动操作方式下，在程序段任选跳步功能有效期间，凡在程序段号 N 前冠有"/"符号（删节符号）的程序段，全部跳过不执行。但在程序段任选跳步功能无效期间，所有的程序段全部照常执行。

用途：在程序中编写若干特殊的程序段（如试切、测量、对刀等），将这些程序段号 N 前冠"/"符号，使用此程序段跳过功能可以控制机床有选择地执行这些程序段。

7. 单程序段操作

在自动方式下，按下此操作键，键的指示灯亮，单程序段功能有效。再按一下此键，其指示灯灭，单程序段功能撤销。在程序连续运行期间允许切换单程序段功能键。

在自动方式下单程序段功能有效期间，每按一次循环启动键，仅执行一段程序，执行完就停下来，再按下循环启动键，又执行下一段程序。

用途：主要用于测试程序。可根据实际情况，同时运行机床锁紧、程序段跳过功能的组合。

8. 紧急停止操作

在机床的操作面板上有一个红色蘑菇头急停按钮，如果发生危险情况时，立即按下急停按钮，机床全部动作停止并且复位，该按钮同时自锁，当险情或故障排除后，将该按钮顺时针旋转一个角度即可复位。

5.4.3 数控车床的操作流程

1. 开机

开机的步骤如下。

1）合上数控车床电气柜总开关，机床正常送电。

2）接通操作面板电按钮，给数控系统上电。

2. 返回参考点操作

正常开机后，首先应完成返回参考点操作。因为机床断电后就失去对各坐标轴位置的记忆，所以接通电源后，必须让各坐标轴返回参考点。

机床返回参考点后，要通过手动操作（JOG）方式，分别按下方向键中 X 轴负向键和 Z 轴负向键，使刀具回到换刀位置附近。

3. 车床手动操作

通过数控车床面板的手动操作，可以完成主轴旋转、进给运动、刀架转位、切削液开或关等动作，检查机床状态，保证机床正常工作。

4. 输入工件加工程序

选择编辑方式（EDIT）和功能键（PRGRM）进入加工程序编辑画面，按照系统要求完成加工程序的输入，并检查输入无误。

5. 刀具和工件装夹

根据加工要求，合理选择加工刀具，刀具安装时，要注意刀具伸出刀架的长度。选择合适工装夹具，完成工件的装夹，并用百分表等进行找正。

6. 对刀

手动选择各刀具，用试切法或对刀仪测量各刀的刀补，并输入程序规定的刀补单位，注意小数点和正负号。根据加工程序需要，用 G50 或 G54 设定工件坐标系。

7. 程序校验

程序校验的方法常用的有机床锁紧和机床空运行两种。

1）选择自动运行模式，按下机床锁紧和单步运行按钮，再按下循环启动按钮，这样可以逐步检查编辑输入的程序是否正确无误。

2）程序校验还可以在空运行状态下进行，但检查的内容与机床锁紧方式是有区别的。机床锁紧运行主要用于检查程序编制是否正确，程序有无编写格式错误等。而机床空运行主要用于检查刀具轨迹是否与要求相符。

另外，在实际应用中通常还加上图形显示功能，在显示器上绘出刀具的运动轨迹，对程序的校验非常有用。

8. 首件试切

程序校验无误后，装夹好工件，选自动方式，选择适当的进给倍率和快速倍率，按循环启动键，开始自动加工。首件试切时应选较低的快速倍率，并利用单步运行功能，可以减少程序和对刀错误引发的故障。

9. 工件加工

首件加工完成后测量各加工部位尺寸，修改各刀具的刀补值，然后加工第二件，确认无误后恢复快速倍率 100%，加工全部工件。

思　考　题

1. 简述数控车床的功能和分类。

2. 简述数控车床的组成。

3. 数控车床较普通车床具有哪些特点？

4. 数控车床床身和导轨的布局形式有几种？分别是什么？

5. 数控车床刀架的布局形式有几种？分别用于加工什么类型的零件？

6. 举例说明数控车床的主传动系统和进给传动系统。

7. 简述 MJ—50 数控车床的主轴箱结构。

8. 试说明 MJ—50 数控车床液压卡盘的动作顺序。

9. 简述 MJ—50 数控车床 X 轴进给传动装置和 Z 轴进给传动装置的动作顺序。

10. 简要说明 MJ—50 数控车床的自动回转刀架是如何工作的。

11. 简述 MJ—50 数控车床尾座的动作顺序。

12. 简述数控车床的操作流程。

项目 6　数 控 铣 床

6.1　项目任务书

项目任务书见表 6-1。

表 6-1　项目任务书

任务	任务描述
项目名称	数控铣床
项目描述	认识数控铣床
学习目标	1. 能够描述数控铣床的特点与分类 2. 能够说明数控铣床的结构特征与加工对象 3. 能够分析数控铣床的结构组成和布局形式 4. 能够解释数控铣床机械结构的主要特点 5. 认识 XK714B 型立式数控铣床 6. 初步了解数控铣床的操作
学习内容	1. 数控铣床的特点与分类 2. 数控铣床的结构特征与加工对象 3. 数控铣床的结构组成 4. 数控铣床的布局形式 5. 数控铣床机械结构的主要特点 6. XK714B 型立式数控铣床 7. 数控铣床的操作
重点、难点	数控铣床的特点与分类、结构特征与加工对象、结构组成、布局形式、机械结构的主要特点
教学组织	参观、讲授、讨论、项目教学
教学场所	多媒体教室、数控车间
教学资源	教科书、课程标准、电子课件、多媒体、数控铣床
教学过程	1. 参观工厂或实训车间:学生观察数控铣床的结构、操作及运动,师生共同探讨数控铣床的工作过程与组成 2. 课堂讲授:分析数控铣床的特点、分类、结构特征与加工对象;讲解数控铣床的结构组成、布局形式;介绍 XK714B 型立式数控铣床 3. 小组活动:每小组 5～7 人,完成项目任务报告,最后小组汇报
项目任务报告	1. 列举数控铣床的特点与分类 2. 描述数控铣床的结构特征与加工对象 3. 分析一种数控铣床的结构组成与布局形式 4. 介绍 XK714B 型立式数控铣床的传动系统与主要结构

6.2 初识数控铣床

6.2.1 数控铣床的特点与分类

1. 数控铣床的特点

数控铣床是主要采用铣削方式加工工件的数控机床，能完成各种平面、沟槽、螺旋槽、成形表面、平面曲线和空间曲线等复杂型面的加工。与普通铣床相比，数控铣床具有以下特点。

（1）主轴无级变速且变速范围宽　主传动系统采用伺服电动机（高速时采用无传动方式——电主轴）实现无级变速，且调速范围较宽，这既保证了良好的加工适应性，同时也为小直径铣刀工作形成了必要的切削速度。

（2）一般为三坐标联动　数控铣床多为三坐标（即 X、Y、Z 三个直线运动坐标）、三轴联动的机床，以完成平面轮廓及曲面的加工。

（3）半封闭或全封闭式防护　经济型数控铣床多采用半封闭式防护；全功能型数控铣床会采用全封闭式防护，防止切削液、切屑溅出，保证安全。

（4）采用手动换刀，刀具装夹方便　数控铣床没有配备刀库，采用手动换刀，刀具安装方便。

（5）应用广泛　与数控车削相比，数控铣床有着更为广泛的应用范围，能够进行外形轮廓铣削、平面或曲面型腔铣削及三维复杂型面的铣削，如各种凸轮、模具等，若再添加旋转工作台等附件（此时变为四坐标），则应用范围将更广。可用于加工螺旋桨、叶片等空间曲面零件。此外，随着高速铣削技术的发展，数控铣床可以加工形状更为复杂的零件，精度也更高。

2. 数控铣床的分类

（1）按主轴的位置分类

1）立式数控铣床，如图 6-1 所示。立式数控铣床的主轴轴线与工作台面垂直，这是数控铣床中最常见的一种布局形式。从机床数控系统控制的坐标数量来看，目前三坐标数控立铣仍占大多数，一般可进行三坐标联动加工，但也有部分机床只能进行三个坐标中的任意两个坐标联动加工（常称为两轴半坐标加工）。此外，还有机床主轴可以绕 X、Y、Z 坐标轴中的其中一个或两个轴作数控摆角运动的四坐标和五坐标数控立铣。

2）卧式数控铣床，如图 6-2 所示。卧式数控铣床的主轴轴线与工作台面平行，主要用来加工箱体类零件。为了扩大加工范围和扩充功能，卧式数控铣床通常采用增加数控转盘或万能数控转盘来实现四、五坐标加工。这样，工件不但侧面上的连续回转轮廓可以加工出来，而且可以实现在一次安装中，通过转盘改变工位，进行"四面加工"。

3）立卧两用数控铣床，如图 6-3 所示。由于这类数控铣床的主轴方向可以更换，所以能达到在一台机床上既可以进行立式加工，又可以进行卧式加工的目的。它同时具备上述两类机床的功能，其使用范围更广，功能更全，选择加工对象的余地更大，且给用户带来不少方便。特别是生产批量小，品种较多，又需要立、卧两种方式加工时，用户只需买一台这样的机床就行了。

图 6-1　立式数控铣床　　　图 6-2　卧式数控铣床　　　图 6-3　立卧两用数控铣床

（2）按数控铣床构造分类

1）工作台升降式数控铣床。这类数控铣床采用工作台移动、升降，而主轴不动的方式。小型数控铣床一般采用此种方式。

2）主轴头升降式数控铣床。这类数控铣床采用工作台纵向和横向移动，且主轴沿垂直溜板上下运动。主轴头升降式数控铣床在精度保持、承载重量、系统构成等方面具有很多优点，已成为数控铣床的主流。

3）龙门式数控铣床。这类数控铣床主轴可以在龙门架的横向与垂向溜板上运动，而龙门架则沿床身作纵向运动。大型数控铣床，因要考虑到扩大行程、缩小占地面积及刚度等技术上的问题，往往采用龙门式数控铣床。

（3）按数控系统的功能分类

1）经济型数控铣床。经济型数控铣床一般是在普通立式铣床或卧式铣床的基础上改造而来的。采用经济型数控系统，成本低，机床功能较少，主轴转速和进给速度不高，主要用于精度要求不高的简单平面或曲面零件加工。

2）全功能数控铣床。全功能数控铣床一般采用半闭环或闭环控制，控制系统功能较强，数控系统功能丰富，一般可实现四坐标或以上的联动，加工适应性强，应用最为广泛。

3）高速铣削数控铣床。一般把主轴转速在 $8000 \sim 40000 \text{r/min}$ 的数控铣床称为高速铣削数控铣床，其进给速度可达 $10 \sim 30 \text{m/min}$。这种数控铣床采用全新的机床结构（主体结构及材料变化）、功能部件（电主轴、直线电动机驱动进给）和功能强大的数控系统，并配以加工性能优越的刀具系统，可对大面积的曲面进行高效率、高质量的加工。

6.2.2　数控铣床的结构特征与加工对象

1. 数控铣床的结构特征

数控铣床在外观上与通用铣床确有不少相似之处，但实际上数控铣床在结构上要复杂得多，而与其他数控机床（如数控车床、数控钻镗床等）相比，数控铣床在结构上主要有以下两个特征。

（1）控制机床运动的坐标特征　为了要把工件上各种复杂的形状轮廓连续加工出来，必须控制刀具沿设定的直线、圆弧或空间的直线、圆弧轨迹运动，这就要求数控铣床的伺服拖动系统能在多坐标方向同时协调动作，并保持预定的相互关系，也就是要求机床应能实现多坐标联动。数控铣床要控制的坐标数起码是三坐标中任意两坐标联动，要实现连续加工直线变斜角工件，起码要实现四坐标联动，而若要加工曲线变斜角工件，则要求实现五坐标联动。因此，数控铣床配置的数控系统在档次上一般都比其他数控机床相应更高一些。

（2）数控铣床的主轴特征　现代数控铣床的主轴起动与停止，主轴正反转与主轴变速等都可以按程序介质上编入的程序自动执行，不同的机床其变速功能与范围也不同。有的采用变频机组（目前已很少采用），固定几种转速，可任选一种编入程序，但不能在运转时改变。有的采用变频器调速，将转速分为几挡，编程时可任选一挡，在运转中可通过控制面板上的旋钮在本挡范围内自由调节。有的则不分挡，编程可在整个调速范围内任选一个数值，在主轴运转中可以在全速范围内进行无级调速，但从安全角度考虑，每次只能调高或调低在允许的范围内，不能有大起大落的突变。在数控铣床的主轴套筒内一般都设有自动夹刀、退刀装置，能在数秒钟内完成装刀与卸刀，使换刀显得很方便。此外，多坐标数控铣床的主轴可以绕 X、Y 或 Z 轴作数控摆动，也有的数控铣床带有万能主轴头，扩大了主轴自身的运动范围，但主轴结构更加复杂。

2. 数控铣床的加工对象

与加工中心相比，数控铣床除了缺少自动换刀功能及刀库外，其他方面均与加工中心雷同，它也可以对工件进行钻、扩、铰、锪和镗孔加工与攻螺纹等，但它主要还是被用来对工件进行铣削加工，这里所说的主要加工对象及分类也是从铣削加工的角度来考虑的。

（1）平面类零件　加工面平行、垂直于水平面或其加工面与水平面的夹角为定角的零件称为平面类零件。目前，在数控铣床上加工的绝大多数零件属于平面类零件。平面类零件的特点是：各个加工单元面是平面，或可以展开成为平面，如图 6-4 所示的曲线轮廓面 M 和斜平面 P 以及圆台侧平面 N。平面类零件是数控铣削加工对象中最简单的一类，一般只需用坐标数控铣床的两坐标联动就可以把它们加工出来。

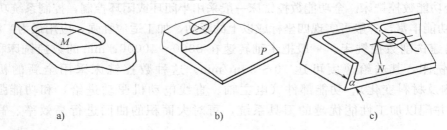

a) b) c)

图 6-4　平面类零件

（2）变斜角类零件　加工面与水平面的夹角呈连续变化的零件称为变斜角类零件，如图 6-5 所示。这类零件多数为飞机零件，如飞机上的整体梁、框、缘条与肋等，此外还有检验夹具与装配型架等。变斜角类零件的变斜角加工面不能展开为平面，但在加工中，加工面与铣刀圆周接触的瞬间为一条直线。最好采用四坐标和五坐标数控铣床摆角加工，在没有上述机床时，也可用三坐标数控铣床上进行两轴半坐标近似加工。

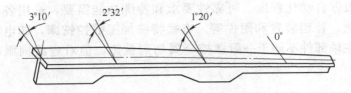

图 6-5　变斜角类零件

　　(3) 曲面类（立体类）零件　加工面为空间曲面的零件称为曲面类零件，如图 6-6 所示。零件的特点：其一是加工面不能展开为平面；其二是加工面与铣刀始终为点接触。此类零件一般采用三坐标数控铣床加工。

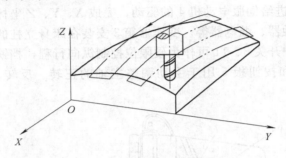

图 6-6　曲面类零件

6.3　数控铣床的机械结构

6.3.1　数控铣床机械结构的组成

　　数控铣床的机械结构除铣床基础部件外，由下列各部分组成。

　　1）主传动系统。

　　2）进给系统。

　　3）实现某些部件功能和辅助功能的系统和装置，如液压、气动、润滑、冷却等系统和排屑、防护等装置。

　　4）实现工件回转、定位装置和附件。

　　5）自动托盘交换装置（APC）。

　　6）刀架或自动换刀装置（ATC）。

　　7）特殊功能装置，如刀具破损监控、精度检测和监控装置。

　　8）为完成自动化控制功能的各种反馈信号装置及元件。

　　铣床基础件通常是指床身、底座、立柱、横梁、滑座、工作台等。它是整台铣床的基础和框架。铣床的其他零部件或者固定在基础件上或者工作时在它的导轨上运动。其他机械结构的组成则按铣床的功能需要选用。如一般的数控铣床除基础件外还有主传动系统、进给系统以及液压、润滑、冷却等其他辅助装置，这是数控铣床机械结构的基本构成。加工中心则至少还应有 ATC，有的还有双工位 APC 等。柔性制造单元（FMC）除 ATC 外还带有工位数较多的 APC，有的配有用于上下料的工业机器人。

数控铣床可根据自动化程度、可靠性要求和特殊功能需要，选用各类破损监控、铣床与工件精度检测、补偿装置和附件等。有些特殊加工数控铣床，如电加工数控铣床和激光切割机，其主轴部件不同于一般数控金属切削铣床，但对进给伺服系统的要求则是一样的。

6.3.2 数控铣床的布局形式

XK5040A型数控铣床的布局如图6-7所示。床身6固定在底座1上，用于安装与支承机床各部件。操纵台10上有CT显示器、机床操作按钮和各种开关及指示灯。纵向工作台16、横向溜板12安装在升降台15上，通过纵向进给伺服电动机13、横向进给伺服电动机14和垂直升降进给伺服电动机4的驱动，完成X、Y、Z坐标进给。强电柜2中装有机床电气部分的接触器、继电器等。变压器箱3安装在床身立柱的后面。数控柜7内装有机床数控系统。保护开关8、11可作为硬限位控制纵向行程，挡铁9为纵向参考点设定挡铁。主轴变速手柄和按钮板5用于手动调整主轴的正转、反转、停止及切削液的开停等。

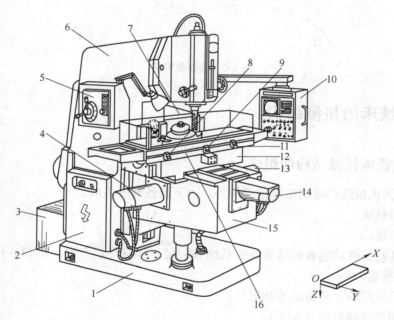

图 6-7 XK5040A 型数控铣床的布局

1—底座 2—强电柜 3—变压器箱 4—伺服电动机 5—主轴变速手柄和按钮板
6—床身 7—数控柜 8、11—保护开关 9—挡铁 10—操纵台 12—横向溜板
13—纵向进给伺服电动机 14—横向进给伺服电动机 15—升降台 16—纵向工作台

数控立式铣床是数控铣床中数量最多的一种，应用范围也最为广泛。小型数控铣床一般都采用工作台移动、升降及主轴转动方式，与普通立式升降台铣床结构相似。中型数控立式铣床一般采用纵向和横向工作台移动方式，且主轴沿垂直溜板上下运动。大型数控立式铣床，因要考虑到扩大行程，缩小占地面积及刚度等技术问题，往往采用龙门架移动式，其主轴可以在龙门架的横向与垂直溜板上运动，而龙门架则沿床身

作纵向运动。

从机床数控系统控制的坐标数量来看，一般可进行三坐标联动加工。一般来说，机床控制的坐标轴越多，特别是要求联动的坐标轴越多，机床的功能、加工范围及可选择的加工对象也越多。但随之而来的是机床的结构更复杂，对数控系统的要求更高，编程的难度更大，设备的价格也更高。

6.3.3 数控铣床机械结构的主要特点

1. 高刚度和高抗振性

铣床刚度是铣床的技术性能之一，它反映了铣床结构抵抗变形的能力。铣床在动态力作用下表现的刚度称为铣床的动刚度；铣床在静态力作用下表现的刚度称为铣床的静刚度。在铣床性能测试中常用铣床柔度来说明铣床的该项性能，柔度是刚度的倒数。为满足数控铣床高速度、高精度、高生产率、高可靠性和高自动化的要求，与普通铣床比较，数控铣床应有更高的静、动刚度，更好的抗振性。提高数控铣床结构刚度的措施主要有以下几种。

1）提高铣床构件的静刚度和固有频率。改善薄弱环节的结构或布局以减少承受的弯曲负载和转矩负载。例如，数控铣床的主轴箱或滑枕等部件，可采用卸载装置来平衡载荷，以补偿部件引起的静力变形，常用的卸载装置有重锤和平衡液压缸。改善构件间的接触刚度和铣床与地基联接处的刚度等。

2）改善数控铣床结构的阻尼特性。在大件内腔充填泥芯和混凝土等阻尼材料，在振动时因相对摩擦力较大而耗散振动能量。也可采用阻尼涂层法，即在大件表面喷涂一层具有高内阻尼和较高弹性的黏滞弹性材料来增大阻尼比。

3）采用新材料和钢板焊接结构。

2. 高传动效率和无间隙传动装置

数控铣床在高进给速度下工作要求平稳，并有高定位精度。因此，对进给系统中的机械传动装置和元件，要求具有高寿命、高刚度、无间隙、高灵敏度和低摩擦阻力的特点。目前，数控铣床进给驱动系统中常用的机械装置主要有三种：滚珠丝杠副、静压蜗杆—蜗轮机构和预加载荷双齿轮—齿条。

3. 传动系统结构简化

数控铣床的主轴驱动系统和进给驱动系统，分别采用交流、直流主轴电动机和伺服电动机驱动。这两类电动机调速范围大，并可无级调速，因此使主轴箱、进给变速箱及传动系统大为简化，箱体结构简单。齿轮、轴承和轴类零件数量大为减少，甚至不用齿轮，由电动机直接带动主轴或进给滚珠丝杠。

4. 低摩擦因数的导轨

铣床导轨是铣床的基本结构之一。铣床加工精度和使用寿命在很大程度上取决于铣床导轨的质量，因此对数控铣床的导轨有很高的要求。如在高速进给时不振动，低速进给时不爬行，具有很高的灵敏度，能在重载下长期连续工作，耐磨性要高，精度保持性要好等。现代数控铣床使用的导轨，从类型上仍是滑动导轨、滚动导轨和静压导轨三种，但在材料和结构上已发生了质的变化，已不同于普通铣床的导轨。

5. 减少铣床热变形的影响

铣床的热变形是影响铣床加工精度的重要因素之一。由于数控铣床主轴转速、进给速度远高于普通铣床，而大切削量产生的炽热切屑对工件和铣床部件的热传导影响远比普通铣床严重，而热变形对加工精度的影响操作者往往难以修正，因此应特别重视减少数控铣床热变形的影响。常用措施有以下几种。

（1）改进铣床布局和结构

1）采用热对称结构。这种结构相对热源是对称的。在产生热变形时其工件或者刀具回转中心对称线的位置基本保持不变，因而可以减少对工件的精度影响。

2）采用倾斜床身和斜滑板结构。

3）采用热平衡措施。

（2）控制温度 对铣床发热部位（如主轴箱等）采用散热、风冷和液冷等控制温升的办法来吸收热源发出的热量。这是各类数控铣床上广泛采用的一种减少热变形影响的对策。

（3）对切削部位采取强冷措施 在大切削量切削加工时，落在工作台、床身等部件上的炽热切屑是重要的热源。现代数控铣床普遍采用多喷嘴、大流量切削液来冷却并排出这些炽热的切屑，并对切削液用大容量循环散热或用冷却装置制冷以控制温升。

（4）热位移补偿 预测热变形规律，建立数学模型存入计算机中进行实时补偿。图 6-8 所示为热变形自动补偿装置。

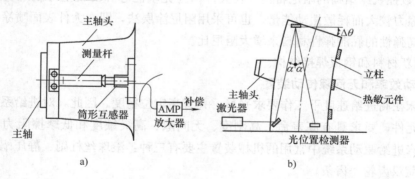

图 6-8 热变形自动补偿装置

a）轴向补偿 b）立柱热平衡补偿

6.4 XK714B 型立式数控铣床

6.4.1 XK714B 型立式数控铣床的组成与技术参数

1. XK714B 型立式数控铣床的组成

XK714B 型立式数控铣床外形结构如图 6-9 所示。它主要由底座 1、床鞍 2、护板 3、工作台 4、主轴 5、数控系统 6、主轴箱 7、伺服电动机 8、立柱 9 等组成。

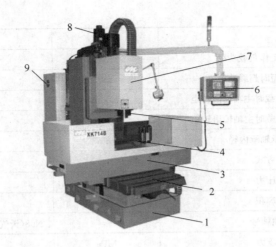

图 6-9　XK714B 型立式数控铣床外形结构

1—底座　2—床鞍　3—护板　4—工作台　5—主轴　6—数控系统　7—主轴箱　8—伺服电动机　9—立柱

2. XK714B 型立式数控铣床的技术参数

XK714B 型立式数控铣床技术参数见表 6-2。

表 6-2　XK714B 型立式数控铣床技术参数

	参数	单位	规格
工作台	工作台面尺寸(宽度×长度)	$\frac{宽度}{mm}×\frac{长度}{mm}$	400×1000
	T形槽(数量×槽宽×间距)	$\frac{数量}{个}×\frac{槽宽}{mm}×\frac{间距}{mm}$	3×18×125
	定位 T形槽宽度与公差	mm	18H7
	工作台承载量(均匀载荷)	kg	600
	工作台面至操作平面(地面)距离	mm	800
行程	X轴	mm	800
	Y轴	mm	410
	Z轴	mm	600
进给系统	快速移动速度(X、Y、Z)	mm/min	10000/10000/10000
	进给速度范围(X、Y、Z)	mm/min	6000
	进给电动机输出转矩(X、Y、Z)	N·m	11/11/16
	进给驱动力(X、Y、Z)	N	8207/8207/11937
主轴	锥孔	—	ISO40/BT40
	刀具拉紧力	N	7840±10%
	主轴可编程转速范围(同步带传动)	r/min	1:1时 20～6000
	主轴恒功率转速	r/min	1500～4500
	主轴端面至工作台面距离	mm	100～700
	主轴轴线至立柱导轨面距离	mm	410

（续）

参数		单位	规格
主轴	驱动电动机工作负载功率	kW	9
	驱动电动机短时超载功率	kW	13
	驱动电动机工作负载时主轴输出转矩	N·m	50
	驱动电动机短时超载时主轴输出转矩	N·m	70
	主轴前支承轴承内径	mm	60
润滑系统	润滑方式	—	自动润滑
	工作压力	MPa	0.3
	油箱容积	L	1.8
	润滑油牌号	—	N68（天气冷），N100～N150（天气热）
气动系统	工作压力	MPa	0.6
	润滑油牌号	—	ISOVG32
	压缩空气接管规格	mm	$\phi8/\phi12$
冷却系统	冷却泵流量	L/min	50
	冷却泵扬程	m	4
	冷却水箱容积	L	170
数控系统	数控系统品牌型号	—	SIEMENS
	最小设定单位	mm	0.001
电气系统	电源电压	V	$380^{+5\%}_{-3\%}$
	电源频率	Hz	50
	总功率	kW	12
机床尺寸	外形尺寸（长×宽×高）	$\frac{长}{mm}×\frac{宽}{mm}×\frac{高}{mm}$	2350×2600×2600
	净重	kg	4200

6.4.2 XK714B 型立式数控铣床的传动系统

1. 主轴传动系统

主轴电动机选用伺服电动机，其性能稳定，信息反馈准确及时，使用寿命长。传动形式分为同步带传动式（图 6-10）和齿轮变挡式（图 6-11），根据用户选用配置。

（1）同步带传动式　其主轴传动由主轴电动机通过同步带轮与主轴上的同步带轮直接连接，传动简单可靠，功率损失小，可高速输出。

（2）齿轮变挡式　其主轴传动采用可变挡减速器，通过传动比的调节可降低转速，增大输出转矩，可实现 1∶1 及 1∶6 传动。

2. 进给驱动系统

交流伺服电动机通过滚珠丝杠驱动 X、Y、Z 轴运动。电动机和丝杠之间采用柔性联轴器联接。Z 轴进给电动机配有制动器，防止意外停电时主轴箱下滑造成机床损坏或人身伤亡。丝杠两端用丝杠专用轴承预紧支承，保证良好的刚度和传动稳定性。

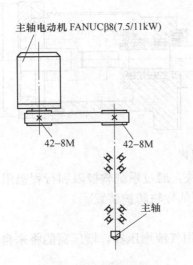

图 6-10　同步带传动式

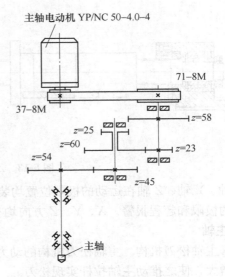

图 6-11　齿轮变挡式

6.4.3　XK714B 型立式数控铣床的主要结构

1. 床身

床身是整台机床的基础，并使装在其上的部件保持准确的相对位置。在机床下面设有 8 个机床安装调节孔，便于整台机床的安装和水平调整。

2. 工作台

工作台在床鞍上的导轨上作纵向运动，完成 X 轴的进给运动，其结构如图 6-12 所示。

3. 床鞍

床鞍在床身前上方的导轨上作横向运动，构成 Y 轴进给，其结构如图 6-12 所示。

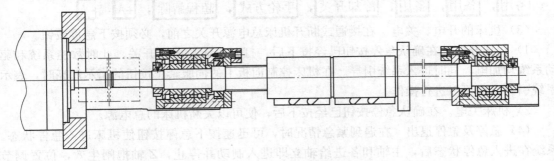

图 6-12　X、Y 向传动机构

X 轴和 Y 轴由交流伺服电动机通过柔性联轴器直接与滚珠丝杠联接。

4. 立柱

立柱通过螺钉安装在床身的后上方，主轴箱在立柱前面的滑动导轨上作垂直运动，完成 Z 轴进给，如图 6-13 所示。Z 轴由交流伺服电动机通过柔性联轴器直接与滚珠丝杠联接。机床的润滑装置安放在立柱侧面。立柱背部是机床的电气柜。

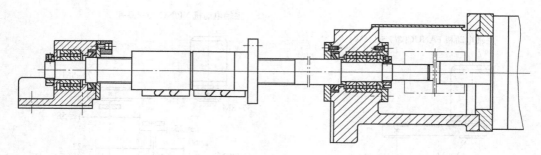

图 6-13 Z 向传动机构

X 轴、Y 轴、Z 轴在运动的极限位置均装有硬撞块，通过系统软极限和行程极限开关设定行程的极限和超程报警。X、Y、Z 方向均有防切屑的导轨防护装置。

5. 主轴

（1）主轴松刀机构　主轴松刀机构的动力来自专用气液增压器，增压器能将来自气源的低压力增大，使之推动主轴拉杆实现松刀。

（2）主轴传动机构　交流伺服电动机经过同步带轮直接转动主轴，控制了主轴系统的噪声，有利于提高主轴的输出转速，从而提高了生产率。

6.5　拓展知识——数控铣床的操作

以 XK714B 型立式数控铣床为例说明数控铣床的基本操作。

1. 基本操作说明

（1）机床操作面板和键盘　机床操作面板分两部分：一部分为标准定义键，另一部分为自定义键。标准定义键和键盘的定义参见 SIEMENS 802DSL 手册。

（2）自定义键　以下为自定义键。

备用，　备用，　备用，　冷却开关，　手轮方式，　超程解除，　+A，　−A

（3）机床的开电、关电　在接通或断开机床总电源开关之前，必须按下急停按钮。

1）机床开电。在确认急停按钮已经按下后，打开机床总电源开关。此时数控系统和驱动系统均加电，同时进入系统引导。在机床控制面板上的伺服禁止按钮的指示灯亮时，表示系统引导完成可以进行操作。

2）机床关电。在确认急停按钮已经按下后，便可以关断机床的总电源。

（4）急停及急停退出　在遇到紧急情况时，可迅速按下急停按钮使机床进入急停状态。系统在进入急停状态后，主轴和各进给轴立即进入制动并停止，Z 轴抱闸生效，位置调节停止。

在打开机床总电源后，或在紧急情况下启动了急停，或驱动器出现故障，或硬限位开关生效均可使系统处于急停状态。要根据急停生成条件确定如何退出急停。

1）在打开机床总电源（或在出现紧急情况按下急停按钮，并排除了紧急情况）后，按急停按钮上标出的方向旋出急停按钮，然后按复位键即可退出急停状态。

2）由于驱动器出现故障生成的急停时，用上述方法不能清除急停状态，这时需与机床制造厂联系。

（5）方式选择

1）〰：手动方式。

2）⇥：自动方式。

3）⬛：MDA 方式。

数控机床具有三种基本操作方式：手动（包括连续点动、增量点动以及返回坐标参考点）；自动（执行零件加工程序）；MDA（执行手动输入的程序段）。

（6）轴选择　手动操作时要根据实际情况通过轴选择开关选择所需的轴。

（7）返回机床参考点　参考点为机床的测量基准。机床在每次开电后必须进行一次返回参考点的操作，机床在返回参考点后，坐标的软限位生效，丝杠螺距误差补偿生效。同时由于数控系统通过参考点建立了坐标测量基准，因而零件加工程序中的零点偏移指令生效。如果任意一轴没有返回参考点，自动方式下不能启动加工程序。

返回参考点的过程：选轴（为避免工作台上的工件与主轴发生碰撞，应先选择 Z 轴返回参考点）。按一下正向点动键，开始返回参考点。坐标正向移动直到碰块压下参考点开关后，坐标自动反向移动，并在参考点处停止。按上述过程将所有坐标返回参考点。

（8）限位　机床分别具有硬限位和软限位。各坐标的软限位在返回参考点后生效。

（9）进给倍率　通过进给倍率开关可以将进给速度在 0%～150% 之间调节。在点动时，坐标的实际移动速度为该轴设定的点动速度乘以进给倍率开关指定的百分比。在自动和 MDA 方式下，实际进给速度为零件程序段中给定的进给速度 F 值乘以进给倍率指定的百分比。当通过软菜单键程序控制选择了 ROV（快速倍率）后，进给倍率对 G00 速度也起作用。

2. 手动操作

手动操作包括连续点动、增量点动和手轮操作。

（1）连续点动　当按下正向或反向点动控制键时，所选择的坐标按系统设定的速度连续移动，当方向键松开后，坐标移动停止。如果方向键和快速键同时按下，所选择的坐标按照系统设定的点动快速连续移动，直到方向键松开。点动速度可以通过改变设定数据中的点动速度进行限制。

（2）增量点动　每按一次点动方向键（点动脉冲）使选择的坐标移动一个所选的增量，复位键可终止增量点动过程。

（3）手轮操作　手轮向某一方向移动一格，所选择的坐标则以手轮移动的方向移动一个（或小于）所选的增量。当增量为 ×1 或 ×10 时，每个手轮脉冲对应一个所选增量的位移。当增量为 ×100 或 ×1000 时，每个手轮脉冲对应一个小于所选增量的位移。当选择大增量并快速摇动手轮时，所选坐标按系统设定的速度移动，此时一个反方向的手轮脉冲，可使坐标移动停止。手轮进给量见表 6-3。

表 6-3　手轮进给量

每次进给量	×1 0.001mm	×10 0.01mm	×100 0.1mm
手轮转动一圈的进给量	0.1mm	1mm	10mm

3. 主轴操作

（1）主轴手动操作　在手动方式下，通过操作面板上主轴正转或主轴反转键，可起动主轴的正向或反向旋转，复位键可停止主轴转动。主轴正转和主轴反转的切换，必须在主轴停止并且制动解除后方可进行。

（2）主轴程序控制　在自动或 MDA 方式下，可通过 M03 或 M04 辅助程序指令，起动主轴的正向或反向旋转，M05 或复位键可停止主轴转动。

（3）主轴制动　不论在手动、自动或 MDA 方式下，主轴停止命令（复位或 M05）都能起动主轴制动机构使主轴迅速停止。

4. 切削液控制

在手动方式下，通过操作面板上冷却键可起动或停止冷却泵。在自动或 MDA 方式下，可通过 M07 或 M08 辅助程序指令起动冷却泵，通过 M09 关闭冷却泵。急停、冷却电动机过载时无切削液输出。

5. 辅助功能控制

（1）冷却控制　在自动方式或 MDA 方式下可以通过 M 指令来自动控制冷却泵的起动和停止。

M08：冷却泵开；M09：冷却泵关。还可以通过机床操作面板上的冷却方式选择键起停，按一次即开，同时开关上的 LED 指示灯亮，再按一下则关闭。

（2）润滑泵控制　本机床具有自动润滑功能。自动润滑通过润滑检测开关及延时时间自动控制润滑泵的起停动作。

思 考 题

1. 简述数控铣床与普通铣床的异同点。
2. 数控铣床的分类有哪些？
3. 简述数控铣床的结构特征及加工对象。
4. 数控铣床主要由哪些机械部件构成？
5. 试说明 XK5040A 型数控铣床的布局形式。
6. 数控铣床机械结构的主要特点是什么？
7. 试说明 XK714B 型立式数控铣床的组成及技术参数。
8. 试简述 XK714B 型立式数控铣床的传动系统。
9. 试简述 XK714B 型立式数控铣床的主要结构。
10. 简述 XK714B 型立式数控铣床的操作。

项目 7　数控加工中心

7.1　项目任务书

项目任务书见表 7-1。

表 7-1　项目任务书

任务	任务描述
项目名称	数控加工中心
项目描述	初识数控加工中心
学习目标	1. 能阐明加工中心的基本特征,立式加工中心的用途、机床组成 2. 能够描述数控加工中心的分类、发展 3. 能够叙述立式加工中心和卧式加工中心的布局用途、结构 4. 能够了解数控加工中心的操作
学习内容	1. 加工中心的基本特征、特点、分类和发展 2. 立式加工中心用途、布局、组成、参数和主要机械结构 3. 卧式加工中心用途、布局,SOLON3—1 卧式镗铣加工中心的组成、结构 4. 了解数控加工中心的操作
重点、难点	加工中心的分类、特点,立式和卧式加工中心的用途、组成和结构
教学组织	参观、讲授、讨论、项目教学
教学场所	多媒体教室、金工车间
教学资源	教科书、课程标准、电子课件、多媒体计算机、数控车床、数控铣床、加工中心
教学过程	1. 参观工厂或实训车间:学生观察数控加工中心的组成和运动。师生共同探讨数控加工中心的工作过程与组成 2. 课堂讲授:分析数控加工中心(立式和卧式)的分类、原理、组成与应用 3. 小组活动:每小组 5～7 人,完成项目任务报告,最后小组汇报
项目任务报告	1. 分析加工中心的基本特征、分类和发展 2. 描述立式和卧式加工中心用途、布局和组成 3. 叙述某一种加工中心工作过程 4. 了解数控加工中心的操作

7.2　初识数控加工中心

数控加工中心是带有刀库和自动换刀装置的一种高度自动化的多功能数控机床。工件在一次装夹中便可自动完成多道工序的加工，实现铣、钻、镗、铰、攻螺纹、切槽等多种加工功能，使生产效率大大提高。

7.2.1 数控加工中心的特点与分类

1. 数控加工中心的特点

加工中心具有良好的加工一致性和经济效益。与其他数控机床相比，具有以下特点。

1）加工工件复杂，工艺流程很长时，加工中心能排除工艺流程中的人为干扰因素，具有较高的生产效率和质量稳定性。

2）由于工序集中和具有自动换刀装置，加工中心能更大程度地使工件在一次装夹后实现多特征、多工位的连续、高效、高精度加工。

3）具有自动交换工作台的加工中心，一个工件在加工时，另一个工作台可以实现工件的装夹，从而大大缩短辅助时间，提高加工效率。

4）带有自动摆角的主轴或回转工作台的加工中心，在一次装夹后，自动完成多个面和多个角度的加工。

5）刀具容量越大的加工中心，加工范围越广，加工的柔性化程序越高。

6）利用加工中心进行生产，能够准确地计算出零件的加工量，并有效地简化检验、工夹具和半成品的管理工作，有利于生产管理现代化。

2. 数控加工中心的分类

（1）按换刀形式分类

1）带刀库、机械手的加工中心。这类加工中心换刀装置由刀库、机械手等组成，换刀动作由机械手完成。

2）无机械手的加工中心。这种加工中心的换刀是通过刀库和主轴箱配合动作来完成换刀过程。一般是把刀库放在主轴箱可以运动到的位置，或整个刀库或某一刀位能够移动到主轴箱可以达到的位置。

3）转塔刀库式加工中心。转塔刀库式加工中心一般应用于小型加工中心，直接由转塔刀库旋转完成换刀，主要以加工孔为主。

（2）按机床形态分类

1）卧式加工中心。卧式加工中心指主轴轴线为水平状态设置的加工中心，如图 7-1 所示。卧式加工中心一般具有 3～5 个运动坐标。常见的有三个直线运动坐标（沿 X、Y、Z 轴方向）加一个回转坐标（工作台），它能够使工件一次装夹完成除安装面和顶面以外的其余四个面的加工。卧式加工中心较立式加工中心应用范围广，适宜复杂的箱体类零件、泵体、阀体等零件的加工。但卧式加工中心占地面积大，重量大，结构复杂，价格较高。

2）立式加工中心。立式加工中心指主轴轴线为垂直状态设置的加工中心，如图 7-2 所示。立式加工中心一般具有三个直线运动坐标，工作台具有分度和旋转功能，可在工作台上安装一个水平轴的数控转台用以加工螺旋线零件。立式加工中心多用于加工简单箱体、箱盖、板类零件和平面凸轮，具有结构简单、占地面积小、价格低的优点。

3）龙门加工中心。龙门加工中心与龙门铣床类似，主轴多为垂直状态设置（图 7-3），并且有自动换刀装置，适用于大型或形状复杂的工件加工，如船舶内燃机体或大型汽轮机零件的加工。

图 7-1 卧式加工中心

图 7-2 立式加工中心

图 7-3 龙门加工中心

4）万能加工中心。万能加工中心也称复合加工中心，具有立式和卧式加工中心的功能，工件一次安装后能完成除安装面外的所有侧面和顶面等五个面的加工，如图 7-4 所示。常见的加工中心有两种形式：一种是主轴不可以改变方向，而工作台带着工件旋转 90°完成对工件五个面的加工；另一种是主轴可以旋转 90°既可像立式加工中心一样，也可像卧式加工中心一样。万能加工中心安装工件避免了二次装夹带来的安装误差，因此效率和精度高，但结构复杂、造价高，所以它的使用数量和生产数量远不如其他类型的加工中心。

图 7-4　万能加工中心

（3）按加工中心的功用分类

1）镗铣加工中心。镗铣加工中心以镗、铣加工为主，主要用于镗孔、铣削、钻孔、扩孔、铰孔、攻螺纹加工，特别适合加工箱体类、壳体及形状复杂、工序集中的特殊曲线和曲面轮廓零件。

2）车削加工中心。车削加工中心除了对轴类零件进行加工，还能够进行铣削（如铣端面槽、螺旋槽、键槽、铣六角等）、钻削（如钻端面孔、斜孔、横向孔等）。

3）钻削加工中心。钻削加工中心主要用于钻孔、扩孔、铰孔、攻螺纹加工，也可以进行小面积的端面铣削加工。

4）复合加工中心。复合加工中心除了用各种刀具进行切削，还可以使用激光头进行打孔、清角，用磨头磨削内孔，用智能化在线测量装置检测、仿型等。

（4）按加工精度分类

1）普通加工中心。普通加工中心分辨率为 1 μm，最大进给速度为 15～25m/min，定位精度为 10 μm 左右。

2）高精度加工中心。高精度加工中心分辨率为 0.1 μm，最大进给速度为 15～100m/min，定位精度为 2 μm 左右。

3）精密加工中心。精密加工中心指定位精度介于 2～10 μm 之间的加工中心。

（5）按数控系统功能分类　按加工中心数控系统功能可分为三轴二联动、三轴三联动、四轴三联动、五轴四联动、六轴五联动等。三轴、四轴是指加工中心具有的运动坐标数，联动是指控制系统可以同时控制运动的坐标数，从而实现刀具相对工件的位置和速度控制。

7.2.2 数控加工中心的应用范围

加工中心主要适用于加工形状复杂、工序多、精度要求高的工件。

1. 箱体类零件

具有一个以上的孔系且内部有较多型腔的零件称为箱体类零件，这类零件在机床、汽车、飞机等行业应用较多，如汽车的发动机缸体、变速箱体，机床的主轴箱、柴油机缸体，齿轮泵壳体等。在加工中心上加工时，一次装夹可完成普通机床 60%～95% 的工序内容，另外，凭借加工中心自身的精度和加工效率高、刚度好和自动换刀的特点，只要制订好工艺流程，采用合理的专用夹具和刀具，就可以解决箱体类零件精度要求较高、工序较复杂以及提高生产效率等问题。

2. 复杂曲面类零件

在航空、航天及运输业中，具有复杂曲面的零件应用很广泛，如凸轮、航空发动机的整体叶轮、螺旋桨、模具型腔等。这类具有复杂曲线、曲面轮廓的零件，或具有不开敞内腔的盒形或壳体零件，采用普通机床加工或精密铸造难以达到预定的加工精度，且难以检测。而使用多轴联动的加工中心，配合自动编程技术和专用刀具，可以大大提高其生产效率并保证曲面的形状精度，使复杂零件的自动加工变得非常容易。

3. 异形类零件

异形件是外形不规则的零件，大多需要点、线、面多工位混合加工（如支架、基座、靠模等）。加工异形件时，形状越复杂，精度要求越高，使用加工中心越能显示其优越性。

4. 盘、套、板类零件

这类工件包括带有键槽和径向孔，端面分布有孔系、曲面的盘套或轴类工件，如带法兰的轴套等，还有带有较多孔加工的板类零件，如各种电动机盖等。其中端面有分布孔系、曲面的盘类零件常使用立式加工中心，有径向孔的可使用卧式加工中心。

5. 新产品试制中的零件

加工中心具有广泛的适应性和较高的灵活性，更换加工对象时，只需编制并输入新程序即可实现加工。有时还可以通过修改程序中部分程序段或利用某些特殊指令实现加工。如利用缩放功能指令就可加工形状相同但尺寸不同的零件，这为单件、小批量、多品种生产，产品改型和新产品试制提供很大方便，大大缩短了生产准备及试制周期。

7.3 立式加工中心

7.3.1 立式加工中心的主要特点

立式加工中心主要适用于加工板类、盘类、模具及小型壳体类复杂零件。立式加工中心能完成铣、镗削、钻削、攻螺纹和用切削螺纹等工序。立式加工中心最少是三轴二联动，一般可实现三轴三联动，有的可进行五轴、六轴控制。立式加工中心工件装夹、定位方便；刀具运动轨迹易观察，调试程序检查测量方便，可及时发现问题，进行停机处理或修改；冷却条件易建立，切削液能直接到达刀具和加工表面；三个坐标轴与笛卡儿坐标系吻合，感觉直观与图样视角一致；切屑易排除和掉落，避免划伤加工过的表面。但是立式加工中心受立柱高度和换刀装置的限制，不能加工太高的零件，也不适于加工箱体类工件。

7.3.2 JCS—018A 型立式加工中心

JCS—018A 型立式加工中心是由北京机床研究所研制，其外形如图 7-5 所示。工件在一次装夹后，可连续地进行镗、铣、钻、铰、锪、攻螺纹等多种工序的加工。该机床适用于小型板件、盘件、壳体件、模具和箱体件等复杂零件的多品种、小批量加工。

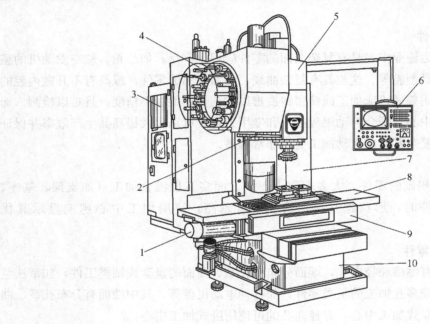

图 7-5　JCS—018A 型立式加工中心

1—X 轴的直流伺服电动机　2—换刀机械手　3—数控柜

4—盘式刀库　5—主轴箱　6—操作面板　7—驱动电源柜

8—工作台　9—滑座　10—床身

1. 机床组成

JCS—018A 型立式加工中心主要部件组成如图 7-6 所示。床身的后部装有固定的框式立柱，交流变频调速电动机将运动经主轴箱内的传动件传给主轴，实现旋转主运动。三个宽调速直流伺服电动机分别经滚珠丝杠螺母副将运动传给工作台、滑座，实现 X、Y 坐标的进给运动，传给主轴箱使其沿立柱导轨作 Z 坐标的进给运动。立柱左上侧的圆盘形刀库可容纳 16 把刀，由机械手进行自动换刀。立柱的左后部为 FANUC 数控柜，左下侧为润滑油箱。

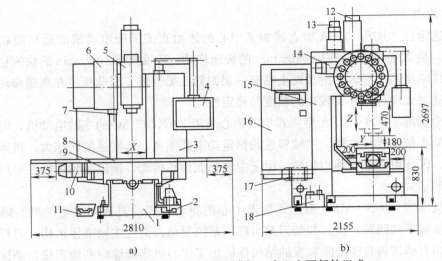

图7-6 JCS—018A 型立式加工中心主要部件组成

1—床身 2—切削液箱 3—驱动电柜 4—操纵面板 5—主轴箱 6—刀库 7—机械手 8—工作台
9—滑座 10—X 轴伺服电动机 11—切屑箱 12—主轴电动机 13—Z 轴伺服电动机
14—刀库电动机 15—立柱 16—数控柜 17—Y 轴伺服电动机 18—润滑油箱

2. JCS—018A 型立式加工中心主要参数（表 7-2）

表 7-2 JCS—018A 型立式加工中心主要参数

参数	单位	规格
工作台面尺寸(长×宽)	$\frac{长}{mm} \times \frac{宽}{mm}$	1000×320
工作台 T 形槽(宽×槽数)	$\frac{槽宽}{mm} \times \frac{槽数}{个}$	18×3(2)
工作台左右行程(X 轴)	mm	750
工作台前后行程(Y 轴)	mm	40
主轴箱上下行程(Z 轴)	mm	470
主轴端面距工作台距离	mm	180~650
主轴转速(标准型/高速型)	r/min	225~2250/45~4500
主轴驱动电动机功率	kW	5.5
快速移动速度(X、Y 轴)	m/min	14
进给速度(X、Y、Z 轴)	m/min	1~4000
进给驱动电动机功率	kW	1.4
刀库容量	把	16
最大刀具尺寸	mm	$\phi100 \times \phi300$
最大刀具质量	kg	10
刀库电动机功率	kW	1.4
定位精度	mm	±0.012
重复定位精度	mm	±0.006
工作台允许负载	kg	500
机床质量	t	4.5

3. 机床特点

（1）高速定位　JCS—018A 型立式加工中心的进给直流伺服电动机的运动经联轴器和滚珠丝杠副，使 X 轴和 Y 轴获得 14m/min 的快速移动，Z 轴获得 10m/min 的快速移动。由于机床基础件刚度高，导轨的滑动面上贴有一层四氟乙烯软带，因此机床在高速移动时振动小，低速移动时无爬行，并有较高的精度和稳定性。

（2）强力切削　JCS—018A 型立式加工中心采用 FANUC AC 的主轴电动机，电动机的运动经一对同步带轮传到主轴。主轴转速的恒定功率范围宽，低转速的转矩大，机床的主要构件刚度高，因此可以进行强力切削。由于主轴箱无齿轮传动，所以主轴运转时噪声低、振动小、热变形小。

（3）随机换刀　JCS—018A 型立式加工中心的驱动刀库的直流伺服电动机经蜗杆副使刀库回转。机械手的回转、拔刀和装刀都由液压系统驱动，而且主轴准停机构、刀杆自动夹紧松开机构和刀柄切屑自动清除装置的结构保证加工中心机床能够顺利地实现自动换刀。同时，自动换刀采用记忆式的任选换刀方式，每次换刀运动时，刀库正转或反转角度均不超过 180°。

（4）机电一体化　JCS—018A 型立式加工中心将数控柜、控制柜和润滑装置都安装在立柱和床身上，减少了占地面积，同时也简化了搬运和安装。机床的操作面板集中安置在机床的右前方使得操作方便。

（5）计算机控制　JCS—018A 型立式加工中心采用软件固定型计算机控制的数控系统。控制系统的体积小、故障率低、可靠性高、操作简便，而且机床外部信号和程序控制器装置内部的运行具有自诊断功能，监控和检查直观、方便。

4. 机床主要部件结构

（1）主轴箱结构　主轴箱的结构主要由四个功能部件组成，分别是主轴部件、刀具的自动夹紧机构、切屑清除装置和主轴准停装置。

1）主轴部件如图 7-7 所示，主轴的前支承配置了三个高精度的角接触球轴承，用以承受径向载荷和轴向载荷，前两个轴承大口朝下，后面一个轴承大口朝上。前支承按预加载荷计算的预紧量由螺母来调整。后支承为一对小口相对配置的角接触球轴承，它们只承受径向载荷，因此轴承外圈不需要定位。该主轴选择的轴承类型和配置形式，满足主轴高转速和承受较大轴向载荷的要求。主轴受热变形向后伸长，不影响加工精度。

2）刀具的自动夹紧机构如图 7-7 所示，主轴内部和后端安装的是刀具自动夹紧机构。它主要由拉杆端部的四个钢球碟形弹簧、活塞、液压缸等组成。机床执行换刀指令，机械手从主轴拔刀时，主轴需松开刀具。这时液压缸上腔通压力油，活塞推动拉杆向下移动，使碟形弹簧压缩，钢球进入主轴锥孔上端的槽内，刀柄尾部的拉钉（拉紧刀具用）被松开，机械手拔刀。之后，压缩空气进入活塞和拉杆的中孔，吹净主轴锥孔，为装入新刀具做好准备。当机械手将下一把刀具插入主轴后，液压缸上腔无油压，在碟形弹簧和螺旋弹簧的回复力作用下，使拉杆、钢球和活塞退回到图示的位置，即碟形弹簧通过拉杆和钢球拉紧刀柄尾部的拉钉，使刀具被夹紧。

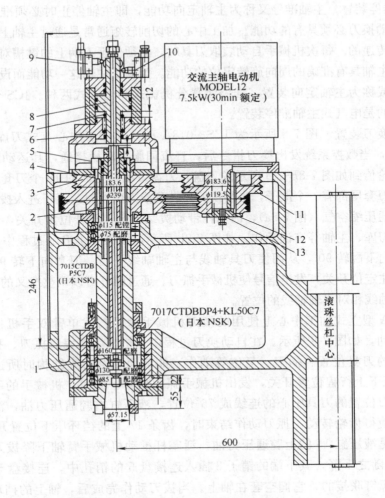

图 7-7　JCS—018A 型立式加工中心的主轴箱结构简图

1—拉钉　2—拉杆　3—带轮　4—碟形弹簧　5—锁紧螺母　6—调整垫　7—螺旋弹簧
8—活塞　9、10—行程开关　11—带轮　12—端盖　13—调整螺钉

　　刀杆夹紧机构用弹簧夹紧，液压放松，以保证在工作中突然停电时，刀杆不会自行松脱。夹紧时，活塞下端的活塞杆端与拉杆的上端部之间有一定的间隙（约为 4mm），以防止主轴旋转时端面摩擦。

　　3）切屑清除装置。自动清除主轴孔内的灰尘和切屑是换刀过程的一个不容忽视的问题。如果因主轴锥孔小而落入了切屑、灰尘或其他污物，在拉紧刀杆时，锥孔表面和刀杆锥柄会被划伤，甚至会使刀杆发生偏斜，破坏刀杆的正确定位，影响零件的加工精度，甚至会使零件超差报废。为了保持主轴锥孔的清洁，常采用的方法是使用压缩空气吹屑。图 7-7 所示为活塞的心部钻有压缩空气通道，当活塞向右移动时，压缩空气经过活塞由孔内的空气嘴喷出，将锥孔清理干净。为了提高吹屑效率，喷气小孔要有合理的喷射角度，并均匀布置。

4）主轴准停装置。主轴准停又称为主轴定向功能，即主轴停止时必须准确停于某固定位置，这是自动换刀必须具有的功能。加工中心的切削转矩通常是通过主轴上的端面键和刀柄上的键槽来传递的。每次机械手自动装取刀具时，必须保证刀柄上的键槽对准主轴的端面键，这就要求主轴具有准确的周向旋转定位的功能。为满足主轴这一功能而设计的装置称为主轴准停装置或称为主轴定向装置。准停装置分机械式和电气式两种。JCS—018A 型立式加工中心采用的是电气式主轴准停装置。

（2）自动换刀装置　图 7-8 所示为 JCS—018A 型立式加工中心盘式刀库的结构简图。如图 7-8a 所示，当数控系统发出换刀指令后，直流伺服电动机接通，其运动经过十字联轴器、蜗杆、蜗轮传到如图 7-8B—B 所示的刀盘，刀盘带动其上面的 16 个刀套转动，完成选刀工作。每个刀套尾部有一个滚子，当待换刀具转到换刀位置时，滚子进入拨叉的槽内。同时气缸的下腔通压缩空气（图 7-8a），活塞杆带动拨叉上升，放开位置开关，用以断开相关的电路，防止刀库、主轴等有误动作。如图 7-8b 所示，拨叉在上升的过程中，带动刀套绕着销轴逆时针向下翻转 90°，从而使刀具轴线与主轴轴线平行。刀套向下转 90°后，拨叉上升到终点，压住定位开关，发出信号使机械手抓刀。通过螺杆可以调整拨叉的行程，拨叉的行程决定刀具轴线相对主轴轴线的位置。

JCS—018A 型立式加工中心上使用的换刀机械手为回转式单臂双手机械手，其动作全部由液压驱动，如图 7-9 所示。在自动换刀过程中，机械手要完成抓刀、拔刀、交换主轴上和刀库上的刀具位置、插刀、复位等动作。如前面介绍刀库结构时所述，当刀套向下转 90°后，压下上行程位置开关，发出机械手抓刀信号。此时，机械手的手臂中心线与主轴中心到换刀位置的刀具中心的连线成 75°位置，液压缸右腔通压力油，活塞杆推着齿条向左移动，使得齿轮转动。抓刀动作结束时，齿条 17 上的挡环压下位置开关 14，发出拔刀信号，于是液压缸 15 的上腔通压力油，活塞杆推动机械手臂轴下降拔刀。在轴下降时，传动盘 10 随之下降，其下端的销子 8 插入连接盘 5 的销孔中，连接盘 5 和其下面的齿轮 4 也是用螺钉联接的，它们空套在轴上。当拔刀动作完成后，轴上的挡环 2 压下位置开关 1，发出换刀信号。这时液压缸 20 的右腔通压力油，活塞杆推着齿条 19 向左移动，使齿轮 4 和连接盘 5 转动，通过销子 8，由传动盘 10 带动机械手转 180°，交换主轴上和刀库上的刀具位置。换刀动作完成后，齿条 19 上的挡环 6 压下位置开关 9，发出插刀信号，使液压缸 15 下腔通压力油，活塞杆带着机械手臂轴上升插刀，同时传动盘 10 下面的销子 8 从连接盘 5 的销孔中移出。插刀动作完成后，轴上的挡环压下位置开关 3，使液压缸 20 的左腔通压力油，活塞杆带着齿条 19 向右移动复位，而齿轮 4 空转，机械手无动作。齿条 19 复位后，其上挡环压下位置开关 7，使液压缸 18 左腔通压力油，活塞杆带着齿条 17 向右移动，通过齿轮 11 使机械手反转 75°复位。机械手复位后，齿条 17 上的挡环压下位置开关 13，发出换刀完成信号，使刀套向上翻转 90°，为下次选刀做好准备，同时机床继续执行后面的操作。

（3）基础部件　加工中心的基础部件包括立柱、床身和工作台。本机床的立柱为封闭的箱型结构，如图 7-10 所示。立柱承受两个方向的弯矩和转矩，故其截面形状近似地取为正方形。立柱的截面尺寸较大，内壁设置有较高的竖向肋和横向环形肋，刚度较大。

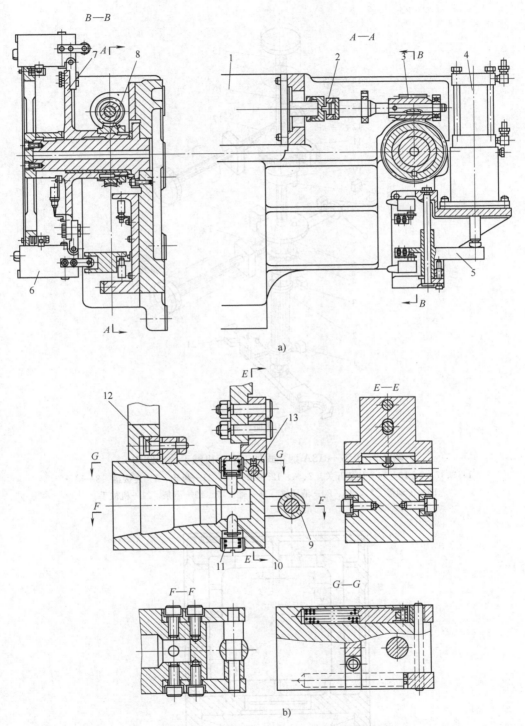

图 7-8   JCS—018A 型立式加工中心盘式刀库的结构简图

1—直流伺服电动机   2—十字滑块联轴器   3—蜗杆   4—气缸   5—拨叉   6—刀套   7—刀盘
8—蜗轮   9—滚子   10—球头销钉   11—弹簧   12—滚子   13—销轴

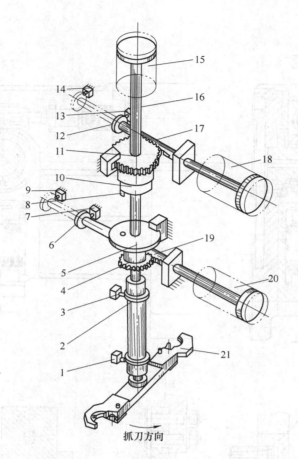

图 7-9 JCS—018A 型立式加工中心机械手传动结构

1、3、7、9、13、14—位置开关 2、6、12—挡环 4、11—齿轮 5—连接盘 8—销子
10—传动盘 15、18、20—液压缸 16—轴 17、19—齿条 21—机械手

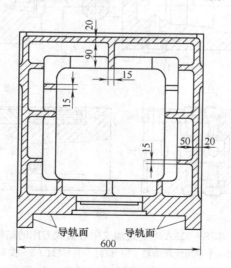

图 7-10 JCS—018A 型立式加工中心立柱

JCS—018A 型立式加工中心是在工作台不升降式铣床的基础上设计的，工作台如图 7-11 所示，其滑座如图 7-12 所示。工作台与滑座之间为燕尾形导轨，丝杠位于两导轨的中间。滑座与床身之间为矩形导轨。工作台与滑座之间、滑座与床身之间，以及立柱与主轴箱之间的动导轨面上，都贴有氟化乙烯导轨板。两轴以机床的最低进给速度运动时，无爬行现象发生。

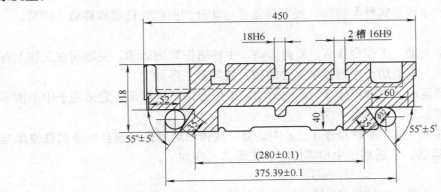

图 7-11 JCS—018A 型立式加工中心工作台

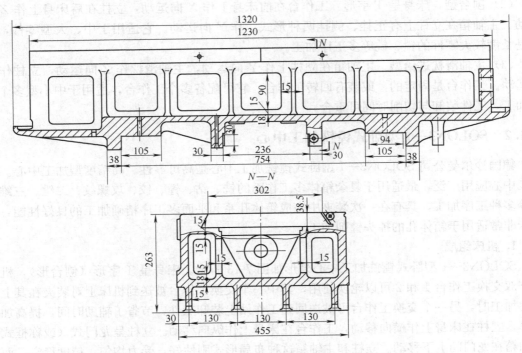

图 7-12 JCS—018A 型立式加工中心滑座

7.4 卧式加工中心

7.4.1 卧式加工中心的布局

卧式加工中心的布局形式种类较多，按立柱是否运动分为固定立柱型和移动立柱型。

1. 固定立柱型

（1）工作台十字运动　工作台作 X、Z 向运动，主轴箱作 Y 向运动，主轴箱在立柱上有正挂、侧挂两种形式。它适用于中型复杂零件的镗、铣等多工序加工。

（2）主轴箱十字运动　主轴箱作 X、Z 向运动，工作台作 Y 向运动。它适用于中小型零件的镗、铣等多工序加工。

（3）主轴箱侧挂于立柱　主轴箱作 Y、Z 向运动，这种布局形式与刨台型卧式铣镗床类似，工作台作 X 向运动。它适用于中型零件镗、铣等多工序加工。

2. 移动立柱型

（1）立柱十字运动型　立柱作 Z、U（与 X 向平行）向运动，主轴箱在立柱上作 Y 向运动，工作台在前床身上作 X 向运动。它适用于中型复杂零件的镗、铣等多工序加工。

（2）刨台型，床身呈 T 字形　工作台在前床身上作 X 向运动，立柱在后床身上作 Z 向运动。主轴箱在立柱上有正挂、侧挂两种形式，作 Y 向运动。它适用于中、大型零件，特别是长度较大零件的镗、铣等多工序加工。

（3）主轴滑枕进给型　主轴箱在立柱上作 Y 向运动，主轴滑枕作 Z 向运动，立柱作 X 向运动。工作台是固定的，或装有回转工作台。它可配备多个工作台，适用于中小型多个零件加工，工件装卸与切削时间可重合。

7.4.2 SOLON3—1 型卧式镗铣加工中心

德国沙尔曼公司 SOLON3—1 型卧式镗铣加工中心是高可靠性、高精度型加工中心。该加工中心应用广泛，最适用于复杂箱体多工作面的铣、钻、镗、铰、攻螺纹、二维、三维曲面等多种工序加工，具有在一次装夹中完成箱体孔系和平面多工序精确加工的良好性能，该机床非常适用于箱体孔的掉头镗削加工。

1. 机床组成

SOLON3—1 型卧式镗铣加工中心外形如图 7-13 所示。床身呈 T 字形（刨台形），机床带有双交换工作台 1 和 2 可以轮换使用，其中一个交换工作台被送到机床上对装夹在其上的工件加工时，另一个交换工作台可被送回到工作站上装卸工件，节省了辅助时间，提高加工效率。立柱在床身上作横向移动，工作台在床身上作纵向移动。立柱呈龙门式（或称框式），主轴箱在龙门间上下移动。立柱和主轴箱这种布局形式刚性好，受力均匀、精度稳定，而且有利于改善机床的热态性能和动态性能，可以较好地保证箱体类工件要求镗孔时孔的同轴度公差。机床有链式刀库，刀库可以容纳 60 把刀，刀库作为独立组件安装在立柱侧边的基础上。机床所有的直线运动导轨都使用单元滚动体导轨支承，整个工作区由防护拉板和门窗密封，防止切削液、切屑飞溅，保护导轨及丝杠。切屑和切削液由排屑装置搜集，经处理后，切屑排出，切削液回收过滤，循环使用。

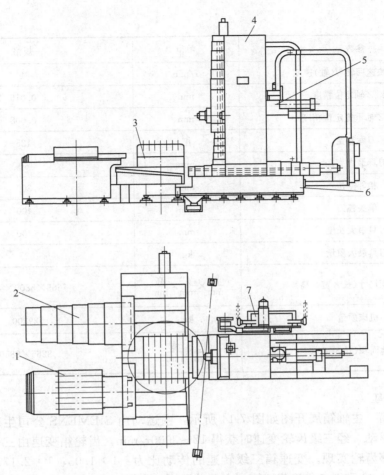

图 7-13　SOLON3—1 型卧式镗铣加工中心外形

1、2—交换工作站　3—工作台　4—立柱　5—主轴箱　6—床身　7—链式刀库

2. SOLON3—1 型卧式镗铣加工中心主要参数（表 7-3）

表 7-3　SOLON3—1 型卧式镗铣加工中心主要参数

参数	单位	规格
工作台面尺寸（长×宽）	$\frac{长}{mm} \times \frac{宽}{mm}$	1000×1000
工作台最大承重	kg	6000
工作台纵向（X 轴）行程	mm	1600
主轴箱升降（Y 轴）行程	mm	1200
立柱横向（Z 轴）行程	mm	1000
主轴转速	r/min	12～3000
主电动机功率	kw	30
切削进给速度	mm/min	1～6000
快速移动速度	mm/min	12000

（续）

参数	单位	规格
工作台快速回转（B轴）速度	r/min	4
X、Y、Z轴定位精度	mm	0.015
X、Y、Z轴重复定位精度	mm	0.008
刀库容量	把	125
刀具最大直径	mm	60
相邻空位	mm	300
单头镗刀		400
刀具最大长度	mm	400
刀具最大质量	kg	25
机床轮廓尺寸（长×宽×高）	$\frac{长}{mm} \times \frac{宽}{mm} \times \frac{高}{mm}$	7665×5800×4100
机床质量	kg	29300
占地面积（长×宽）	$\frac{长}{mm} \times \frac{宽}{mm}$	8265×8850

3. 主要结构

（1）主轴箱　主轴箱展开图如图 7-14 所示，主运动由 SIEMENS 公司生产的 30kW 直流调速电动机驱动，经三级齿轮变速时获得 12～3000r/min，齿轮箱变速由三位液压缸驱动第三轴上的滑移齿轮实现。变速箱三级转速的传动比为：1∶1.03、1∶2.177、1∶7.617，其级比分别为 2.09 和 3.5，互不相等。主电动机恒功率调速范围为 1350～3150r/min。主电动机与第Ⅰ轴之间用齿轮联轴器连接。该联轴器由三件组成：内齿轮、外齿轮和由增强尼龙 1011 材料制成的中间连接件。中间连接件的内、外圆加工出齿轮，插入联轴器的另两件，即内、外齿轮中。主轴箱内全部齿轮都是斜齿轮。

（2）工作台　工作台组件的构造原理图如图 7-15 所示。工作台由三层组成，下层沿前床身导轨移动，采用单元滚动体导轨。中层是回转工作台，采用塑料导轨副。回转工作台的回转运动是数控的。伺服电动机经双蜗杆副和齿轮副传动回转工作台。它采用圆光栅作位置反馈，其分度精度较低，为了保证掉头镗孔的精度，工作台 0°、90°、180°和 270°四个位置采用无接触式电磁差动传感器作精定位。上层是交换工作台，机床前方有两个交换工作台，每个工作台上可安装一个交换工作台。当其中一个交换工作台被运到机床工作台的上层，对其上的工件进行加工时，另一个交换工作台留在其站台上装卸工件。加工完毕后，机床上的交换工作台被送回到它的站台，另一个交换工作台被送到工作台的上层。

（3）床身和导轨　床身呈 T 字形，如图 7-16 所示。横向床身与纵向床身做成两件，之间用螺钉联接。

图 7-17 所示为立柱与床身导轨的横截面形状。它采用单元滚动导轨支承，右导轨为基导轨，兼起侧面导向作用。

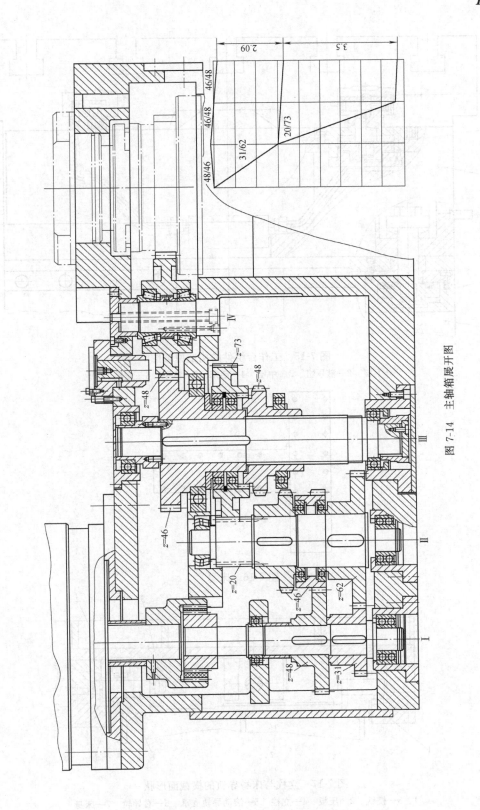

图 7-14 主轴箱展开图

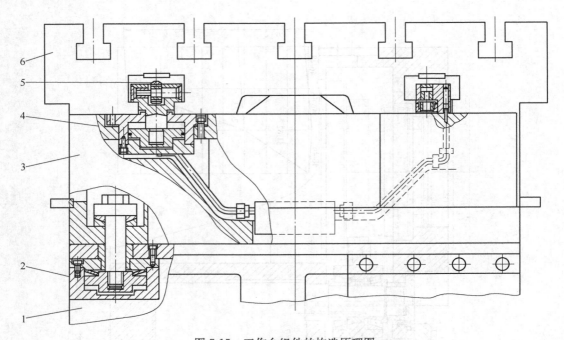

图 7-15　工作台组件的构造原理图

1—下层　2—液压缸　3—中层　4—活塞　5—滚子　6—交换工作台

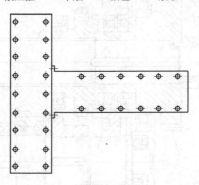

图 7-16　床身

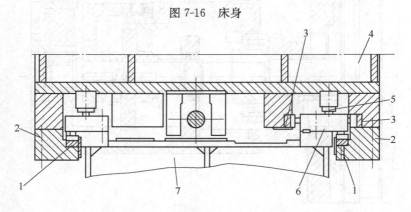

图 7-17　立柱与床身导轨的横截面形状

1、3—楔铁　2—压板　4—立柱　5—滚动导轨支承　6—右导轨　7—床身

7.5 拓展知识——数控加工中心的操作

TH6940 型卧式铣镗加工中心采用 FANUC-0MD 数控系统，其操作面板如图 7-18 所示。

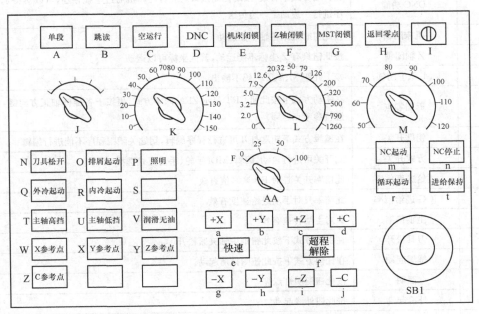

图 7-18 TH6940 型卧式铣镗加工中心的操作面板

7.5.1 基本操作

1. 接通电源及断开电源

1) 将电气柜内的所有开关合上，锁好两个电气柜门。

2) 通过电气柜上的门电联锁开关合上总空气开关。

3) 起动按钮站（操作面板）上的"NC 起动"按钮，点亮 CRT，并顺序返回参考点。若无任何报警及故障信息，说明机床已进入正常开机状态。

若要断开电源，必须确认机床不处于自动运行状态，且机床的各运动部件已停止运动，并到达正确位置。然后按"NC 停止"按钮，切断 CRT 电源，最后断开电气柜的总空气开关。

2. 按钮站

TH6940 型卧式铣镗加工中心操作面板上各按钮及指示灯的说明见表 7-4。

表 7-4 TH6940 型卧式铣镗加工中心操作面板上各按钮及指示灯

编号	名称	说明
SB1	急停按钮	按下此按钮则机床处于急停状态，CRT 上显示准备不足报警
A	单段按钮	在自动方式下按此按钮，程序单段执行。需要执行下一段时再按一次循环起动
B	跳读按钮	在编辑程序且当不需要执行某一段程序时，在此程序号前注"/N×××"，按此按钮时不执行此程序，跳过执行下一段

（续）

编号	名称	说明
C	空运行	只是在自动方式下有效。当空运行程序时，若要检查程序是否正确，按此钮，机床将以快速移动速度运行
D	DNC 功能	在自动方式下有效，系统传输接口与一台计算机通过电缆相连，可以对特别长的程序进行一边加工一边传送
E	机床闭锁	按此钮时机床各轴不能运动
F	Z 轴闭锁	按此钮只有 Z 坐标不能运动，其他坐标可以运动
G	M、S、T 闭锁	按下此钮 M、S、T 代码不输出
H	返回零点	在手动方式下按此钮 CRT 显示 ZRN 回零方式，再按下各坐标轴正方向键，各坐标进行参考点返回
I	钥匙开关	在编辑方式下钥匙打开可进行程序编辑，钥匙关闭则程序不能进行编辑
J	方式开关	此开关可进行自动、编辑、MDI 手轮、手动方式选择
K	进给速度倍率	此倍率开关是对 F×××值有效
L	JOG 进给倍率	此倍率只对手动进给速度有效
M	主轴倍率	只对主轴转速有效
N	刀具松开	在手动方式下按此钮则主轴夹紧松开
O	排屑起动	在任何方式下按此钮则排屑起动。
P	照明	按此钮照明灯点亮
Q	外冷起动	按此钮外冷起动
R	内冷起动	按此钮内冷起动
T	主轴高挡	在手动方式下按此钮，经过晃车后推阀变到高挡变速位置
U	主轴低挡	在手动方式下按此钮，经过晃车后推阀变到低挡变速位置
V	润滑无油显示灯	当润滑无油开关闭合后，经过 PMC－L 处理，润滑无油灯点亮，同时 CRT 显示报警
W	X 参考点	当 X 坐标返回到参考点，此灯点亮
X	Y 参考点	当 Y 坐标返回到参考点，此灯点亮
Y	Z 参考点	当 Z 坐标返回到参考点，此灯点亮
Z	C 参考点	当 C 坐标返回到参考点，此灯点亮
a	＋X	当需要手动正方向移动 X 时按此钮
b	＋Y	当需要手动正方向移动 Y 时按此钮
c	＋Z	当需要手动正方向移动 Z 时按此钮
g	－X	当需要手动负方向移动 X 时按此钮
h	－Y	当需要手动负方向移动 Y 时按此钮
i	－Z	当需要手动负方向移动 Z 时按此钮
m	NC 起动	按此钮 CRT 起动点亮
n	NC 停止	按此钮 CRT 关闭
r	循环起动	按动此钮程序启动
t	进给保持	按此钮程序保持进给，坐标轴停止运动

（续）

编号	名称	说明
AA	快速倍率	此开关控制手动快速移动的速度
e	快速	当需要手动快速进给时，首先把快速倍率开关选到100%，选择手动方式，然后按此钮，再按某一轴的方向键，坐标开始快速进给
f	超程解除	各坐标轴没有压上极限开关时此灯亮。如果压上则此灯灭，这时需按此钮，同时按RESET键及该坐标极限方向的相反方向键
d	+C	当需要手动正方向转动C轴时按此按钮
j	-C	当需要手动负方向转动C轴时按此按钮

7.5.2　辅助功能

1. 主轴功能

（1）主轴变速　此机床主轴转速分为两挡，即高挡与低挡。低挡主轴转速为45～1500r/min，高挡主轴转速为1501～6000r/min。主轴变速时可直接用"S×××　M3;"或"S×××　M4;"指令，数控系统根据读入S值的大小自动变到相应的挡位。也可以用手动变挡，按高挡按钮即变到高挡，按低挡按钮则变为低挡。

（2）主轴定向　此机床采用主轴外装编码器，用M19代码实现主轴定向。

（3）主轴旋转与停止　用"S×××　M3;"或"S×××　M4;"指令可使主轴正转或反转，M05则使主轴停止。

2. 刀库操作说明

此机床刀库可安装16把刀，加工时可根据T指令任意调用刀库中的刀具，也可用子程序实现刀具交换。

（1）刀具的自动交换过程（图7-19）

1）主轴定向，Z轴到达换刀点。

2）刀套垂直（M60）。正常情况下刀库中刀具的轴线与主轴垂直。为确保机械手抓刀、换刀，需将刀套垂直翻转90°，使待换刀具的轴线与主轴平行。

3）机械手抓刀起动（M61），主轴刀具松开（M62）。机械手分别抓住主轴刀具和刀库上待换刀具的刀柄后，两者的刀具自动夹紧机构同时松开，机械手拔刀。

4）机械手旋转180°交换刀具（M63）。机械手拔刀时同时拔出两把刀，然后带着两把刀具逆时针旋转180°。

5）机械手插刀，主轴刀具夹紧（M64）。机械手退回，分别把刀具插入主轴锥孔和刀套中。刀具的自动夹紧机构夹紧刀具。

6）机械手回原位（M65）。机械手反转90°回到原始位置。

7）最后刀套恢复水平（M66），刀套上转90°。

（2）刀具号的存储　此机床刀库中的刀具号存放于数据表里，D450～D466代表刀套号，里面所装的数据为刀具号。D402中的存储值为换刀位刀套号（十进制），R600中的存储值为目标位刀套号（二进制），D450里的数据为主轴上的刀具号（十进制）。

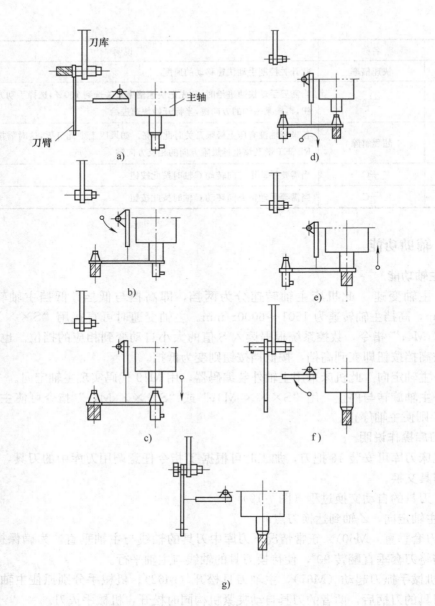

图 7-19　刀具的自动交换过程示意图

（3）刀具号的输入步骤　刀具号的输入步骤如下。

1）按"机床闭锁"键，使其指示灯点亮。

2）按操作面板上的软键菜单"诊断"键。

3）按"NO."键，输入 451，再按"INPUT"键。

4）输入以下内容：

D451　　　1

D452　　　2

D465　　　15

D466　　　16

D450　　　　17（主轴刀号）

变量♯500输入主轴刀号为17，♯500＝D450。

（4）Z轴换刀点的输入　调整好Z轴换刀点后，把Z轴数值输入到子程序。

3. 工作台部分动作的说明

此机床工作台由工作台Ⅰ和工作台Ⅱ组成，两个工作台可随时进行交换。工作台在工作位置Ⅰ可转任意角度（1°的整数倍），这部分所用的 M 代码有：M10，M11，M20，M21，M75，M76，M88，M89；工作台在Ⅱ位置时旋转为 B 轴。具体应用如下。

（1）回零　手动方式下按"返回零点"键，再按"＋B"键，B 轴即可回零。回零后转台自动落下。

（2）交换工作台

1）在自动或 MDI 方式下交换工作台，用 M88 或 M89 指令来完成。M88 为转台在Ⅱ工作位，M89 为转台在Ⅰ工作位。

2）手动方式下交换工作台　先让交换台浮起，再按"Ⅰ工作位"键或"Ⅱ工作位"键来完成。为保证安全，当运行 M88 或 M89 指令时，交换台并不交换，此时再按面板上的"交换台放行"键才能进行交换。

（3）转台的调试　调试转台时若让交换台浮起，首先用 M75 指令使工作台抬起，再用 M20 指令抬起交换台。落下时先用 M21 指令使交换台落下，再用 M76 指令使工作台落下。必须这样依次动作，否则不运行。要注意当交换台、工作台浮起时不能断电，否则会损坏工作台的夹紧机构。

M10，M11 指令为 B 轴松开、夹紧指令。在自动方式下转 B 轴时，应先用 M10 指令使 B 轴松开，抬起到位后再落下，再用 M11 指令夹紧。

思　考　题

1. 数控加工中心的定义是什么？它应具有哪些功能？
2. 数控加工中心的分类方法有哪几种？
3. 简述加工中心的应用。
4. 说明 JCS—018A 型立式加工中心自动换刀装置的结构组成和功能。
5. 卧式加工中心有哪几种布局形式？各有什么特点？
6. 试说明 SOLON3—1 型卧式镗铣加工中心的组成。
7. 数控加工中心的特点有哪些？

项目8　数控电火花加工机床

8.1　项目任务书

项目任务书见表 8-1。

表 8-1　项目任务书

任务	任务描述
项目名称	数控电火花机床
项目描述	初识数控电火花机床
学习目标	1. 能阐明数控电火花加工的原理和用途 2. 能够描述数控电火花成形机床的组成部分及其作用 3. 能够叙述数控电火花线切割机床的分类和基本组成 4. 了解数控电火花线切割机床的操作
学习内容	1. 数控电火花加工的原理和用途 2. 数控电火花成形机床的组成部分及其作用 3. 数控电火花线切割机床的分类和基本组成 4. 数控电火花切割机床的操作
重点、难点	数控电火花加工的原理、用途、数控电火花成形机床的组成、使用、数控电火花线切割机床的组成
教学组织	参观、讲授、讨论、项目教学
教学场所	多媒体教室、金工车间
教学资源	教科书、课程标准、电子课件、多媒体计算机、数控车床、数控铣床、数控电火花机床
教学过程	1. 参观工厂或实训车间：学生观察数控电火花成形机床和数控电火花线切割机床的组成和运动。师生共同探讨数控电火花机床的工作过程与组成 2. 课堂讲授：分析数控电火花机床的分类、原理、组成与应用 3. 小组活动：每小组 5～7 人，完成项目任务报告，最后小组汇报
项目任务报告	1. 分析数控电火花机床的工作原理与组成 2. 描述数控电火花机床特点与应用 3. 叙述数控电火花机床工作过程 4. 了解数控电火花机床操作方法

8.2　数控电火花成形加工机床

电火花加工技术是机电一体化技术，是机械、电工、电子、数控、自动控制、计算机应用等多门学科的综合运用，是先进制造技术中的一个重要组成部分。电火花加工（EDM）是利用浸在工作液中的两极间脉冲放电时产生的电蚀作用，蚀除导电材料的特种加工方法，又称放电加工或电蚀加工。

8.2.1 数控电火花成形加工的原理、用途与特点

1. 电火花成形加工的原理

电火花成形加工是直接利用电能对零件进行加工的一种方法，其加工原理是使工件和工具之间产生周期性的、瞬间的脉冲放电，依靠电火花产生的高温将金属熔蚀，并在工件上形成与工具电极截面形状相同的精确形状，而工具电极的形状保持原有的形状。电火花加工是基于脉冲放电的腐蚀原理，其原理如图 8-1 所示。

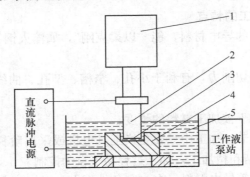

图 8-1　电火花加工原理示意图
1—进给系统　2—工具电极　3—放电间隙　4—工件电极　5—工作液

在充满液体介质的工具电极和工件之间的很小间隙上，施加脉冲电压，当两极间隙达到一定值时，其间的液体绝缘介质最先被击穿而电离成电子和正离子，形成放电通道。在电场力作用下，电子高速奔向阳极，正离子奔向阴极，产生火花放电。工具电极由电液伺服系统控制进给。放电通道中电子、正离子受到磁场力和周围液体介质的压缩，致使通道截面积很小而电流密度很大（104～107A/cm²），放电能量高度集中。此外，由于放电时间很短（为 106～108s），且发生在放电区的小点上，所以能量高度集中，使放电区的温度高达 10000～12000℃，于是工件上这一小部分金属材料被迅速熔化或汽化，并具有爆炸性质。爆炸力将熔化或汽化了的金属微粒迅速抛出，并在液体介质中很快冷却和凝固成细小的金属颗粒被循环的液体介质带走。每次放电后在工件表面上形成一个微小凹坑，放电过程多次重复进行，大量微小凹坑重叠在工件上，即可把工具电极的轮廓形状相当精确地复制在工件上，达到加工的目的。

在电火花加工时，不仅工件电极被蚀除，工具电极也同样遭到蚀除，但两极的蚀除量是不一样的。为减少工具损耗和提高生产率，加工中应使工具电极的电蚀程度比工件小得多，因此应根据加工要求，正确选择极性，将工具接到蚀除量小的一极。当直流脉冲电源为高频时，工件接在电源正极；电源为低频时，工件接在电源负极；当钢作为工具电极时，工件一般接负极。

2. 电火花成形加工的用途

由于电火花成形加工具有传统切削加工无法比拟的优点，因此它已广泛应用于航空、仪器、精密机械、模具制造、汽车和拖拉机等行业，以解决难于加工材料和复杂形状零件的加工问题。

（1）加工模具　电火花成形加工可以在淬火后进行，免去了热处理变形的修正问题，多种型腔可整体加工，如锻模、压铸型、挤压模、塑料模，以及整体叶轮、叶片等各种典型零

件的加工，避免了常规机械加工方法因需拼装而带来的误差。

（2）加工各种成形工具、量具　电火花成形加工可以加工各种成形刀具、样板、工具、量具、螺纹环规等。

（3）加工高温合金等难加工材料　电火花成形加工可以加工各种硬、脆材料。例如，一台新型喷气发动机的涡轮叶片和一些环形件上，大约需要一百万个冷却小孔，其材料为又硬又韧的耐热合金，这时选择电火花成形加工是非常合适的。

（4）微细精加工　电火花成形加工通常可用于 0.01～1mm 范围内的型孔加工。如加工细微孔、异形孔、深槽、窄缝等。

3. 数控电火花成形加工的特点

1）可加工难切削加工的导电材料，能"以柔克刚"，如淬火钢、硬质合金、不锈钢、工业纯铁等。

2）加工时无显著机械切削力，有利于小孔、窄槽、型孔、曲线孔及薄壁零件加工，也适合于精密细微加工。

3）工具的硬度可以低于被加工材料的硬度。

4）脉冲参数可任意调节，加工中只要更换工具电极或采用阶梯形工具电极就可以在同一机床上连续进行粗、半精和精加工，加工过程易于自动控制。

5）主要用于加工金属等导电材料，在一定条件下也可以加工半导体和非金属材料。

6）放电过程中有一部分能量消耗于工具电极，从而导致工具电极消耗，对成形精度有一定影响。

8.2.2　数控电火花成形加工机床的布局形式

数控电火花成形加工机床有固定立柱式、滑枕式及龙门式。其中固定立柱式数控电火花成形加工机床结构简单，一般用于中小型零件的加工，如图 8-2 所示。滑枕式数控电火花成形加工机床结构紧凑，刚性好，一般只用于小型零件的加工，如图 8-3 所示。龙门式数控电火花成形加工机床结构较复杂，应用范围广，常用于大中型零件的加工，如图 8-4 所示。

图 8-2　固定立柱式数控电火花成形加工机床

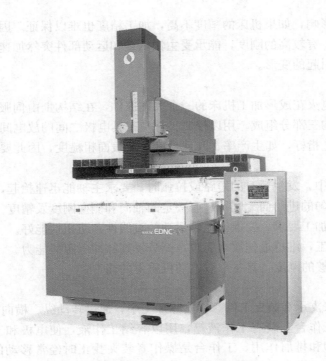

图 8-3　滑枕式数控电火花成形加工机床

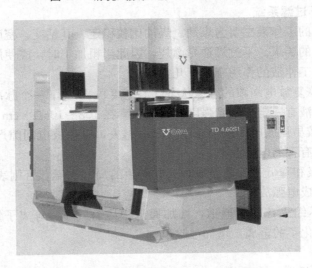

图 8-4　龙门式数控电火花成形加工机床

8.2.3　数控电火花成形加工机床的组成与作用

　　数控电火花成形加工机床由床身和立柱、工作台、主轴头、工作液和工作液循环过滤系统、脉冲电源、伺服进给机构、数控系统等部分组成。

1. 床身和立柱

床身和立柱是基础结构，由它确保电极与工作台、工件之间的相互位置。位置精度的高低对加工有直接的影响，如果机床的精度不高，加工精度也难以保证。因此，不但床身和立柱的结构应该合理，有较高的刚度，能承受主轴负重和运动部件突然加速运动的惯性力，还应能减小温度变化引起的变形。

2. 主轴头

主轴头是数控电火花成形加工机床的一个关键部件，在结构上由伺服进给机构、导向和防扭机构、辅助机构三部分组成。用以控制工件与工具电极之间的放电间隙。主轴头的好坏直接影响加工的工艺指标，如生产率、几何精度以及表面粗糙度，因此要求主轴头能满足以下几点。

1）在放电过程中，发生暂时的短路或拉弧时，要求主轴能迅速抬起，使电弧中断。

2）主轴应有均匀的进给而无爬行，有一定的轴向和侧向刚度及精度。

3）为满足精密加工要求，要保证主轴运动的直线性和防扭性能好。

4）保证稳定加工，维持最佳放电间隙，充分发挥脉冲电源的能力。

5）主轴要有足够的刚度，具备承载电动机质量的能力。

3. 工作台

工作台主要用来支承和装夹工件。在实际加工中，通过转动纵、横向丝杠来改变电极与工件的相对位置。工作台上装有工作液箱，用以容纳工作液，使电极和工件浸泡在工作液里，工作液起到冷却和排屑作用。工作台是操作者装夹找正时经常移动的部件，通过移动上、下滑板，改变纵、横向位置，达到电极与工具件间要求的相对位置。

4. 工作液和循环过滤系统

电火花成形机床的工作液主要为煤油。煤油比较稳定，其粘度、密度、表面张力等性能全都符合电火花加工的要求。不过煤油易燃烧，因此当粗加工时，应使用机油或掺机油的工作液。电火花加工时工作液的作用有以下几方面。

1）放电结束后恢复放电间隙的绝缘状态（消电离），以便下一个脉冲电压再次形成火花放电。为此要求工作液有一定的绝缘强度，其电阻率在 $10^3 \sim 10^6 \Omega \cdot cm$ 之间。

2）使电蚀产物较易从放电间隙中悬浮、排泄出去，以免放电间隙严重污染，导致火花放电点不分散而形成有害的电弧放电。

3）冷却工具电极和降低工件表面瞬时放电产生的局部高温，否则表面会因局部过热而产生结炭、烧伤并形成电弧放电。

4）工作液还可压缩火花放电通道，增加通道中压缩气体、等离子体的膨胀及爆炸力，以抛出更多熔化和汽化了的金属，增加蚀除量。

5. 脉冲电源

脉冲电源的作用是把工频交流电转换成供给火花放电间隙需要的能量来蚀除金属。脉冲电源对电火花加工的生产率、表面质量、加工速度、加工过程的稳定性和工具电极损耗等技术经济指标有很大的影响。现在普及型（经济型）的电火花加工机床都采用高低压复合的晶体管脉冲电源，中、高档的电火花加工机床都采用微机数字化控制的脉冲电源，而且内部存有电火花加工规准数据库，可以通过微机设置和调用各档粗、半精、精加工规准参数。

6. 伺服进给结构

电火花加工与切削加工不同，属于"不接触加工"。正常电火花加工时，工具和工件间有一放电间隙。主轴伺服电动机、滚珠丝杠螺母副在立柱上作升降移动，改变工具电极和工件之间的间隙。间隙过大时，不会放电，必须驱动工具电极进给靠拢，在放电过程中，工具电极与工件不断被蚀除，间隙逐渐增大，则必须驱动工具电极补偿进给，以维持所需的放电间隙。当工具电极与工件间短路时，必须使工具电极反向离开，随即再重新进给，调节到所需的放电间隙为 0.01～0.2mm。

7. 数控系统

数控系统是运动和放电加工的控制部分。数控系统的功能主要包括多轴控制、多轴联动加工、自动定位、展成加工。其中展成加工可以用简单电极通过复杂的运动加工复杂的型面，此外，还能进行自动电极交换及实现多种控制功能。

8.3　数控电火花线切割机床

电火花线切割加工是在电火花加工基础上发展起来的一种加工工艺（简称 WEDM）。其工具电极为金属丝（钼丝、钨丝或铜丝），在金属丝与工件间施加脉冲电压，利用脉冲放电对工件进行切割加工，因而也称数控线切割。

8.3.1　数控电火花线切割机床的工作原理与分类

1. 数控电火花线切割机床的工作原理

电火花线切割加工过程是利用一根移动着的金属丝（钼丝、钨丝或铜丝等）作工具电极，在金属丝与工件间通以脉冲电流，使之产生脉冲放电而进行切割加工。如图 8-5 所示，电极丝穿过工件上预先钻好的小孔（穿丝孔），经导轮由走丝机构带动进行轴向走丝运动。工件通过绝缘板安装在工作台上，由数控装置按加工程序指令控制沿 X、Y 两个坐标方向移动而合成所需的直线、圆弧等平面轨迹。在移动的同时，线电极和工件间不断地产生放电腐蚀现象，工作液通过喷嘴注入，将电蚀产物带走，最后在金属工件上留下细丝切割形成的细缝轨迹线，从而达到了使一部分金属与另一部分金属分离的加工要求。

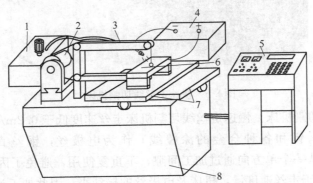

图 8-5　电火花线切割加工原理

1—供液系统　2—走丝机构　3—电极丝　4—高频脉冲电源　5—数控装置
6—工件　7—十字拖板　8—机床本体

2. 数控电火花线切割机床的分类

（1）按控制方式分类　它有靠模仿形控制、光电跟踪控制、数字程序控制和微机控制线切割机床等，前两种方法现已很少采用。

（2）按脉冲电源形式分类　它有 RC 电源、晶体管电源、分组脉冲电源和自适应控制电源线切割机床等，RC 电源现已基本不用。

（3）按加工特点分类　它有大、中、小型以及普通直壁切割型与锥度切割型，还有切割上下异形的线切割机床等。

（4）按走丝速度分类　它有快速走丝线切割机床和慢速走丝线切割机床。

1）快速走丝线切割机床。快速走丝线切割机床的电极丝作高速往复运动，一般走丝速度为 8～10m/s，是我国独创的电火花线切割加工模式。快速走丝线切割机床上运动的电极丝能够双向往复运行，重复使用，直至丝断为止。线电极材料常用直径为 0.10～0.30mm 的钼丝（有时也用钨丝或钨钼丝）。对小圆角或窄缝切割，也可采用直径为 0.6mm 的钼丝。工作液通常采用乳化液。快速走丝线切割机床结构简单、价格便宜、生产率高，但由于运行速度快，工作时机床振动较大。钼丝和导轮的损耗快，加工精度和表面粗糙度都不如慢速走丝线切割机床，其加工精度一般为 0.01～0.02mm，表面粗糙度 $Ra=1.25～2.5\,\mu m$。其外形如图 8-6 所示。

图 8-6　快速走丝线切割机床

2）慢速走丝线切割机床。慢速走丝线切割机床走丝速度低于 0.2m/s，常用黄铜丝（有时也采用纯铜、钨、钼和各种合金的涂覆线）作为电极丝，铜丝直径通常为 0.10～0.35mm。电极丝仅从一个单方向通过加工间隙，不重复使用，避免了因电极丝的损耗而降低加工精度。同时由于走丝速度慢，机床及电极丝的振动小，因此加工过程平稳，加工精度高，可达 0.005mm，表面粗糙度 $Ra\leqslant0.32\,\mu m$。慢速走丝线切割机床的工作液一般采用去离子水、煤油等，生产率较高。慢走丝机床主要由日本、瑞士等国生产，国内有少数企业引进国外先进技术与其合作生产慢走丝机床，图 8-7 所示为其外形图。

图 8-7　慢速走丝线切割机床

8.3.2　数控电火花线切割加工的特点与用途

1. 数控电火花线切割加工的特点

1）和电火花成形机床不同，线切割是利用线电极来进行加工的。作为工具电极的是直径为 0.03～0.35mm 的金属丝线，不需要制造特定形状的电极，使加工容易实现。并且金属丝的损耗较小，加工精度高。

2）由于电极丝较细，可以加工微细异形孔、窄缝和复杂形状工件，由于切缝很窄，金属去除量少，可对工件套料加工，材料利用率高，节约贵重金属。

3）电极丝材料不必比工件材料硬，可以加工用一般切削方法难以加工或无法加工的金属材料和半导体材料，如淬火钢、硬质合金等；而非导电材料用线切割加工是无法实现的。

4）直接利用电、热能进行加工，可以比较方便地对影响加工精度的加工参数（如脉冲宽度、脉冲间隔、加工电流等）进行调整，有利于加工精度的提高，便于实现加工过程的自动化控制。

5）任何复杂的零件，只要能编制加工程序就可以进行数控电火花线切割加工，因而很适合小批零件和试制品的生产加工，加工周期短，应用灵活。

6）加工对象主要是平面形状，当机床加上能使电极丝作相应倾斜运动的功能后，也可以加工锥面，但是不能加工不通孔和阶梯形表面（立体形状表面）。

7）采用乳化液或去离子水的工作液，不必担心发生火灾，可以昼夜无人连续加工。

2. 数控电火花线切割加工的用途

电火花线切割加工主要应用于新产品的试制、精密零件加工及模具加工等，图 8-8 所示为数控电火花线切割加工的产品。

（1）加工模具　数控电火花线切割加工适用于各种形状的冲模。调整不同的间隙补偿量，只需一次编程就可以切割凸模、凸模固定板、凹模及卸料板等。模具配合间隙、加工精度通常都能达到要求。此外，还可加工挤压模、粉末冶金模等带锥度的模具。

（2）加工电火花成形加工用的电极　一般穿孔加工用的电极和带锥度型腔加工用的电极，以及铜钨、银钨合金之类的电极材料，用线切割加工特别经济，同时也适用于加工微细

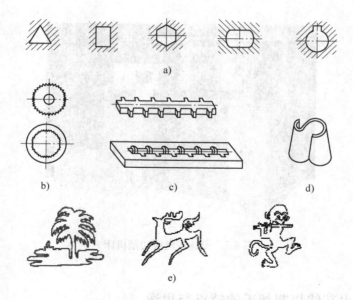

图 8-8　数控电火花线切割加工的产品

a) 各种形状孔及键槽　b) 齿轮内、外齿形　c) 窄长冲模　d) 斜直纹表面曲面体　e) 各种平面图案

复杂形状的电极。

（3）加工高硬度材料　由于线切割主要是利用热能进行加工，在切割过程中工件与工具没有相互接触，没有相互作用力，所以可以加工一些高硬度材料，只要被加工的金属材料熔点在 10000℃ 以下就可以。

（4）加工贵重金属　线切割是通过线状电极的"切割"完成加工过程的，而常用的线状电极的直径很小，所以切割的缝隙也很小，这便于节约材料，因此可以用来加工一些贵重金属材料。

（5）加工试验品　在试制新产品时，用线切割在坯料上直接割出零件。如试制切割特殊微型电动机硅钢片定转子铁心，由于不需另行制造模具，可大大缩短制造周期、降低成本。

8.3.3　数控电火花线切割机床的基本组成与功能

目前我国使用的快速走丝电火花线切割机床由床身、坐标工作台、走丝机构、丝架、脉冲电源、数控装置、工作液循环系统等几部分组成，如图 8-9 所示。

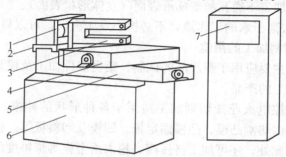

图 8-9　快速走丝电火花线切割机床的基本组成

1—储丝筒　2—走丝溜板　3—丝架　4—上工作台　5—下工作台　6—床身　7—脉冲电源及微机控制柜

1. 床身

床身是支承和固定工作台、走丝机构等的基体，其材料一般为铸铁，因此，要求床身应有一定的刚度和强度，一般采用箱体式结构。床身里面安装有机床电气系统、脉冲电源、工作液循环系统等元器件。

2. 坐标工作台

目前在电火花线切割机床上采用的坐标工作台大多为 X、Y 方向线性运动。不论是哪种控制方式，电火花线切割机床最终都是通过坐标工作台与丝架的相对运动来完成零件加工的，坐标工作台应具有很高的坐标精度和运动精度，而且要求运动灵敏、轻巧，一般都采用"十"字滑板、滚珠导轨，传动丝杠和螺母之间必须消除间隙，以保证滑板的运动精度和灵敏度。

3. 走丝机构

在快速走丝线切割加工时，电极丝需要不断地往复运动，这个运动是由走丝机构来完成的。最常见的走丝机构是单滚筒式，电极丝绕在储丝筒上，并由丝筒作周期性的正反旋转使电极丝高速往复运动。

4. 丝架

走丝机构除上面所叙述的内容外，还包括丝架。丝架的主要作用是在电极丝快速移动时，对电极丝起支承作用，并使电极丝工作部分与工作台平面保持垂直。为获得良好的工艺效果，上、下丝架之间的距离宜尽可能小。

5. 脉冲电源

电火花线切割加工的脉冲电源与电火花成形加工作用的脉冲电源在原理上相同，不过受加工表面粗糙度和电极丝允许承载电流的限制，线切割加工脉冲电源的脉宽较窄（$2\sim60\ \mu s$），单个脉冲能量、平均电流（$1\sim5A$）一般较小，所以线切割总是采用正极性加工。

6. 数控装置

数控装置在电火花线切割加工中起着重要作用，具体体现在如下两方面。

（1）轨迹控制作用　它精确地控制电极丝相对于工件的运动轨迹，使零件获得所需的形状和尺寸。

（2）加工控制　它能根据放电间隙大小与放电状态控制进给速度，使之与工件材料的蚀除速度相平衡，保持正常的稳定切割加工。

7. 工作液循环系统

工作液循环与过滤装置是电火花线切割机床不可缺少的一部分，其主要包括工作液箱、工作液泵、流量控制阀、进液管、回液管和过滤网罩等。工作液的作用是及时地从加工区域中排除电蚀产物，并连续充分供给清洁的工作液，以保证脉冲放电过程稳定而顺利地进行。目前绝大部分快速走丝机床的工作液是专用乳化液。乳化液种类繁多，可根据相关资料来正确选用。

8.4 拓展知识——数控电火花线切割机床的操作

8.4.1 控制面板与功能键

图 8-10 所示为 DK7725d 型线切割机床的控制面板及功能键，它主要由数字显示窗口和

键盘组成。主要功能键有：工作状态转换键 GOOD，磁带、纸带信息输入键 INPUT，输入切割加工程序键 EDIT，存储单元检查键 DISPLAY，输入切割加工程序增量键 EOB，磁带、纸带信息输出键 OUTPUT，退格键 CE，复位键 RESET，检查下一个存储单元键 NEXT STEP，执行键 EXEC，程序输入结束键 F FINISH。

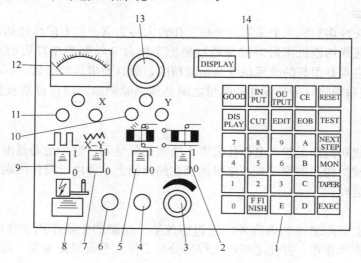

图 8-10 DK7725d 型线切割机床的控制面板及功能键

1—键盘 2—自动变频开关 3—进给调节旋钮 4—点动按钮 5—切割加工开关 6—暂停按钮
7—X、Y 轴进给开关 8—控制系统电源开关 9—脉冲电源开关 10—Y 轴步进电动机进给指示灯
11—X 轴步进电动机进给指示灯 12—进给速度电压指示表 13—急停按钮 14—数字显示窗口图

8.4.2 程序的输入与编辑操作

程序输入有键盘、纸带、磁带及自动编程机联机输入等四种输入方式，主要介绍键盘输入方式。DK7725d 型线切割机床最多可输入 2860 段程序。

1. 键盘输入程序

将已编写好的程序单按顺序通过键盘逐段输入，具体操作如下。

1）在 GOOD 状态下，按 EDIT 键，显示 P。

2）输入 4 位程序段序号，显示为 P××××。

3）输入第一段 "3B" 格式程序内容。

4）按 EOB 键，继续输入下一段程序（段号自动加 1），直到全部程序输完。

5）输入完最后一段程序的加工指令后按一下 2 键，显示为 ×××E。

6）按 EOB、F FINISH 键，显示 GOOD 状态。

若在输入程序过程中输错数据或多输入了 "B" 等，可按 CE 键清除，再重新输入。可根据需要在任意一段的加工指令后加入指令特征 "1"，即表示暂停。在输入暂停符后，加工完该段程序会自动暂停，若要继续加工可按 CUT 键。程序最后一段必须输入指令特征 "2"，表示全部程序结束，否则将会运行内存中保存的其他程序。

2. 程序的检索

若要检查已输入的程序是否正确，或进行修改、删除、插入等编辑工作，则首先要进行检索操作。具体方法如下。

1）按 RESET 复位键，显示－－。

2）按 GOOD 键，显示 GOOD。

3）按 EDIT 键，显示 P。

4）输入需检索的程序段号，显示 P××××。

5）连续按 DISPLAY 键，按顺序显示 X 值、Y 值、J 值、计数方向、加工指令、指令特征，接着显示下一段程序段号，重复操作可继续显示内容。

6）按 F FINISH 键，结束检查。

若在检查时发现错误，可进行修改、删除、插入等操作。

3. 程序的修改

当检查发现某程序段有错误时，修改的操作如下。

1）按 RESET 复位键，显示－－。

2）按 GOOD 键，显示 GOOD。

3）按 EDIT 键，显示 P。

4）输入需修改的程序段号，显示 P××××。

5）重新输入正确的程序。

6）按 EOB 键（显示下一段程序号）。

若还需修改可继续重新输入，否则按 F FINISH 键结束修改。

4. 程序的删除

其操作方法同程序的修改，只是在输入要删除的程序段号后，按 D 键即可。执行删除操作后，使其后的程序段号都减 1。

5. 程序的插入

依次按下 RESET、GOOD、EDIT 键后，输入要插入的程序段号，再按 E 键。输入要插入的程序段内容，按 EOB 键（显示下一段程序号），如要结束插入按下 F FINISH 键。

8.4.3 线切割加工时的操作方法

1. 有关功能与参数设置

程序输入结束后就可以进入切割加工。为了正确地进行切割加工，还需进行有关控制功能和参数的设置。DK7725d 型线切割机床具有坐标变换、图形缩放、齿隙补偿、锥度加工、电极丝自动偏移及加工结束自动停机等功能，根据加工需要在程序执行前要将这些功能设置好。控制柜对坐标变换、图形缩放、齿补及锥度加工等功能可以进行停电保护。如果下次加工需要的上述功能初始化状态与上一次相同，只需顺次按 RESET、GOOD 键即可，否则需重新设置。

（1）图形缩放设置操作

1）按 RESET 键，显示－－。

2）按 2、0、0、1、DISPLAY 键。

3）按某一缩放比例数字键×、0、GOOD 键，其中×是指 0、1 或 2 中的某一键，数字"0"表示不缩放，"1"表示图形缩小一半，"2"表示图形放大一倍，若不是这些数，按 GOOD 键后会出现出错的符号。

（2）电极丝自动偏移设置　在每次切割加工前，根据需要设置相应的电极丝偏移量：切割凹槽时，偏移量 $JB=d/2+\delta$（d 为电极丝直径；δ 为单边放电间隙，约为 0.01mm）；切割凸模时 $JB=d/2+\delta-\Delta$（Δ 为凸凹模配合单边间隙）。偏移量设置仅一次有效，程序运行完毕或按 RESET 键后被清除。具体设置方法如下。

1）按 GOOD 键。

2）按 A 键，顺次输入偏移量（4 位数）表示的偏移特征 B 或 C。

3）按 EOB 键结束设置。

偏移特征的取法为：对于外偏移顺时针取"C"，逆时针取"B"；对于内偏移顺时针取"B"，逆时针取"C"。

2. 切割加工的操作

（1）加工程序的执行　上述初始化设置和程序输入完成后即可进行加工程序的执行和切割加工，具体操作如下。

1）在 GOOD 状态下，若从第一段程序开始执行，则按 CUT 键即可，否则应先输入起始程序段号，按 EDIT 键和 4 位程序段号数值键，再顺序按 F FINISH、CUT 键。

2）如果在某一段的程序后面加入了暂停符"1"（此暂停符可在输入程序时输入），则系统运行完程序段后进入自动暂停状态，若要继续加工需再按一次 CUT 键。

（2）放电加工操作　进行切割加工时，加工程序的执行必须同控制面板开关、脉冲电源面板开关和机床电器操作面板按钮相配合。

将控制面板（图 8-10）上 X、Y 轴进给开关 7、自动变频开关 2、脉冲电源开关 9 和切割加工开关 5 拨至"1"位置，按下机床电器操作面板（图 8-11）上的走丝电动机起动按钮 1 和工作液泵起动按钮 2，将脉冲电源开关 8 旋至"1"位置，即可开始放电加工。调节控制面板上的进给调节旋钮，使放电进给过程稳定。

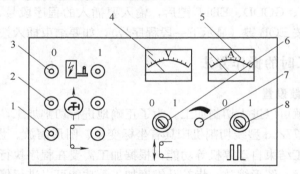

图 8-11　机床电器操作面板

1—走丝电动机起动按钮　2—工作液泵起动按钮　3—机床总电源按钮　4—机床电压表

5—机床电流表　6—上丝开关　7—张力调节旋钮　8—脉冲电源开关

加工过程中，要在不中断加工的前提下检查工作状态。分别按控制面板上的 0～5、7 和 F 键，可显示 X 坐标即时值、Y 坐标即时值、J 计数长度即时值、F 偏差值、计数方向、加工指令和加工特征、电极丝偏移量和偏移特征，以及加工程序段号等。

（3）点动的操作方法

1）将控制面板上的切割加工开关 5 拨至"0"位置，关掉变频。

2）按点动按钮 4，每按一下步进电动机根据运算结果相应地运行一步。

3. 脉冲电源参数的选择

脉冲电源是数控电火花线切割机床最重要的组成部分，脉冲电源参数的选择直接影响到切割速度、表面粗糙度、尺寸精度、加工表面的状况和线电极的损耗等。

（1）脉冲波形的选择　脉冲电源提供了矩形脉冲（共分 4 挡）和分组脉冲两种波形。当表面粗糙度要求特别高时，应选用分组脉冲，保证精加工时电极丝损耗较小。为获得较高的切割速度，可选用矩形脉冲。

（2）脉冲宽度的选择　脉冲宽度越宽则单个脉冲的能量就越大，放电间隙加大，切割效率也越高，加工越稳定，但加工的表面粗糙度值会增加。较小的脉冲宽度能减小表面粗糙度的值，但由于放电间隙较小，加工稳定性较差，因此要根据不同工件的加工要求选择合适的脉冲宽度。一般要求脉冲宽度小于 60 μs。表 8-2 为表面粗糙度与脉冲宽度的关系。

表 8-2　表面粗糙度（Ra）与脉冲宽度（t_i）的关系

$Ra/\mu m$	2.0	2.5	3.2	4.0
$t_i/\mu s$	5	10	20	40

（3）脉冲间隔的选择　脉冲间隔小相当于提高脉冲频率，增加单位时间内的放电次数，使切割速度提高，但会给排屑带来困难（尤其对较厚的工件），使加工间隙的绝缘度来不及恢复，从而引起加工不稳定。脉冲间隔大使排屑有充裕的时间，可防止断丝，但减小了单位时间的放电次数，使切割速度下降。一般要求脉冲间隔与工件厚度成正比（表 8-3）。

表 8-3　脉冲间隔（t_0）与工件厚度（H）的关系

H/mm	10～40	50	60	70	80～100
$t_0/\mu s$	4	5	6	7	8

8.4.4　线切割加工工艺

线切割加工工艺是保证切割质量的重要环节，下面是线切割加工中几个要注意的工艺问题。

1. 工件材料的选择

线切割加工一般是大面积去除金属和切断加工。如果工件材料选择不当加上热处理不合适，会使材料内部产生较大内应力，致使在加工过程中，残余内应力释放，会使工件变形，破坏零件的加工精度，甚至在切割过程中，材料出现裂纹。因此，要线切割加工的工件，应选择锻造性能好、淬透性好、内部组织均匀、热处理变形小的材料，并采用合适的热处理方法，达到加工后变形小，精度高的目的。尽量选用 Cr12、CrWMn、Cr12MoV 等。

2. 切割路线的选择

1）切割路线开始应从远离夹具的方向开始进行加工，最后在转向工件夹具的方向。其中，图 8-12a、c 所示的切割路线是错误的，如果按此路线加工，第一段切割加工就将主要的连接部位割断，余下材料与夹持部分连接较少，工件刚度降低，易产生变形。所以，一般情况下，最好将工件与其夹持部分分割的线段安排在切割路线的末端。

2）尽量避免从工件外侧端面开始向内切割，而采用从工件上预制穿丝孔，再从孔开始加工，如图 8-12c、d 所示。图 8-12a、b 不打穿丝孔，从外切入工件，切第一边时使工件的内应力失去平衡而产生变形，在加工其他边时，误差就会增大。对精度要求较高的零件，最好采用图 8-12d 所示的方案，电极丝不是由坯件外部切入，而是将切割起始点取在坯件预制的穿丝孔中，这种方案可使工件的变形最小。

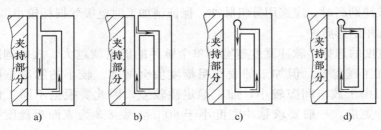

图 8-12　切割路线的选择

3）切割孔槽类工件时可采用多次切割法，以减少变形，保证加工精度，如图 8-13 所示，第一次粗加工型孔时留 0.1～0.5mm 的精加工余量，以补偿变形，第二次精加工要达到精度要求。

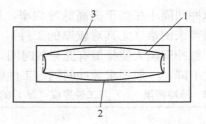

图 8-13　多次切割示意图

1—第一次切割路线　2—第一次切割后的变形图形　3—第二次切割的形状

4）在一块毛坯上，切割出两个（或两个以上）工件时，应从不同的预制孔开始加工，而不应连续一次切割出来，如图 8-14 所示。

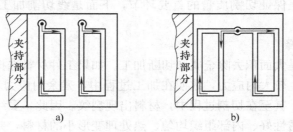

图 8-14　一块毛坯上加工多个工件的切割路线

a）正确　b）不正确

3. 表面粗糙度和加工精度分析

线切割加工表面是由无数的小坑和凸起组成的，粗细较均匀，特别有利于保存润滑油。而机械加工表面则存在切削或磨削刀痕并具有方向性。在相同表面粗糙度的情况下，其耐磨性比机械加工的表面好。因此，采用线切割加工时，工件表面粗糙度的要求可以较机械加工法降低半级到一级。此外，如果线切割加工的表面粗糙度等级提高一级，则切割速度将大幅度地下降。所以，图样中要合理地给定表面粗糙度值。线切割加工能达到的最好粗糙度是有限的。若无特殊需要，对表面粗糙度的要求不能太高。同样，加工精度的给定也要合理，目前，绝大多数数控线切割机床的脉冲当量一般为每步 0.001mm，由于工作台传动精度的限制，加上走丝系统和其他方面的影响，切割加工公差等级一般为 IT6 左右，如果加工精度要求很高，是难以实现的。

4. 工件加工基准的选择

为了便于线切割加工，根据工件外形和加工要求，应准备相应的校正和加工基准，并且此基准应尽量与图样的设计基准一致，常见的有以下两种形式。

（1）以外形为校正和加工基准 外形是矩形状的工件，一般需要有两个相互垂直的基准面，并垂直于工件的上、下平面（图 8-15）。

（2）以外形为校正基准，内孔为加工基准 无论是矩形、圆形还是其他异形工件，都应准备一个与工件的上、下平面保持垂直的校正基准，此时其中一个内孔可作为加工基准，如图 8-16 所示（外形一侧边为校正基准，内孔为加工基准）。在大多数情况下，外形基面在线切割加工前的机械加工中就已准备好了。工件淬硬后，若基面变形很小，稍加修磨便可用线切割加工；若变形较大，则应当重新修磨基面。

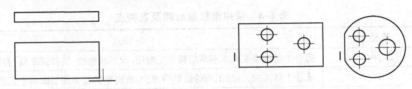

图 8-15　矩形工件的校正和加工基准　　　　　　图 8-16　加工基准的选择

5. 加工条件的确定

线切割加工时，主要确定的加工条件有：空载电压、峰值电流、脉冲宽度、脉冲间隔、放电电流、电极丝张力、走丝速度、电极丝直径、工作液电阻率以及进给速度等。下面介绍几个主要加工条件的确定原则。

（1）空载电压的选择 空载电压直接影响放电间隙的大小，进而引起切割速度和加工精度的变化，对断丝也影响较大。当电极丝直径小（0.1mm）、切缝较窄，要减小加工面腰鼓形时，应选较低的空载电压。当要改善表面粗糙度，减小拐角的塌角时，应选较高的空载电压。一般快速走丝机床的空载电压选择 100V，慢速走丝机床选择 150V 以下。图 8-17 所示为切缝与空载电压的关系。切缝的变化会影响加工表面的平直度和形状精度。图 8-18 所示为空载电压与切割速度的关系。

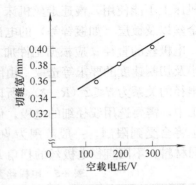

图 8-17　切缝与空载电压的关系

（2）峰值电流选择 峰值电流会影响切割速度及断丝，一般在进行试切时限定峰值电流的大小。快速走丝线切割机床的峰值电流范围为 15~40A，慢速走丝机床峰值电流为 100~500A，最大可达 1000A。峰值电流与加工速度的关系就是单个脉冲能量与加工速度的关系，图 8-19 所示为单个脉冲放电能量与切割速度的关系。

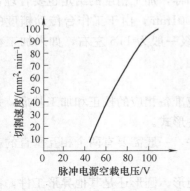

图 8-18　空载电压与切割速度的关系　　　　图 8-19　单个脉冲放电能量与切割速度的关系

（3）电极丝材料和直径的选择　目前电极丝材料的种类很多，主要有纯铜丝、黄铜丝、专用黄铜丝、钼丝、钨丝、各种合金丝及镀层金属丝等。常用电极丝材料及其特点见表 8-4。

表 8-4　常用电极丝材料及其特点

材料	线径/mm	特点
纯铜	0.1～0.25	适合于切割速度要求不高或精加工时用，丝不易卷曲，抗拉强度低，容易断丝
黄铜	0.1～0.30	适合于高速加工，加工面的蚀屑附着少，表面粗糙度和加工面的平直度也较好
专用黄铜	0.05～0.35	适合于高速、高精度和理想的表面粗糙度加工以及自动穿丝，但价格高
钼	0.06～0.25	由于其抗拉强度高，一般用于快速走丝，在进行微细、窄缝加工时，也可用于慢速走丝
钨	0.03～0.10	由于抗拉强度高，可用于各种窄缝的微细加工，但价格昂贵

一般情况下，快速走丝机床常用钼丝作电极丝，钨丝或其他昂贵金属丝因成本高而很少使用，其他材料因抗拉强度低，在快速走丝机床上不能使用。慢速走丝机床上则可用各种铜丝、钢丝、专用合金丝以及镀层（如镀锌等）的电极丝。

电极丝的直径 d 应根据工件加工的切缝宽度、工件厚度、拐角大小及切割速度的要求等选取。由图 8-20 可知，电极丝直径 d 与拐角半径的关系为 $d \leqslant 2(R-\delta)$。所以，在拐角要求小的微细线切割加工中，需要选用线径细的电极。但线径太细，能够加工的工件厚度也将会受到限制，一般范围为 $\phi 0.03 \sim \phi 0.35mm$。表 8-5 列出了不同材料、不同直径电极丝的拐角 R 的极限值和加工工件厚度范围。

图 8-20　电极丝直径与拐角半径的关系

表 8-5　电极丝直径与其拐角 R 的极限值和工件厚度范围　　　（单位：mm）

电极丝直径	拐角 R 的极限值	工件厚度
0.15（黄铜）	0.10～0.16	0～50
0.25（黄铜）	0.15～0.22	0～100
0.10（钨）	0.07～0.12	0～30

（4）电极丝张力选择　电极丝的张力越大，切割速度越高，表面质量越好。图8-21 所示为电极丝张力与切割速度的关系。但电极丝张力过大会引起断丝。一般电极丝的张力为 8N 左右，某些慢速走丝线切割机床专用电极丝的张力可达15～20N。

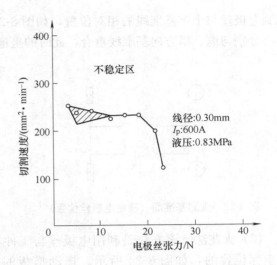

图 8-21　电极丝张力与切割速度的关系

（5）走丝速度选择　电极丝的走丝速度影响到电极丝在加工区的逗留时间和承受的放电次数。一般应使走丝速度尽量快些，以便有利于冷却、排屑和减小电极损耗，提高加工精度（尤其对厚的工件）。走丝速度应根据工件厚度和切割速度选择，慢速走丝线切割机床的走丝速度常在 3～12m/min 之间选取。

（6）进给速度选择　常见的线切割机床进给方式有恒速进给和伺服进给两种，一般快速走丝线切割机床采用伺服进给，而慢速走丝切割机床采用恒速进给。进给速度太快易产生短路和断丝，进给速度太慢则加工表面腰鼓形会增大，但表面粗糙度会改善。一般取试切时进给速度的 80%～90% 作为正式加工的进给速度。

6. 穿丝孔的确定

（1）切割凸模类零件　为避免将坯件外形切断引起变形（工件内应力失去平衡造成）而影响加工精度，通常在坯件内部外形附近预制穿丝孔（图 8-12c、d）。

（2）切割凹模、孔类零件　此时可将穿丝孔位置选在待切割型腔（孔）内部。当穿丝孔位置选在待切割型腔（孔）的右边时，切割过程中无用的轨迹最短。而穿丝孔位置选在已知坐标尺寸的交点处则有利于尺寸推算。切割孔类零件时，若将穿丝孔位置选在型孔中心可使编程操作容易。因此，要根据具体情况来选择穿线孔的位置。

（3）穿丝孔大小　穿丝孔大小要适宜。一般不宜太小，如果穿丝孔径太小，不但钻孔难度增加，而且也不便于穿丝。但是，若穿丝孔径太大，则会增加钳工工艺上的难度。一般穿丝孔常用直径为 $\phi 3 \sim \phi 10mm$。如果预制孔可用车削等方法加工，则穿丝孔径也可大些。

7. 电极丝的定位

在数控线切割中，需要确定电极丝相对于工件的基准面、基准线或基准孔的坐标位置，可按下列方法进行。

（1）目视法　对加工要求较低的工件，确定电极丝和工件有关基准线和基准面的相互位置时，可直接目视或借助于 2～8 倍的放大镜来进行观测。

1）观测基准面。工件装夹后，观测电极丝与工件基面初始接触位置，记下相应的纵、横坐标，如图 8-22 所示。但此时的坐标并不是电极丝中心和基面重合的位置，两者相差一个电极丝半径。

2）观测基准线。利用钳工或镗工等在工件的穿丝孔处划上纵、横方向的十字基准线，观测电极丝与十字基准线的相对位置，如图 8-23 所示。摇动纵或横向丝杠手柄，使电极丝中心分别与纵、横方向基准线重合，此时的坐标就是电极丝的中心位置。

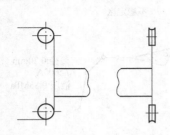

图 8-22　观测基准面（确定电极丝位置）

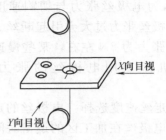

图 8-23　观测基准线（确定电极丝位置）

（2）火花法　该方法是利用电极丝与工件在一定间隙下发生放电的火花来确定电极丝坐标位置的，如图 8-24 所示。摇动拖板的丝杠手柄，使电极丝逼近工件的基准面，待开始出现火花时，记下拖板的相应坐标。该方法简便、易行，但电极丝逐步逼近工件基准面时，开始产生脉冲放电的距离往往并非正常加工条件下电极丝与工件间的放电距离。

（3）自动找中心法　它的目的是为了让电极丝在工件的孔中心定位。具体方法是：移动横向床鞍，使电极丝与孔壁相接触，记下坐标值 X_1，反向移动床鞍至另一导通点，记下相应坐标 X_2，将拖板移至 X_1 与 X_2 的绝对值之和的一半处。同理，移动纵向床鞍，记录下坐标值 Y_1、Y_2，将拖板移至 Y_1 与 Y_2 的绝对值之和的一半处，即可找到电极丝与基准孔中心相重合的坐标，如图 8-25 所示。

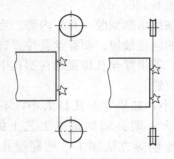

图 8-24　火花法（确定电极丝位置）

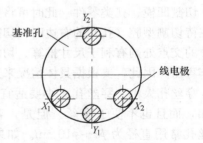

图 8-25　自动找中心法

8. 短路、断丝的处理

切割加工中出现电极丝短路、断丝的现象，应采取下述措施处理。

1）短路可能因为进给速度太快、脉冲电源参数选择不当等原因造成。应降低进给速度，增加峰值电流，加大加工能量，同时加大电极丝的张力，减小工作液的电阻率。

2）发生断丝的原因可能是脉冲电源参数选取不当、工作液浓度不合适、工件变形、进给速度不合适、走丝系统不正常等造成的。应首先检查电极丝断丝的位置并判别原因，减小峰电流，降低空载电压和进给速度，减小电极丝张力或增大冷却喷嘴的工作液流量等。

思 考 题

1. 简述电火花成形加工的原理和用途。
2. 电火花成形加工有何特点？
3. 简述电火花成形机床的组成部分及作用。
4. 简述电火花线切割机床的工作原理与分类。
5. 简述电火花线切割加工机床的基本组成及其功能。
6. 电火花线切割加工有哪些用途？

项目 9 数控机床的应用

9.1 项目任务书

项目任务书见表 9-1。

表 9-1 项目任务书

任务	任务描述
项目名称	数控机床的应用
项目描述	学习数控机床的应用
学习目标	1. 能够进行数控机床的选用 2. 能阐明数控机床的选用依据和选用内容 3. 能够描述数控机床的使用技术
学习内容	1. 数控机床的选用、选用依据和选用内容 2. 数控机床的使用技术 3. 数控机床的安装、调试
重点、难点	数控机床的选用、选用依据和选用内容、数控机床的使用技术
教学组织	参观、讲授、讨论、项目教学
教学场所	多媒体教室、金工车间
教学资源	教科书、课程标准、电子课件、多媒体计算机、数控车床、数控铣床、数控电火花机床
教学过程	1. 参观工厂或实训车间:学生观察各类数控机床加工的典型零件、主参数、如何使用各类数控机床。师生共同探讨数控机床的安装与调试 2. 课堂讲授:数控机床的选用、数控机床的使用技术、数控机床的安装和调试 3. 小组活动:每小组 5~7 人,完成项目任务报告,最后小组汇报
项目任务报告	1. 分析一种数控机床加工的典型零件 2. 描述 3~4 种数控机床的主参数 3. 列举数控机床的选用内容 4. 叙述一种数控机床的使用技术

9.2 数控机床的选择与使用

9.2.1 数控机床的选用

数控机床是一种灵活、通用、高精度、高效率的"柔性"自动化生产设备。它综合应用了计算机、自动控制、微电子、精密测量和机床结构等方面的最新成就。近年来,随着科学技术的进步,我国生产的数控机床,不论是技术性能还是装配水平都已经比较成熟。数控加工的高质量、高效率早已成为人们的共识。数控机床的拥有量在很大程度上代表了一个企业的机械加工水平。由于不同类型数控机床的使用范围有一定的局限性，只有在特定的工作条件下加工相适应的工件才能达到最佳的效果。因此，在品种繁多的数控机床中，如何正确选择数控机床类型，合理选购与数控机床主机相配套的附件及软件技术，使数控加工设备在机械加工中最大限度地发挥作用，已成为广大用户十分关心的问题。

1. 选用依据

不同类型的数控机床都有不同的使用要求和最佳加工范围，而且每一种加工机床都有其最佳加工的典型零件。例如，立式加工中心适用于加工平面凸轮、箱盖等平面加工的零件，而卧式加工中心适用于泵体、壳体、箱体等零件的加工。如果要求对箱体的侧面与顶面在一次装夹中加工，可选用五面体加工中心。如果在立式加工中心上加工卧式加工中心的典型零件，则加工零件的不同加工面需要更换夹具和倒换工艺基准，这样会降低加工精度和生产效率。若将立式加工中心的典型零件在卧式加工中心上加工，则需要增加弯板夹具，降低工件加工工艺系统的刚性。当工件只需钻削或铣削时，就不需购买加工中心。能用数控车床加工的零件就不要用车削中心；能用三轴联动的机床加工零件，就不要选用四轴、五轴联动的机床。各企业购买数控机床的基本出发点就是满足使用要求，包括典型加工对象的类型、加工范围、内容和要求、生产批量及坯料情况等。因此，选购数控机床时，必须先确定被加工对象。可根据使用要求不同，根据企业的实际需要，功能上以够用为度，选择不同的侧重点及加工机床。选用数控机床时应主要考虑以下两方面的因素。

（1）被加工零件的特点　根据被加工零件的特点选用数控机床的类型。每一种数控机床都有其最佳加工的典型零件。例如，加工回转类、盘类零件一般选用数控车床；加工孔多且有较高的形状及位置要求的用数控钻镗床；加工箱体类零件选用卧式加工中心；加工模具一般选用立卧主轴转换的数控铣床、电火花机床与线切割机床。

（2）多品种中小批量轮番生产　多品种、形状复杂、加工精度要求高、中小批量轮番生产的零件宜选用数控机床。单件小批量复杂零件也适合用数控机床加工。而大批量生产则不能充分发挥数控机床功能多、柔性大的优势，应优先选择生产效率高、价格相对便宜的分工序加工的自动机床。

2. 选用内容

选用数控机床的大致方向确定后，接下来就是对具体机床的选用。选用内容主要包括以下几方面。

（1）数控机床主参数的选择　选择数控机床的主参数时，应当结合所加工的典型零件尺寸合理进行选择。数控机床的主参数包括工作台面的尺寸、坐标轴数、行程范围、主轴转速、进给速度范围、主轴电动机功率和切削转矩等项目。在机床所有的参数中，坐标轴的行程是最主要的参数。基本轴 X、Y、Z 三个坐标轴的行程反映了机床的加工范围。考虑到夹具安装的需要，一般来说数控机床的工作台面应比工件的尺寸稍大一些；各坐标轴行程应满足加工时进刀、退刀的要求；工件和夹具的总质量不能大于工作台的额定负载。

主轴电动机功率反映了数控机床的切削效率和切削刚度，在当前技术条件下，一般的加工中心都配置了功率较大的交流调速电动机，可用于高速切削。但在低速切削中转矩受到一定限制，这是由于调速电动机在低速时功率输出下降造成的。因此，当需要加工大直径和加工余量很大的工件时，如镗削加工，必须对低速转矩进行校核以满足切削要求。如果加工过程中以使用小直径刀具为主，则一定要选择高速主轴电动机，否则加工效率无法提高。

（2）数控机床精度的选择　选择数控机床的精度主要取决于典型零件关键部位加工精度的要求。影响机械加工精度的因素很多，如机床的制造精度、伺服系统的随动精度、插补精度以及切削力、切削温度、各种磨损等。在选择数控机床精度时，主要应考虑综合加工精度能否满足工件的加工要求。

不同类型的机床，对精度的侧重点是不同的。车床、磨床类机床主要以尺寸精度为主。镗铣类机床主要以位置精度为主。

数控机床精度一般可分为精密型、普通型和经济型三种。经济型数控机床配置开环伺服系统，其精度最低。普通型机床可批量加工公差等级 IT8 的工件，精密型机床批量加工的零件公差等级可达 IT5～IT6，但对使用环境要求较严格并且要有恒温等工艺措施。通常批量生产的零件实际加工出的精度数值，一般为机床定位精度的 1.5～2 倍。加工中心只有普通型和精密型，其精度项目见表 9-2。此外，普通型数控机床进给伺服驱动机构大都采用半闭环方式，由于无法检测滚珠丝杠受温度变化引起的伸长，因此会影响工件加工精度。在一些要求较高的加工中心上，对丝杠伸长采取预拉伸措施，不仅减少了丝杠热变形，同时提高了传动刚度。

表 9-2　加工中心的精度项目　　　　　　　　　　（单位：mm）

精度项目	普通型	精密型
直线定位精度	±0.01/全程	±0.005/全程
重复定位精度	±0.006	±0.002
铣圆精度	0.03～0.04	0.02

一般来讲，数控机床的制造精度是相当高的。因为数控机床在出厂前，大多按相应的标准进行了严格的控制和检验，其实际公差比标准的公差大约压缩了 20%。在各项精度指标中，定位精度、重复定位精度是两项关键指标，对加工中心和数控铣床来说，还有铣圆精度项目。这些精度的基本含义如下。

1）机床定位精度。机床定位精度是指数控机床移动部件（刀具或工作台）实际运动位置与指令位置的一致程度，其不一致的差值即为定位误差。影响数控机床定位精度的因素包括检测系统、伺服系统、进给系统误差以及运动部件导轨的几何误差等。定位误差直接影响零件的尺寸精度。

2）机床的重复定位精度。机床的重复定位精度是指在相同的操作方法和条件下，在完成规定操作次数过程中得到结果的一致程度。重复定位精度主要由伺服系统和机床进给系统的性能决定，如伺服元件开关特性、进给部件的间隙、刚性和摩擦特性等。一般情况下，重复定位精度呈正态分布的偶然性误差，它会影响批量零件加工的一致性，反映了控制轴在全行程内任意点定位稳定性，是一项衡量控制轴能否稳定可靠工作的重要性能指标。

3）铣圆精度。铣圆精度是综合评价数控机床有关数控轴的伺服跟随运动特性和数控系统插补功能的指标。铣圆精度对加工中心和数控铣床来说，直接反映零件轮廓加工（模具型腔、加工凸轮等）所能达到的最好加工精度。因此，在加工一些大孔径圆柱面和大圆弧面轮廓时，可以采用高切削性能的立铣刀对其进行铣削，可以达到较好效果。

测定铣圆精度的方法是：用一把精加工立铣刀铣削一个标准圆柱试件，中、小型机床圆柱试件的直径一般在 $\phi200\sim\phi300mm$，大型机床则相应增大测试件的直径。加工完毕后，用圆度仪测量该圆柱的轮廓线，取其最大包络圆和最小包络圆，两者间的半径差即为铣圆精度。

（3）数控系统的选择　在选用数控系统时，除了需有直线及圆弧插补、快速运动、刀具补偿和固定循环等基本功能外，还需结合使用要求，可选择切削过程动态图形显示、参数编程、自动编程软件包、几何软件包和离线诊断程序等功能。在我国使用比较广泛的有国产的数控系统，美国 AB 公司、德国 SIEMENS 公司、日本 FANUC 公司等的数控系统，在选择系统时，主要考虑以下基本原则。

1）根据数控机床类型选择相应的数控系统。根据数控机床的加工类别，如车、铣、镗、磨、冲压等，选用相应的数控系统。

2）根据数控机床的性能选择数控系统功能。数控系统具有许多功能，一般分为两大类功能：基本功能和选择功能。系统中已经具备基本功能，选择功能需用户特殊订货选择后由供方提供。数控系统生产厂家对具有基本功能的系统定价便宜，而对有选择功能要求的系统定价较高。所以，选择功能时一定要根据机床性能需要加以选择，不可求多求全，否则许多功能用不上而使产品成本大幅度增加。

3）根据数控机床的设计指标选择数控系统。由于数控系统的性能差别很大，所以价格也可相差数倍。选用时不要片面地追求高水平、新系统，而应该对系统的价格和性能等作一个综合分析评价，以便选用合适的数控系统。

4）订购系统时的考虑。订购时把需要的系统功能考虑全面，对于那些价格增加不多，但对使用会带来许多方便的功能，应该适当配置齐全，附件也应成套配置，保证机床到厂后可立即投入生产。切忌因漏订功能而使机床功能降级或不能使用。用户选用机床数控系统种类不宜过多、过杂，否则会给使用和维修带来极大困难。

对于生产线上使用的数控机床，主要考虑效率和价格指标问题，可不必考虑功能预留。对中小批量生产用的数控机床，要考虑产品经常变化及适合各种零件的加工，功能比效率和价格更为重要，必须考虑功能预留。

（4）数控机床驱动电动机的选择　机床的驱动电动机包括主轴电动机和进给伺服电动机两大类。

1）主轴电动机的选择原则如下。

①所选电动机应能满足机床设计的切削功率要求。

②根据要求的主轴加减速时间计算出的电动机功率不应超过电动机的最大输出功率。

③在要求主轴频繁起动、制动的场合，必须计算其平均功率，大小不能超过电动机连续额定输出功率。

④在要求恒表面速度控制的场合，则恒表面速度控制所需的切削功率和加速所需功率两者之和应在电动机能够提供的功率范围之内。

2）进给驱动伺服电动机的选择原则。根据负载条件来选择伺服电动机，在电动机轴上所加的负载有两种，即负载转矩和负载惯量转矩。对这两种负载都要正确地计算。

（5）数控机床功能的选择　数控机床的功能包括自动换刀功能、坐标轴数和联动轴数、辅助功能等。

1）自动换刀功能的选择。自动换刀功能由自动换刀装置体现，自动换刀装置（ATC）

由刀库、机械手和驱动机构等部件组成，是加工中心、车削中心和带交换冲头数控压力机的基本特征，其工作质量直接影响到整个数控机床特别是加工中心的质量。ATC 的工作质量主要表现为换刀时间和故障率，据统计，加工中心故障率有 50％以上与 ATC 工作有关，而且 ATC 价格较贵，其投资常常占整机投资的 30％～50％。因此，应在满足使用要求的前提下，尽量选用结构简单，可靠性高的 ATC。

ATC 刀库容量从十几把到上百把不等，在一般情况下，加工中心的刀库容量不宜选得太大。因为刀库容量大，其结构复杂，成本高，故障率也会相应增加，刀具的管理也会复杂化。在柔性制造单元（FMC）或柔性制造系统（FMS）中，刀库的容量应选取大容量刀库，甚至可以配置可交换刀库。加工中心的制造厂家对同一种规格机床，通常设有 2～3 种不同容量的刀库，如卧式加工中心刀库存量有 30 把、40 把、60 把、80 把等，立式加工中心刀库容量有 16 把、20 把、24 把、32 把等。用户在选定时，根据典型零件的工艺分析计算所需用的刀具数，最后确定刀库容量。通常加工中心的刀库只考虑能满足一种工件一次装夹所需的全部刀具。一般中小型刀库容量在 4～48 把之间；立式加工中心选用 20 把左右刀具容量的刀库；卧式加工中心选用 40 把左右刀具容量的刀库（表 9-3）。

表 9-3　刀库数据表

刀具数据/把	<10	<20	<30	<40	<50
加工工件占总数的百分率(%)	18	50	17	10	5

2）坐标轴数和联动轴数的选择。坐标轴数和联动轴数是主要选择内容，在选择时不能盲目追求坐标轴数量，因为坐标轴数和联动轴数越多，机床功能越强，机床价格也越高。据调查，每增加一个标准坐标轴，机床价格大约增加 30％～40％。例如，要选择一台通用的卧式加工中心，可能会遇到各种零件，一般在基本轴 X、Y、Z 的基础上再选择 B 轴（旋转工作台）。由于增加了一个轴，加工范围从一个面变成了任意角度，四轴联动可以加工大多数零件。除了极少数零件外，若再选择 A 轴就没有太大的价值了。

3）辅助功能的选择。数控机床的辅助功能有：机上对刀、砂轮修正与自动补偿、零件在线测量、刀具磨损监测、断刀监测、刀具内冷却方式、切屑输送装置和刀具寿命管理等。辅助功能的选择原则是够用和实用，如在镗孔和深孔钻削时选择刀具冷却方式是十分必要的；在数控磨床上选择砂轮修正与自动补偿也是非常重要的。而断刀监测、刀具磨损监测、刀具寿命管理就不是零件加工中必不可少的功能。

（6）技术服务及机床的刚度、可靠性　技术服务对数控机床的合理使用非常重要。对数控机床的新用户来说，最困难的不是设备，而是缺乏一支高素质的技术队伍。因此，在选择设备时必须考虑数控设备的操作、程序编制、机械和电气维修的培训。目前，机床制造厂商已普遍重视产品的售前、售后服务，包括工艺装备设计、程序编制、安装调试、试切工件，直至全面投入生产等一条龙服务，以便保证数控机床充分发挥其高效率、高质量的特性。

机床刚度取决于机床质量和结构。以加工中心为例，大致有两种结构形式，一种是由卧式镗床演变而成，一般不能进行立卧主轴转换。另一种是由工具铣床演变而成，主要由立柱、升降台和滑枕组成。一般可进行立卧主轴转换。前者刚度较高，但万能性较差。

机床可靠性包括两个方面：一是机床连续运转稳定可靠，二是在使用寿命期内的故障尽可能少。在选购数控机床时，一般选择正规或著名厂家的品牌机床，并通过走访老用户了解使用情况和售后服务等情况，对所选择机型的可靠性作出估计。订购多台数控机床时，尽可能选用同一厂家的机床或数控系统，以便于订购备件、故障诊断与维修，同时提高机床的运行可靠性。

3. 订货注意事项

选用工作完成后，在签订供货合同时，应注意以下几方面的问题。

1）要求供方提供尽可能多的技术资料和较充分的操作维修培训时间。

2）订购一定数量的备件、易损件。

3）机床加工试件的验收项目及复杂零件的加工问题。

4）配置必要的夹具、程序、附件刀具和刀具系统等。

5）优先选择国产数控机床。

9.2.2　数控机床的使用技术

如何保证经质量检验合格的数控机床的合理使用使其尽快获得较高的技术和经济效益，是使用者最关心的问题。因此，必须充分了解所用机床的特点、性能及加工工艺特性，选择合适的加工对象，采用合理的工艺措施，充分认识数控机床与普通机床的不同，处理好数控机床加工工序与一般机床加工工序的衔接，熟练地掌握操作使用技巧、调整技术等。

1. 选择合适的加工对象

为充分发挥机床的经济效益，一般说，只要工件的形状、外形尺寸与所用机床的工作台尺寸和行程大小相适应，在数控机床上都可以加工。但是，不同类型的数控机床可加工的典型零件不同，建议安排加工零件时考虑以下原则。

（1）工件的加工批量应大于经济批量　数控机床用来加工批量太小的工件是不经济的，而且生产周期也不一定缩短。因为普通机床的纯切削加工时间占实际工时的 $10\% \sim 20\%$，而数控机床加工时，纯切削时间可占到实际工时的 $70\% \sim 80\%$。因此与普通设备加工对比，加工中心的单件加工时间要短很多，但加工中心的准备调整工时又很长。经济批量可参考下式进行估算，即

$$经济批量 = \frac{数控机床准备工时 - 普通机床准备工时}{K(普通机床单件工时 - 数控机床单件工时)}$$

数控机床准备工时包括程序准备、工艺准备、现场调试。修正系数 K 指一台加工中心能代替几台普通机床用，所以 K 至少取 2 以上。

（2）安排重复性投产的加工零件　数控机床的工艺文件、程序单、工夹具等，可以保存并反复使用，当再次投产时，生产准备周期与成本都可以大大减少。

（3）加工工件的大小、形状应与机床工作台和行程大小相适应　在特殊情况下，可考虑用二次装夹移动工件的方法来加工。

（4）工件加工内容要合适　尽量安排一些有精度要求的铣、镗、钻、铰和攻螺纹等综合加工的工件在加工中心上加工。对有些工件批量虽少，但形状复杂、质量要求高、普通机床不易加工的工件，也可以考虑用加工中心加工。

（5）综合考虑生产能力平衡　一台数控机床不可能完成工件的全部工序，必然要有和其他设备的工序转接，这就要求有生产节拍，因此，要合理安排加工工序，以便发挥数控机床的特长。

2. 确定工件的加工内容

确定零件加工工序时，应根据加工所需的精度要求、刀具数量、热处理要求等，将零件分几次装夹和几个程序加工。工序内容与其前后工序相联系。例如，工件在上加工中心之前，应在其他机床上加工出必要的基面和基准孔等。

安排的加工内容应充分发挥机床效率，对于用其他机床加工比在加工中心上加工更合适、效率更高的工序，尽量不安排在加工中心上加工。如一些大的平面采用龙门刨床、铣床和立车等机床加工效率会更高。

对于一个工件的完整工艺过程，不排斥必要的手工调整和检测等工作。但这些内容尽量不安排在加工程序中，否则大大影响机床效率。

3. 决定工件的装夹方式和设计夹具

合理设计夹具，保证零件加工方便和满足加工精度要求，保证夹具重复使用时定位精度稳定，保护机床工作台面。设计夹具时应考虑的因素如下。

1) 工件的定位基准和夹紧的要求。

2) 夹具、工件与机床工作台面的连接。

3) 必须给刀具运动留出足够的加工空间。

4) 夹具必须保证最小的夹紧变形。

5) 夹具底面与工作台面接触。

6) 夹具必须装卸方便。

7) 对批量不大又经常变换品种的零件，应优先考虑使用组合夹具或成组夹具，以节省夹具的费用与准备时间。

4. 编制加工工艺文件

比较全面的加工工艺文件应包括：刀具卡片、工艺卡片、夹具和专用刀具图样资料、加工工序草图和刀具轨迹图、零件加工程序单、加工中心调整单、试切后的程序修改与调整记录等。

工艺卡片是最主要的工艺文件，它是编程、刀具卡片及调整机床的依据，同时也是机床操作者的工作内容表。工艺卡片形式多样，使用者可根据本厂习惯和需要采用适当格式。

（1）编制工艺文件需要准备的工作 为了将工艺路线安排的合理，满足零件的加工要求，编程人员应当了解以下内容。

1) 机床各坐标的机械原点，各坐标的运动方向，机床行程范围，夹具和工件的安放位置，工件坐标系的设定，机床各坐标运动的干涉区，自动换刀装置所应占用的换刀空间等。

2) 机床加工特点和机床操作方法。

3) 数控系统工作原理和编程指令表。

4) 刀具 T 指令、交换指令和使用格式。

5) 主轴转速范围与指令是否有对应的齿轮挂挡指令和互锁指令等。

6) 进给速度范围和 F 指令。

7) 切削加工工艺规范，最佳切削用量选择。

8) 切削刀具趋近工件的留隙量，即刀具快速趋近工件后转入工作进给时，刀尖与待加工表面间的距离。此距离过大会延长加工时间，太小又不安全。刀具趋近工件的留隙量见表 9-4。

表 9-4　刀具趋近工件的留隙量

趋近条件		留隙量/mm
毛坯表面(锻、铸)		5～10
切削面	钻削、镗削	3
	攻螺纹	5～10

（2）确定工步顺序　在安排工步时除考虑通常的工艺要求之外，还应考虑下列因素。

1）由粗到精原则。先进行大切削、粗加工，去除毛坯大部分加工余量，然后安排一些发热量小、加工要求不高的加工内容（如钻小孔、攻螺纹等），最后再精加工。

2）考虑最佳走刀路线，减少空行程。

3）节省辅助时间，减少刀具更换次数。

（3）刀具的选择　数控机床上使用的刀具应包括通用连接刀柄、通用刀具及少量专用刀具。可以根据机床的加工能力、加工工序、切削用量、工件材料的性能以及其他相关因素正确选用刀具及刀柄。

对刀具总的要求是刚性好、精度高、安装调整方便。为了保证刀柄有较好的刚性，在满足加工要求的情况下，尽量选用较短的连接刀柄。

（4）确定切削用量　切削用量包括主轴转速、进给速度、切削深度和宽度等，应参考刀具切削手册的切削用量来选择合适的数值。切削参数还要根据加工工艺的综合刚性、刀具寿命等加以修正，以避免由于刚性不足产生大的切削振动，进而影响加工精度和表面粗糙度。

（5）工件坐标系设定、坐标计算、编绘刀具轨迹图和工序加工示意图　零件加工图样给出零件的最终尺寸要求，但数控机床要控制刀具中心的运动轨迹，这两者既有联系又有不同，需要根据零件加工图样要求，按照加工路线和允许的编程误差，进行数值计算。计算出数控系统所需数据，绘出刀具运动轨迹图和对应的工序加工示意图作为编程的基础。

数值计算必须依据坐标系进行工作。由于一般数控系统都有工件坐标系设定的功能，设定工件坐标系时，要考虑尽量与零件图上的尺寸链的基准线或基准面重合，与夹具的安装基准面、定位孔和测量基准重合，这样可以减少计算工作量，也便于以后测量和找正。

5. 编制加工程序

程序编制的方法有：手工编程、人机对话型编程和自动程序编制。

（1）手工编程　手工编程是指编制零件数控加工程序的各个步骤，即从零件图样分析、工艺决策、确定加工路线和工艺参数、计算刀位轨迹坐标数据、编写零件的数控加工程序单直至程序的检验，然后制作成程序介质（穿孔纸带或磁卡），输入到数控系统中，或用操作键盘输入程序内容，全部工作量主要依赖于手工劳动，因此容易出差错。对于点位加工或几何形状不太复杂的轮廓加工，几何计算较简单，程序段不多，手工编程即可实现。如简单阶梯轴的车削加工，一般不需要复杂的坐标计算，往往可以由技术人员根据工序图样数据，直接编写数控加工程序。但对轮廓形状不是由简单的直线、圆弧组成的复杂零件，特别是空间复杂曲面零件，数值计算则相当繁琐，工作量大，容易出错，且很难校对，采用手工编程是难以完成的。

（2）人机对话型编程　人机对话型编程是机床制造厂在数控机床出厂时，已将一定数量的源程序及相应图形存入数控系统，形成"菜单"。编程时编程人员只要与数控系统进行问答对话——输入必要的参数值，系统能自动编制加工程序。这种方式只局限于小型程序，一般以孔加工程序为主。

（3）自动编程　自动编程是利用计算机专用软件自动地进行数值计算，编写零件加工程序单，自动地将程序记录到穿孔纸带或其他的控制介质上，全部工作或大部分工作由计算机完成，提高了编程效率，编程人员只需根据零件图样的要求，使用数控语言，由计算机自动地进行数值计算及后置处理，编写出零件加工程序单，加工程序通过直接通信的方式送入数控机床，指挥机床工作。自动编程使得一些计算繁琐、手工编程困难或无法编出的程序能够顺利地完成。

6. 输入程序

程序输入方式有多种，最简单的办法是用操作面板上的键盘把程序输入到控制系统的存储器中。但这种输入方式不仅容易出差错，而且占用整机工作时间。可以使用 CNC 编程软件的台式计算机及数控纸带穿孔机或使用自动编程机等装置，把程序复制在传递介质（如磁带、软盘、纸带等）上，通过数控系统输入装置将程序输入，可以少出差错，同时减少占用整机的时间。

7. 程序校验、试运行

初次编好的加工程序，难免存在一些错误，所以加工前要进行校验。可以把程序输入到自动编程机上，用绘图方式检查运动轨迹或在有图形显示功能的数控系统上绘图检查。也可以在机床上直接试运行。试运行的工作内容如下。

1）安装、找正和紧固工件、夹具。

2）按照所编程序和工艺文件要求将刀具对号装入刀库，并检查是否正确。

3）对刀具进行测量、试切削和调整，设定、输入工件坐标系及刀具补偿值等参数。

4）闭合机床锁定开关，只运行数控系统，检查程序有无错误。

5）Z 轴闭锁试运行，检查运动轨迹和加工位置是否符合要求，选择刀具是否正确，交换刀具是否到位，刀具运动与夹具是否干涉，各种辅助功能是否齐全。

经验丰富的操作者，可自行选择上述操作步骤或直接加工工件。

8. 调试和试切削

试运行后，对加工程序有了全面的了解，可对零件进行试切削及对程序进行调试。调试和试切削中应注意下列问题。

1）对程序内容了解不深时，需采用单段程序运行方式，以便及时发现问题。

2）充分使用倍率开关，适当降低进给速度倍率和快速趋近速度倍率，这样当刀具趋近工件时，就有时间来判断运动轨迹是否正确，工艺系统中各环节相互有无干涉等。

3）程序运行中重点观察数控系统上的几个显示画面：

①主程序和子程序显示——了解正在执行程序内容。

②工作寄存器显示——了解正在执行程序段内各状态和指令。

③缓冲寄存器显示——了解下一个程序段将要执行的各状态和指令。

④坐标位置显示——了解正在执行的程序段的运动量和坐标位置是否符合要求。

4）用"渐近法"试切削。如车削内孔时，可以先试切削一小段长度，检验合格后，再车削全长。对无把握的刀具补偿值，可以按照由小到大，边试切边修改补偿值等方法进行。

9. 试切削加工后的工作

1) 全面检查已加工完成的试件各项加工精度，根据检查结果调整参数，修改有关程序。

2) 及时输出经过试切削加工合格的加工程序，并妥善保存。

3) 总结修改程序单和有关工艺文件，重视程序等技术资料的总结、积累和提高。

9.3 拓展知识——数控机床的安装与调试

数控机床的安装、调试是指数控机床由制造厂运送到用户，安装到车间工作场地，经过检查、调试，直到数控机床能正常运转、投入使用等一系列的工作。对于小型数控机床通常都是整机发货，这项工作比较简单，而大中型数控机床由于机床厂发货时已将机床解体成几个部分，到用户后要进行重新组装和调试，工作较为复杂，一般要由供货方的服务人员来进行。作为用户，要做的主要是安装调试的准备工作、配合工作及组织工作。

数控机床安装、调试时必须严格按照机床制造商提供的使用说明书及有关的标准进行。数控机床安装、调试效果的好坏，直接影响到机床的正常使用和寿命。

9.3.1 数控机床的安装技术

1. 安装环境的要求

数控机床的安装环境除了与普通机床的类似要求外，其特殊环境要求有以下几种。

（1）地基要求 对精密机床和重型机床，制造厂一般向用户提供机床基础地基图。用户事先做好机床基础，在要安装地脚螺栓的部位，做好预留孔。在安装机床之前地基要经过一段时间保养，使基础进入稳定阶段。对一些中小型机电一体化设备，对地基则没有特殊要求。

（2）电网和地线的要求 数控机床对电源供电要求较高，电网波动较大会造成多发故障。在目前我国电网供电质量还不能有充分保证情况下，许多用户在数控机床电源上另加稳压器，效果较好。数控机床一般都要求接地线电阻小于 $4\sim7\Omega$。

（3）环境温度和湿度要求 一般在恒温条件下，精密型数控机床才能确保机床精度和加工精度。普通型和经济型数控机床对室温没有具体要求，但室温过高时数控系统的故障率大大增加，数控系统运行会出现异常现象。

潮湿的环境会降低数控机床的可靠性，在酸气较大潮湿环境下，会使印制线路板和接插件锈蚀，数控机床电气故障也会增加。因此在中国南方的一些用户，在夏季和雨季时应对数控机床环境有去湿的措施。

（4）避免环境干扰的措施 数控机床应远离电磁场干扰较大的设备，远离锻压设备等振动源，供电应直接从配电站给出，车间应有防尘要求等。

（5）其他 数控机床运行对压缩空气气源、水源、排屑等也有一定要求。数控机床之间、数控机床与墙壁之间应留有足够的通道。数控机床周围应留有足够的工件运输和存放空间。

2. 数控机床的初始就位

数控机床在运输到达企业用户之前，用户应根据机床厂的基础图做好机床地基基础，在安装地脚螺栓的部位做好预留孔。数控设备到厂后，一般都放在地基附近，确认数控机床包装箱外观完好无损后方可进行拆箱。若包装箱有明显的损坏，应通知发货单位，并会同运输部门查明原因，分清责任。拆箱后，应首先找出装箱单、使用说明书等随机资料，按照装箱单清点各包装箱内零部件、附件、备件、电缆及各种随机资料、工具等，检查各部件外观质量是否在运输中受到损伤。然后，按照机床使用说明书，将组成机床的各大部件分别在地基上就位。同时将垫铁、调整垫板及地脚螺栓等也相应对号入座。

3. 组装数控机床部件

组装数控机床部件是指将分解运输的机床重新组合成整机的过程。数控机床各部件组装前，首先去除所有安装连接面、导轨、定位和各运动面上的防锈涂料，做好机床各部件表面的清洁工作。然后准确可靠地将各部件连接组装成整机。如将立柱、数控柜、电气箱装在床身上；刀库、机械手等装在立柱上（按装配图安装）；在床身上安装接长床身等。在组装数控柜、电气箱、立柱、刀库和机械手的过程中，数控机床各部件之间的连接定位要求使用原装的定位块、定位销和其他定位元件，这样各部件在重新连接组装后，能够更好地还原数控机床拆卸前的组装状态，保持数控机床原有的制造和安装精度，以利于下一步的调整。

部件组装完成后，按照机床说明书中的电气连接图，气动及液压管路连接图，进行电缆、气管和油管的连接。连接这些管道、电缆时要特别注意清洁工作、可靠地插接和密封连接到位，并随时检查有无松动和损坏。连接电缆后，一定要拧紧固定螺钉，保证接触完全可靠。在油管与气管的连接中要特别防止异物从接口进入管路，造成整个液压系统故障。连接时每个接头都要拧紧，防止出现漏油、漏气和漏水问题。电缆和油管连接完毕后，要做好各管线的就位固定以及防护罩壳的安装，要力求使机床部件的组装达到定位精度高、连接牢靠、构件布置整齐等良好的安装效果。

对于机电一体化设计的小型机床，它的整体刚性很好，对地基没有什么要求，而且机床运到安装地后，也不必再去组装或进行任何连接。一般说来，只要接通电源，调整好床身的水平后，就可以投入使用。

4. 检查数控机床连接电源

（1）确认电源电压和频率　检查电源输入电压是否与机床设定相匹配，频率转换开关是否置于相应位置。我国电压规格为交流三相 380V，单相 220V、频率 50Hz。

（2）确认输入电源的相序　检查伺服变压器初级中间抽头和电源变压器次级抽头的相序是否正确，否则接通电源时会烧断速度控制单元的熔断器。可以用示波器判断相序或用相序表检查相序，若发现不对则将 T、S、R 中任意两条线对调一下即可。

（3）确认电源电压的波动范围　如果电源电压波动太大，会使数控机床的故障率上升。数控系统允许电源电压在额定值的 ±10% 之间波动，检查电源电压波动是否在数控系统允许范围内，否则需配置相应功率的交流稳压电源。

（4）检查直流电源输出电压　直流电源输出电压超出范围要进行调整，否则会影响系统工作的稳定性。通过印制电路板上的检测端子，确认电压值 ±15V 是否在 ±5%，而 ±24V 是否在 ±10% 允许波动的范围之内。

（5）检查各熔断器　电源主线路、各电路板和电路单元都有熔断器装置。检查熔断器的规格和质量是否符合要求，要求使用快速熔断器的电路单元不要用普通熔断器。当超过额定负荷，电压过高或发生意外短路时，熔断器能够马上自行熔断切断电源，起到保护数控设备系统安全的作用。

（6）检查直流电源输出端对地是否短路　数控系统内部的直流稳压单元提供＋5V、±15V、±24V 等输出端电压，如有短路现象则会烧坏直流稳压电源，通电前要用万用表测量输出端对地的阻值，如发现短路，必须查清原因并予以排除。

5. 设定和确认数控机床参数

（1）设定短接棒　在数控系统的印制电路板上有许多待连接的短路点，可以根据需要用短接棒进行设定，以便适应各种型号机床的不同要求。如果是单独配置的数控系统，要根据所配套的数控机床自行设定。对于整机购置的数控机床，只需要通过检查确认已经设定的状态即可，因其数控系统出厂时已经按标准方式设定了。根据实际需要自行设定时，一般不同的系统所要设定的内容也不一样，设定工作要按照随机的维修说明书进行。数控系统需设定的主要内容如下。

1）设定主轴控制单元电路板。该设定用于交流或直流主轴控制单元，选择主轴电动机电流极限和主轴转速等。

2）设定速度控制单元电路板。该设定用于选择检测反馈元件、回路增益以及是否产生各种报警等。

3）设定控制部分印制电路板。该设定包括主板、ROM 板、连接单元、附加轴控制板、旋转变压器或感应同步器的控制板等，而且与机床返回参考点的方法、速度反馈用检测元件、检测增益调节、分度精度调节等有关。

（2）设定数控机床参数　根据实际需要，可以重新设定数控系统的许多参数（包括PLC 参数），以便使机床获得最佳性能和最好的状态。对于数控机床出厂时就已经设定的各种参数，在检查与调试数控系统时仍要求对照参数表进行核对。参数表是随设备附带的一份很重要的技术资料，当数控系统参数意外丢失或发生错乱时，它是完成恢复工作不可缺少的依据。可以通过 MDI/CRT 单元上的 PARAM 参数键，显示存入系统存储器的参数，并按照机床维修说明书提供的方法进行修改和设定。

9.3.2　数控机床的试车调试技术

数控机床试车的目的是检验数控机床安装是否稳固，操作、控制、润滑及液压系统的工作是否正常可靠。数控机床在调试前，应按机床说明书要求给机床润滑油箱、润滑点灌注规定的油脂和油液，给液压油箱内灌入规定标号的液压油，接通外接气源。调整机床床身水平位置，粗调机床主要几何精度，再调整重新组装的主要运动部件与主机的相对位置，使机床安装固定正确牢固。

1. 通电试车

通电试车按照先局部分别供电试验，然后再做全面供电试验的顺序进行。接通电源后，首先检查有无故障报警，查看液压泵电动机转动方向是否正确，液压系统是否达到规定压力指标，散热风扇是否旋转，各润滑油点是否给油，冷却装置是否正常等。在通电试车过程中要随时准备按压急停按钮，以避免发生意外情况时造成设备损坏。

首先用手动方式分别操纵各部件及各轴连续运行。通过 CRT 或 DPL 显示，判断数控机床部件移动距离和方向是否正确。使数控机床各部件达到行程限位极限，验证超程限位装置是否灵敏有效，数控系统在超程时是否发出报警。要注意检查重复返回数控机床基准点的位置是否完全一致，因为数控机床基准点是运行数控加工程序的基本参照。

在上述通电试车过程中如果遇到任何异常情况，都要查明其原因并予以排除。当设备运行达到正常要求后，用水泥灌注主机和各部件的地脚螺栓孔，待水泥养护期满后再进行机床几何精度的精调和试运行。

2. 数控机床几何精度的调整

机床的几何精度主要是通过地脚螺栓和垫铁进行调整，必要时可以通过略微改变导轨上的镶条和预紧滚轮来达到精度要求。在机床水平和各运动部件全行程平行度误差符合要求的同时，要注意使所有地脚螺栓都要处于压紧状态，所有垫铁都要处于受力状态，以便保证数控机床工作时受力均匀，避免因受力不均引起扭曲或变形。

调整机械手与主轴、刀库之间相对位置。用换刀指令，使机床自动运行到换刀位置，用手动方式分步完成刀具交换动作，检查抓刀、拔刀、装刀等动作是否平稳准确。若达不到要求，可以通过调整机械手的行程，改变换刀基准点坐标值设定，移动机械手支座或刀库位置，实现换刀装置精确运行的要求。调整到位后，拧紧所有紧固螺钉，用几把接近最大允许重量的刀柄，连续重复多次换刀循环动作，直到反复换刀试验证明，动作准确无误平稳无撞击为止。

调整托板与交换工作台面的相对位置。如果机床是双工作台或多工作台，要调整好工作台托板与交换工作台面的相对位置，以保证工作台自动交换时平稳可靠。在调整工作台自动交换运行过程中，工作台上应装有 50% 以上的额定负载，调整完成后，将所有相关螺钉紧固好。

3. 机床试运行

为了全面地检查机床的功能及工作可靠性，数控机床在安装调试完成后，要求在一定负载或空载条件下，按规定时间进行自动运行检验。

自动运行检验的程序称为考机程序。可以用机床生产厂家提供的考机程序，也可以根据需要自选或编制考机程序。通常考机程序要包括控制系统的主要功能，如主要的 M 指令、G 指令、换刀指令、工作台交换指令、主轴最高、最低和常用转速、快速进给速度和常用进给速度。在数控机床试运行过程中，刀库要装满刀柄，工作台上要装有一定质量的负载。

9.3.3 数控机床的验收工作

数控机床的检测验收工作对试验检测手段及技术要求很高。它需要使用各种高精度仪器，要对数控机床的机、电、液、气等各部分及整机进行综合性能及单项性能的检测，包括进行刚度和热变形等一系列机床试验，最后得出对该数控机床的综合评价。因此，这一类检测验收工作只适用于各种数控机床的样机和行业产品评比检验。对于一般的数控机床用户，其验收工作主要是根据机床出厂检验合格证上规定的验收条件及实际能提供的检测手段来部分或全部的检验合格证上的各项技术指标。如果各项数据都符合要求，用户应将此数据列入该设备的进厂原始技术档案中，以作为日后维修时的技术指标依据。在数控机床验收过程中主要进行如下工作。

1. 机床外观检查

数控机床外观检查包括两个方面：其一是参照通用机床有关标准，对机床各级防护罩、照明、切屑处理、油漆质量、电线和气、油管走线固定及防护等进行检查。其二是对数控柜的外观进行检查，主要侧重以下几个方面。

（1）数控柜外表检查　检查数控柜中 MDI/CRT 单元、直流稳压单元、位置显示单元、各印制电路板（包括伺服单元）等是否有破损，如果是屏蔽线还应检查屏蔽层是否有剥落现象。

（2）伺服电动机外表检查　认真检查带有脉冲编码器的伺服电动机外壳，尤其是后端盖处，如发现有磕碰现象，应打开电动机后盖，取下脉冲编码器外壳，检查光码盘是否碎裂。

（3）数控柜内部紧固情况检查　对以下几项进行检查。

1）螺栓紧固检查。检查输入单元、电源单元、输入变压器、伺服用电源变压器等有接线端子处的螺栓是否已全部拧紧。

2）盖罩检查。检查各种需要盖罩的接线端座是否都有盖罩。

3）印制电路板紧固检查。检查固定印制电路板的紧固螺钉是否拧紧，还应检查印制电路板上各个 EPROM 和 RAM 片子等是否插入到位。

4）连接器紧固检查。数控柜内所有连接器、扁平电缆插座等是否都有螺钉紧固，连接可靠，接触良好。

2. 数控机床几何精度的检查

数控机床的几何精度综合反映机床的关键机械零部件及其组装后的几何形状误差。数控机床的几何精度检查和普通机床的几何精度检查基本相似，使用的检测工具和方法也很相似，但是检测要求更高。

目前，国内检测机床几何精度的常用检测工具有：精密水平仪、精密方箱、平尺、直角尺、平行光管、千分表或测微仪、高精度主轴检验棒及一些刚性较好的千分表杆等。每项几何精度按照加工中心验收条件的规定进行具体的检测，但检测工具的公差等级必须比所测几何的公差等级高出一个等级。

一台普通立式加工中心的几何精度检测内容如下。

1）主轴孔的径向圆跳动。

2）主轴的轴向窜动。

3）主轴箱在 Z 坐标方向移动的直线度。

4）主轴箱沿 Z 坐标方向移动时主轴轴线的平行度。

5）主轴回转轴线对工作台面的垂直度。

6）工作台面的平面度。

7）X、Y 坐标方向移动时工作台面的平行度。

8）X 坐标方向移动时工作台面 T 形槽侧面的平行度。

9）各坐标方向移动的相互垂直度。

普通卧式加工中心几何精度检测内容与立式加工中心几何精度检测内容大致相同，但要多几项与平面转台有关的几何精度检测。

数控机床几何精度在机床处于冷态和热态时是不同的，检测时应按国家标准的规定，即在机床稍有预热的状态下进行，所以通电以后机床各移动坐标往复运动几次，主轴按中等的转速回转几分钟之后才能进行检测。

3. 数控机床定位精度的检查

数控机床定位精度表示在数控装置控制下，所测量的机床各运动部件运动能达到的精度。根据实测的定位精度值，可以判断出数控机床自动加工过程中能达到的最好的工件加工精度。数控机床定位精度主要检测以下几个项目。

1）各直线运动轴的定位精度和重复定位精度。

2）各直线运动轴的反向误差。

3）各直线运动轴机械原点的返回精度。

4）回转运动（回转工作台）的定位精度和重复定位精度。

5）回转运动的反向误差。

6）回转轴原点的返回精度。

4. 数控机床切削精度的检查

数控机床切削精度的检查是在切削加工条件下，对数控机床的几何精度和定位精度的一项综合检查。数控机床切削精度检查可以是通过加工一个标准的综合性试件进行检查，也可以是单项加工检查。被切削加工试件的材料除特殊要求外，一般都采用铸铁材料，使用硬质合金刀具，按标准的切削用量切削。对于普通立式加工中心来说，其主要单项加工有以下几项。

1）直线铣削精度。

2）斜线铣削精度。

3）圆弧铣削精度。

4）镗孔精度。

5）镗孔的孔距精度和孔径分散度。

6）面铣刀铣削平面的精度。

对于普通卧式加工中心，还应该增加以下两个项目。

1）水平转台回转 90°铣四方的加工精度。

2）箱体调头镗孔的同轴度。

5. 数控机床性能及数控系统性能检查

数控机床性能试验内容少则几项，多则几十项。这里以一台立式加工中心为例，介绍数控机床性能试验验收项目。

（1）主轴系统性能检查　检查主要有以下三项。

1）主轴转速：用 MDI 数据输入方式，检验主轴运转时，从最低一级转速开始，逐级提高到允许的最高一级转速，实测每一级转速，公差为设定值的±10%，同时观察机床的振动。一般主轴高速运转 2h 后，允许温升 15℃。

2）主轴正反转：用手动方式选择高、中、低三挡主轴转速，连续进行五次正转和反转的起动和停止动作，试验主轴动作的可靠性和灵活性。

3）主轴准停装置：连续操作主轴准停装置五次，试验动作的灵活性和可靠性。

（2）进给系统性能检查　检查主要有以下两项。

1）分别手动操作各坐标，试验正、反向的低、中、高速进给和快速移动的起动、停止、点动等动作的可靠性和平稳性。

2）使用 MDI 数据输入方式，测定 G00 和 G01 指令下的各种进给速度，公差为±5%。检查操作面板上倍率开关的灵活性和可靠性。

（3）自动换刀系统检查　检查主要有以下两项。

1）检查自动换刀的灵敏性和可靠性。检查自动运行及手动操作时，刀库装满各种刀柄时的运动平稳性，刀库内机械手选择刀具号的准确性，机械手抓取最大允许质量刀柄的可靠性等。

2）检测自动交换刀具的时间是否符合要求。

（4）数控机床电气装置检查　在数控机床运转试验前后，分别做一次绝缘检查，主要检查接地线质量，确认绝缘的可靠性和安全性等。

（5）数控机床噪声检查　数控机床空运转时总噪声不得超过 80dB 的标准规定。数控机床最大的噪声源可能是液压系统中液压泵和主轴电动机冷却风扇的噪声。

（6）数控装置及功能检查　检查数控柜的各种指示灯，检查输入、输出接口，电柜冷却风扇通气条件和密封性，检查操作面板各开关按钮功能，检查主控单元到伺服单元、伺服单元到伺服电动机各连接电缆连接是否可靠、正确。

按照随机携带的数控系统说明书，用手动或编程序自动检查的方法，检查数控系统主要使用的功能，如直线插补、圆弧插补、定位、平面选择、坐标选择、自动加减速、暂停、刀具直线补偿、刀具位置补偿、拐角功能选择、固定循环、选择停机、程序结束、行程停止、切削液起动和停止、单程序段、跳读程序段、原点偏置、进给保持、进给速度超调、紧急停止、程序暂停、程序号显示及检索、镜像功能、位置显示、间隙补偿、螺距误差补偿及用户宏程序等机能的可靠性和准确性。

（7）润滑装置检查　检查定时定量润滑等装置的安全可靠性，检查油路是否有渗漏现象，油路到各润滑点油量分配等功能的安全可靠性。

（8）气液装置检查　检查压缩空气、液压油路的密封、调压功能，液压油箱的工作情况是否正常。

（9）安全装置检查　检查数控机床保护功能的可靠性和对操作者的安全性。如机床各运动坐标行程极限的保护、自动停止功能是否可靠，各种安全防护罩是否齐全，各种电流和电压的过载保护和主轴电动机的过热过负载紧急停止功能是否有效等。

（10）附属装置检查　检查机床各附属装置功能的安全可靠性。如切削液装置能否正常工作，冷却防护罩有无泄漏，排屑器的工作质量是否可靠，配置接触式测头的测量装置能否正常工作及有无相应的测量程序，APC 交换工作台工作是否正常等。

思　考　题

1. 数控机床的选用依据是什么？
2. 数控机床的选用内容是什么？
3. 数控机床的使用技术包括哪些方面？
4. 用户验收数控机床的依据是什么？具体验收的内容应包括哪些？
5. 数控机床的安装技术包括哪些内容？
6. 数控机床的试车调试包括哪些内容？

附　　录

附录 A　常见的各种准备功能 G 代码

代　码	功　能	代　码	功　能
G00	点定位	G51	刀具(沿 X 正向)偏置＋/0
G01	直线插补	G52	刀具(沿 X 负向)偏置－/0
G02	顺时针方向圆弧插补	G53	注销直线偏移
G03	逆时针方向圆弧插补	G54	(原点沿 X 轴)直线偏移
G04	暂停	G55	(原点沿 Y 轴)直线偏移
G05	不指定	G56	(原点沿 Z 轴)直线偏移
G06	抛物线插补	G57	(原点沿 XY 轴)直线偏移
G07	不指定	G58	(原点沿 XZ 轴)直线偏移
G08	加速	G59	(原点沿 YZ 轴)直线偏移
G09	减速	G60	准确定位 1(精)
G10～G16	不指定	G61	准备定位 2(中)
G17	XY 平面选择	G62	快速定位(粗)
G18	ZX 平面选择	G63	攻螺纹方式
G19	YZ 平面选择	G64～G67	不指定
G20～G32	不指定	G68	刀具偏置,内角
G33	等螺距的螺纹切削	G69	刀具偏置,外角
G34	增螺距的螺纹切削	G70～G79	不指定
G35	减螺距的螺纹切削	G80	注销固定循环
G36～G39	永不指定	G81	钻孔循环,钻小中孔
G40	注销刀具补偿或刀具偏移	G82	钻孔循环,扩孔
G41	刀具补偿—正	G83	深孔钻孔循环
G42	刀具补偿—负	G84	攻螺纹循环
G43	刀具偏移—正	G85	镗孔循环
G44	刀具偏移—负	G86	镗孔循环,在底部主轴停
G45	刀具偏移(在第 I 象限)＋/＋	G87	反镗循环,在底部主轴停
G46	刀具偏移(在第 IV 象限)＋/－	G88	镗孔循环,有暂停,主轴停
G47	刀具偏移(在第 III 象限)－/－	G89	镗孔循环,有暂停,进给返回
G48	刀具偏移(在第 II 象限)－/＋	G90	绝对尺寸
G49	刀具(沿 Y 正向)偏置 0/＋	G91	增量尺寸
G50	刀具(沿 Y 负向)偏置 0/－	G92	预置寄存,不运动

（续）

代　码	功　能	代　码	功　能
G93	进给率时间倒数	G97	主轴每分钟转速，注销 G96
G94	每分钟进给	G98	不指定
G95	主轴每转进给	G99	不指定
G96	主轴恒线速度		

附录 B　常见的各种辅助功能 M 代码

代　码	功　能	代　码	功　能
M00	程序停止	M36	进给范围 1
M01	计划停止	M37	进给范围 2
M02	程序结束	M38	主轴速度范围 1
M03	主轴顺时针方向（运转）	M39	主轴速度范围 2
M04	主轴逆时针方向（运转）	M40～M45	如有需要作为齿轮变速，此外不指定
M05	主轴停止	M46、M47	不指定
M06	换刀	M48	注销 M49
M07	2 号切削液开	M49	进给率修正旁路
M08	1 号切削液开	M50	3 号切削液开
M09	切削液关	M51	4 号切削液开
M10	夹紧（滑座、工件、夹具、主轴等）	M52～M54	不指定
M11	松开（滑座、工件、夹具、主轴等）	M55	刀具直线位移，位置 1
M12	不指定	M56	刀具直线位移，位置 2
M13	主轴顺时针方向（运转）及切削液开	M57～M59	不指定
M14	主轴逆时针方向（运转）及切削液开	M60	更换工件
M15	正运动	M61	工件直线位移，位置 1
M16	负运动	M62	工件直线位移，位置 2
M17、18	不指定	M63～M70	不指定
M19	主轴定向停止	M71	工件角度位移，位置 1
M20～M29	永不指定	M72	工件角度位移，位置 2
M30	纸带结束	M73～M89	不指定
M31	互锁旁路	M90～M99	永不指定
M32～M35	不指定		

注：1. 指定功能代码中，凡有小写字母 a、b、c 等指示的为同一类型的代码。在程序中，这种功能指令为保持型的，可以同类字母的指令所代替。

2. "不指定"代码，即在将来修订时，可能对它规定功能。

3. "永不指定"代码，即在本表内，将来也不指定。

4. "♯"符号表示若选作特殊用途，必须在程序格式解释中说明。

附录C TSG-JT（ST）工具系统（锥柄）

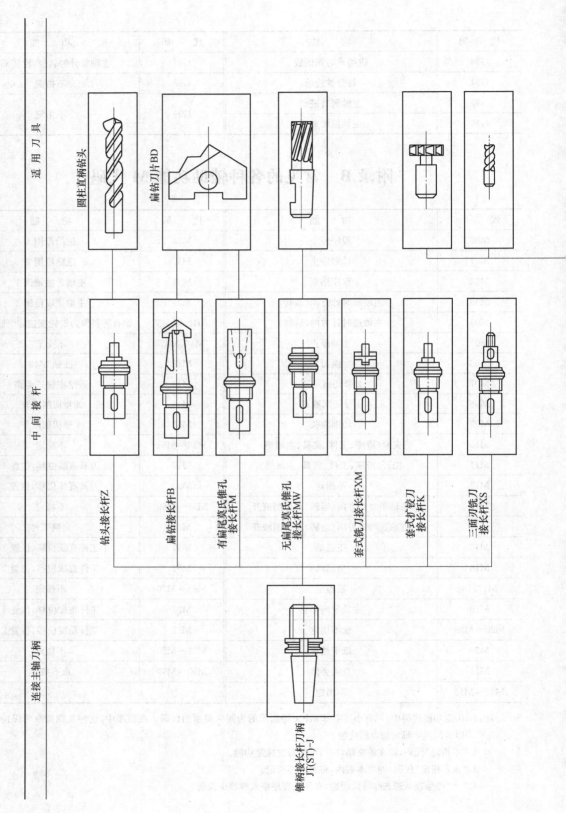

适用刀具

中间接杆

连接主轴刀柄

圆柱直柄钻头

扁钻刀片BD

钻头接长杆Z

扁钻接长杆B

有扁尾莫氏锥孔接长杆M

无扁尾莫氏锥孔接长杆MW

套式铣刀接长杆XM

套式扩铰刀接长杆K

三面刃铣刀接长杆XS

锥柄接长杆刀柄
JT(ST)-J

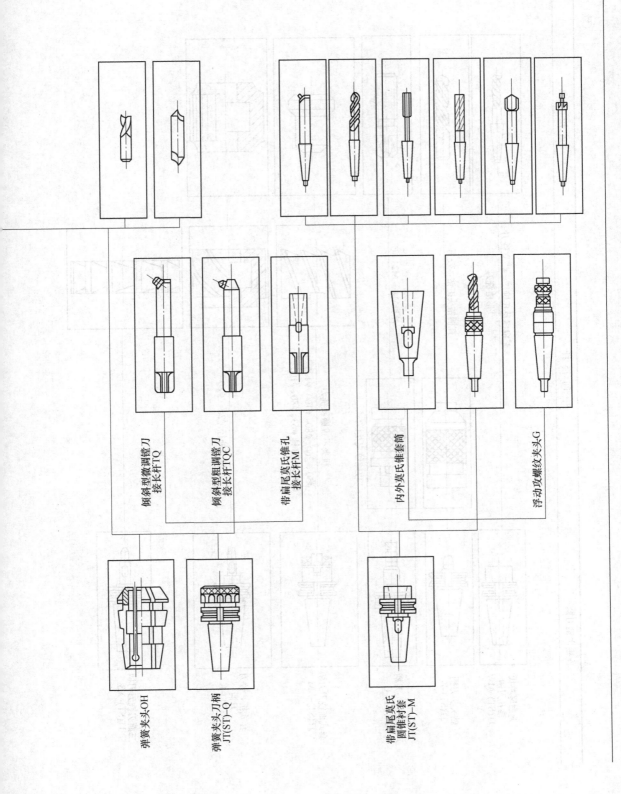

倾斜型微调镗刀
接长杆TQ

倾斜型粗调镗刀
接长杆TQC

带扁尾莫氏锥孔
接长杆M

内外莫氏锥套筒

浮动攻螺纹夹头G

弹簧夹头OH

弹簧夹头刀柄
JT(ST)-Q

带扁尾莫氏
圆锥衬套
JT(ST)-M

（续）

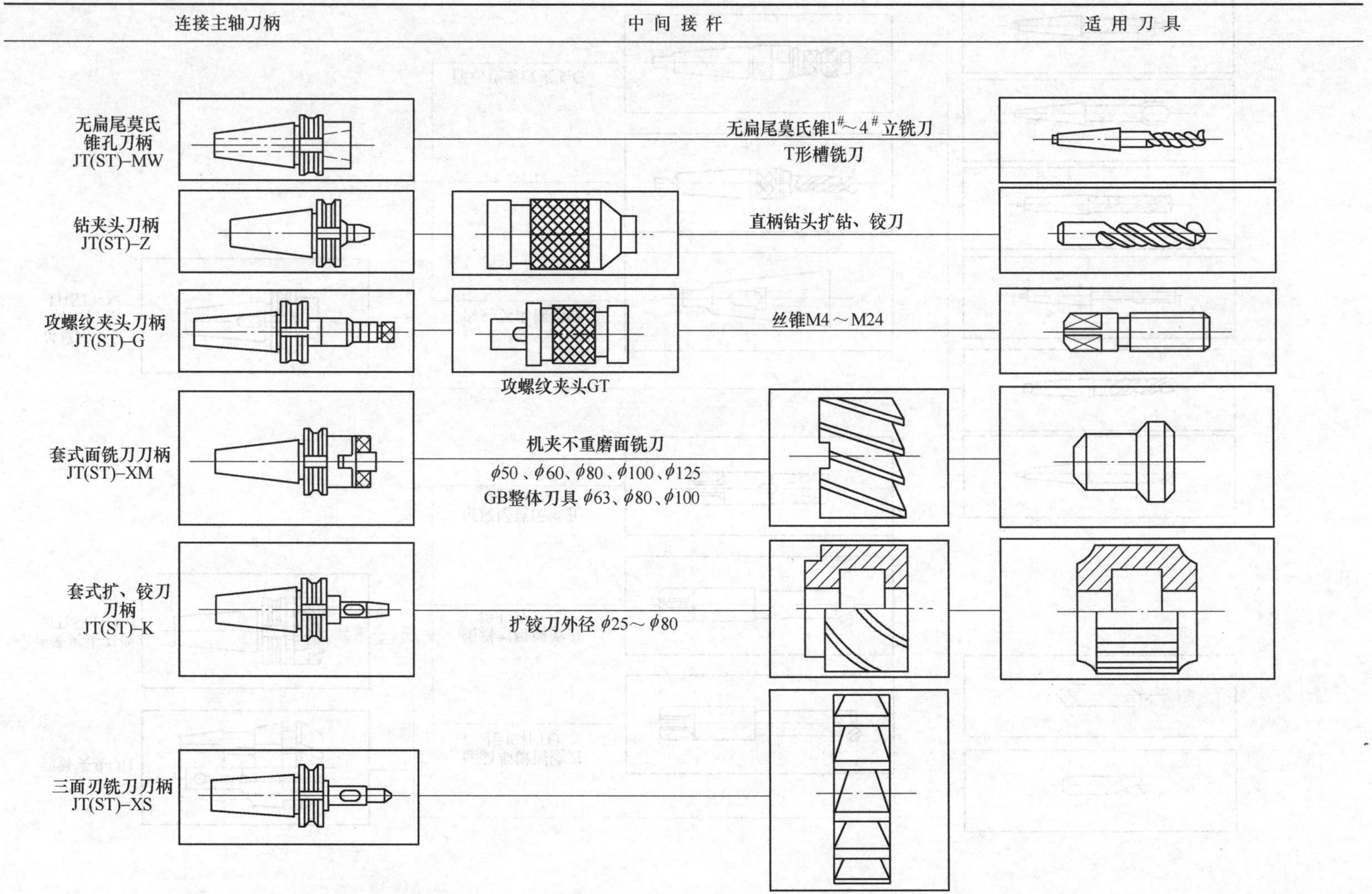

连接主轴刀柄　　　　中间接杆　　　　适用刀具

无扁尾莫氏锥孔刀柄
JT(ST)-MW

钻夹头刀柄
JT(ST)-Z

攻螺纹夹头刀柄
JT(ST)-G

套式面铣刀刀柄
JT(ST)-XM

套式扩、铰刀
刀柄
JT(ST)-K

三面刃铣刀刀柄
JT(ST)-XS

无扁尾莫氏锥 1#~4# 立铣刀
T形槽铣刀

直柄钻头扩孔钻、铰刀

丝锥M4～M24

攻螺纹夹头GT

机夹不重磨面铣刀
φ50、φ60、φ80、φ100、φ125
GB整体刀具 φ63、φ80、φ100

扩铰刀外径 φ25～φ80

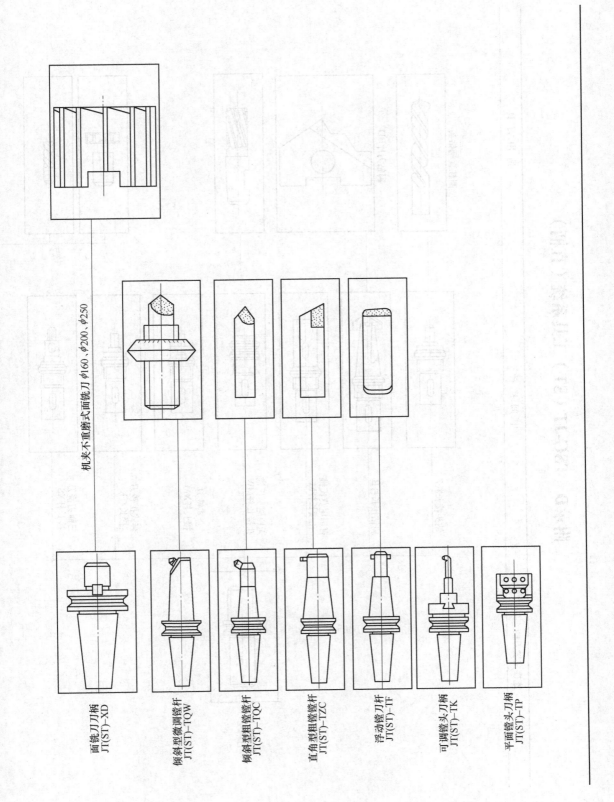

机夹不重磨式面铣刀 $\phi160$、$\phi200$、$\phi250$

面铣刀刀柄
JT(ST)-XD

倾斜型微调镗杆
JT(ST)-TQW

倾斜型粗镗镗杆
JT(ST)-TQC

直角型粗镗镗杆
JT(ST)-TZC

浮动镗刀杆
JT(ST)-TF

可调镗头刀柄
JT(ST)-TK

平面镗头刀柄
JT(ST)-TP

附录D TSG-JT（ST）工具系统（直柄）

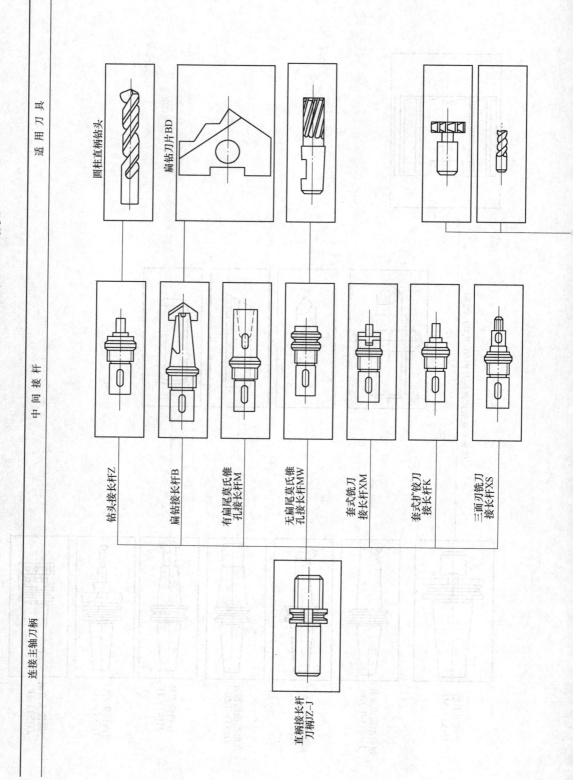

连接主轴刀柄　　　中间接杆　　　适用刀具

直柄接长杆
刀柄JZ-J

钻头接长杆Z

扁钻接长杆B

有扁尾莫氏锥
孔接长杆M

无扁尾莫氏锥
孔接长杆MW

套式铣刀
接长杆XM

套式扩铰刀
接长杆K

三面刃铣刀
接长杆XS

圆柱直柄钻头

扁钻刀片BD

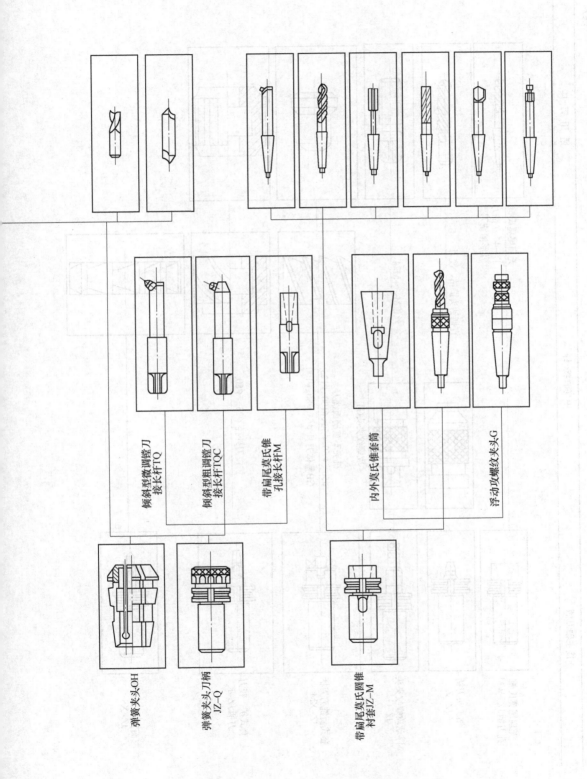

倾斜型微调镗刀接长杆TQ

倾斜型粗调镗刀接长杆TQC

带扁尾莫氏锥孔接长杆M

内外莫氏锥套筒

浮动攻螺纹夹头G

弹簧夹头OH

弹簧夹头刀柄JZ-Q

带扁尾莫氏圆锥衬套JZ-M

（续）

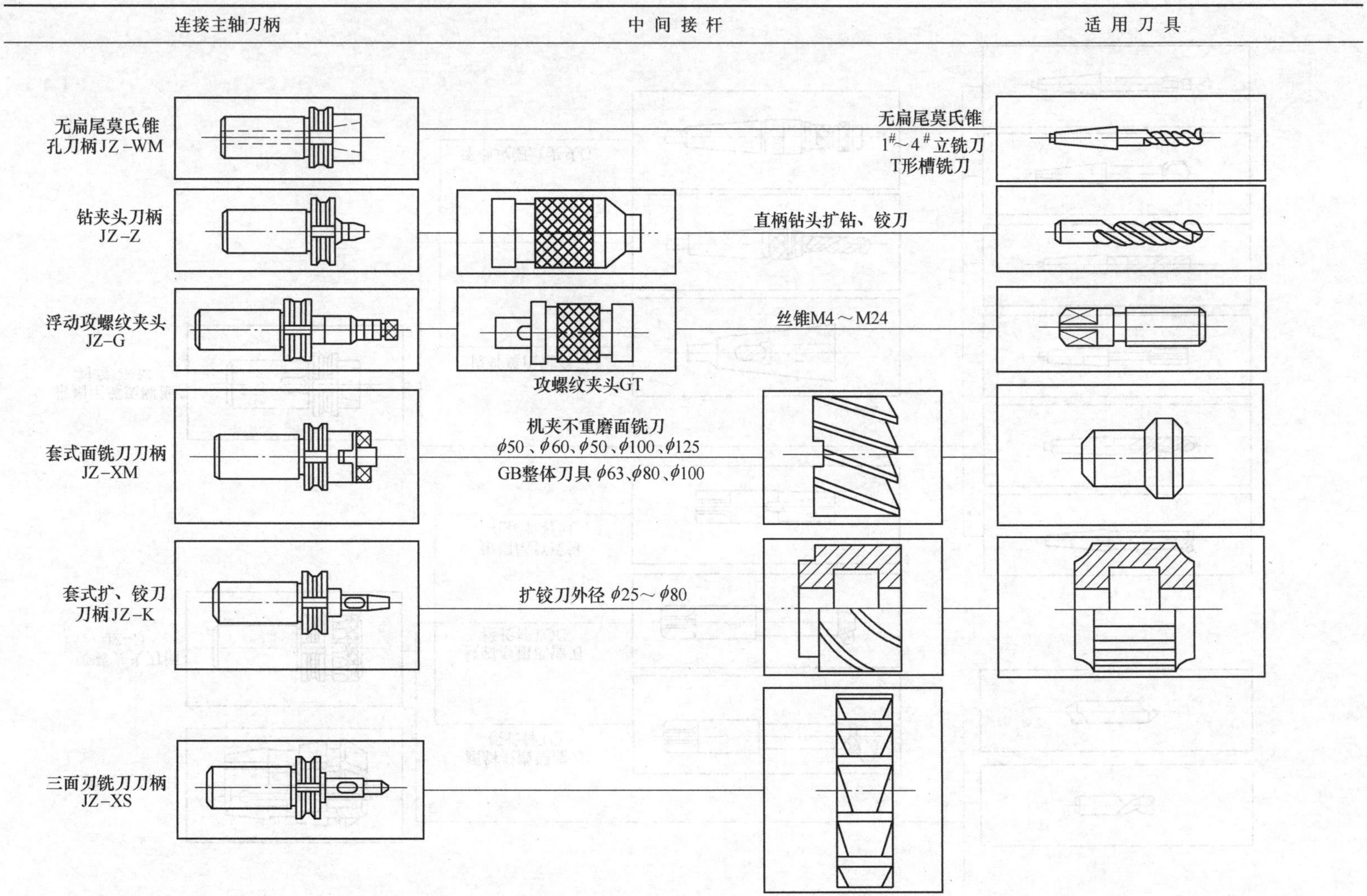

适用刀具　　　　　　　中间接杆　　　　　　连接主轴刀柄

无扁尾莫氏锥
1#~4# 立铣刀
T形槽铣刀

直柄钻头扩钻、铰刀

丝锥 M4~M24

攻螺纹夹头 GT

机夹不重磨面铣刀
φ50、φ60、φ50、φ100、φ125
GB整体刀具 φ63、φ80、φ100

扩铰刀外径 φ25~80

无扁尾莫氏锥
孔刀柄 JZ-WM

钻夹头刀柄
JZ-Z

浮动攻螺纹夹头
JZ-G

套式面铣刀刀柄
JZ-XM

套式扩、铰刀
刀柄 JZ-K

三面刃铣刀刀柄
JZ-XS

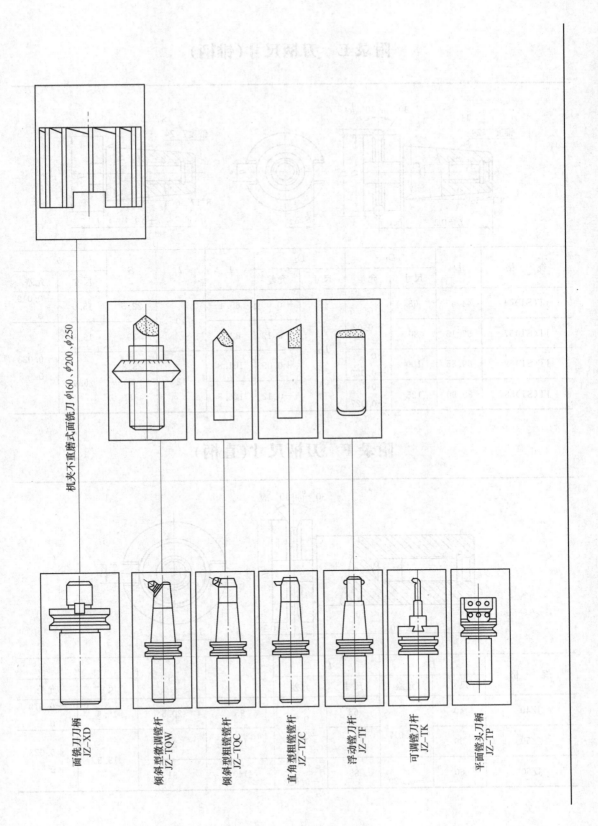

机夹不重磨式面铣刀 $\phi160$、$\phi200$、$\phi250$

面铣刀刀柄
JZ-XD

倾斜型微调镗杆
JZ-TQW

倾斜型粗镗镗杆
JZ-TQC

直角型粗镗镗杆
JZ-TZC

浮动镗刀杆
JZ-TF

可调镗刀杆
JZ-TK

平面镗头刀柄
JZ-TP

附录 E　刀柄尺寸(锥柄)

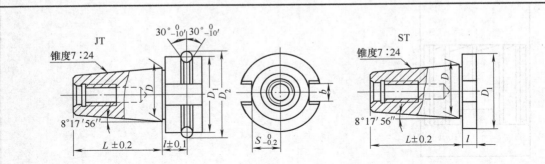

规　格	D	D₁		D₂		L	l	S	b	
		尺寸	允差	尺寸	允差				尺寸	允差
JT(ST)44	44.45	63	0 −0.02	D_2	+0.06	65.4	10	22.5	15.9	+0.019 0
JT(ST)57	57.15	80			−0.12	82.8		29	19.3	
JT(ST)69	69.85	100	0 −0.023		+0.09	101.8	12	35.3	25.4	+0.023 0
JT(ST)88	89.90	125	0 −0.027		−0.12	126.8		45		

附录 F　刀柄尺寸(直柄)

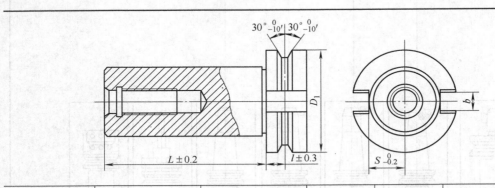

规　格	D		D₁		L	S	b	
	尺寸	允差	尺寸	允差			尺寸	允差
JZ40	40	0 −0.017	63	0 −0.02	95	20.5	15.9	+0.019 0
JZ50	50		75		120	26	19.3	+0.023 0
JZ60	60	0 −0.020	85	0 −0.023	140	31		

参 考 文 献

[1] 蔡厚道,吴嶂.数控机床构造[M].北京:北京理工大学出版社,2007.

[2] 陈德道.数控技术及其应用[M].北京:国防工业出版社,2009.

[3] 张运吉.数控机床[M].北京:机械工业出版社,2009.

[4] 王海勇.数控机床结构与维修[M].北京:化学工业出版社,2009.

[5] 崔元刚.数控机床技术应用[M].北京:北京理工大学出版社,2006.

[6] 李雪梅.数控机床[M].北京:电子工业出版社,2005.

[7] 苟维杰.数控机床[M].长沙:国防科技大学出版社,2008.

[8] 王海勇.数控机床结构与维修[M].北京:化学工业出版社,2009.

[9] 韩鸿鸾,荣维芝.数控机床的结构与维修[M].北京:机械工业出版社,2004.

[10] 苏本杰.数控加工中心技能实训教程[M].北京:国防工业出版社,2006.

[11] 李金伴,马伟民.实用数控机床技术手册[M].北京:化学工业出版社,2007.

[12] 雷才洪,陈志雄.数控机床[M].北京:科学出版社,2005.

[13] 王爱玲.数控机床结构及应用[M].北京:机械工业出版社,2006.

[14] 蔡厚道,杨家兴.数控机床构造[M].2版.北京:北京理工大学出版社,2010.

[15] 黄应勇.数控机床[M].北京:北京大学出版社;中国林业出版社,2007.